U0031097

兩岸視野
大陸當代藝術市場態勢

胡懿勳 著

藝術家
Artist Publishing Co.

鳥瞰篇 ● 24

生態篇 ● 72

動態篇 . 130

○ 序言

大陸的藝術產業在21世紀開始即有令國際矚目的發展，追究這種似乎在短暫時間內突如其來的繁榮景象，成為目前兩岸當代藝術界熱門的一項顯學。在中國大陸的內部，只要涉及當代藝術的議題，必須要牽涉藝術市場的探討，甚至有北京的學者認為，大陸的當代藝術若是沒有商業就無從發展了。他們從最初就對準拍賣會上的最熱門明星作品和天價成交紀錄，大陸當代藝術品市場的第一資訊，習慣地來自於拍賣會結束後還繼續升溫的熱烈討論。這些現象放在學理、國際常規和市場規律，似乎有很多值得深思的內容，若要了解大陸當代藝術市場的態勢，將目光放在兩岸的視野裡，或許可以解答一些關鍵的疑問。

從時間的先後序列看，大陸的藝術產業建立與台灣香港有著密切的關係；港台畫商收藏家在1980年代進入內地蒐購名家書畫和油畫作品，可謂為第一波的接觸，結合港台畫商長期經營寓居海外的中國畫家作品，在當時的港台藝術市場形成「華人畫家」的觀念。經過十餘年的過程，由台灣的畫商或收藏家透過拍賣和零星的交易，逐漸將華人藝術圈的觀念帶往亞洲市場，促使同屬華人圈、中華文化、語言甚至血緣相同的市場結構，取代當年僅從大陸到港台的單向流動。其後，在以香港為中心的亞洲市場的交易，逐漸擴大為國際性的範圍。

在華人藝術圈的經營範圍之下，當大陸尚未有市場機制的90年代，除了在國

際藝術市場已經成名的朱德群、趙無極之外,前輩級的李可染、潘天壽、石魯到中青輩的羅中立、何多苓、楊飛雲、艾軒等人在台灣的兩級市場受到頗高的關注,尤其是初級市場對於大陸創作者的經營,為日後大陸藝術市場累積了市場行情的基礎。及至近年兩岸藝術市場的互動頻繁,台灣許多畫商轉戰大陸設立據點開拓業務,經營大陸創作者的作品,更多過於台灣本土的創作者,也引進初級市場的經營理念和模式,提供許多值得借鑑的實戰經驗。

在藝術社會學的觀念裡,社會化和商品化促進藝術生態的變動關係,也構成我們可以較有體系地觀察兩岸當代藝術市場各種現象的成因或內在意義。胡懿勳教授以藝術社會學理論分析兩岸當代藝術市場的生態和結構關係,確實是一種適切的角度。他在書中從生產、中介、消費三大機制,有層次地為我們解讀了大陸當代藝術的生態特性,也提出新的觀點針砭現象面的問題,並提供許多第一手資料,方便讀者能深入認識兩岸當代藝術的動態。

胡懿勳教授在上海的大學執教講授藝術市場課程已經有三年多的時間,他對於兩岸藝術市場的實地觀察、理論教學和有系統的研究撰寫專文持續發表在《藝術收藏+設計》雜誌,頗受讀者歡迎。現在結集整理,構成本書的內容。這本專著包含著他近三年之間對大陸的藝術產業、市場為研究對象,體現區域藝術經濟、城市文化、文化政策、經營策略、社會心理、藝術生態等方面的成果。對於研究或關心大陸當代藝術動態與趨勢的讀者,將有所助益。

何政廣

《藝術家》雜誌社社長

○ 導論
──兩岸當代藝術差異的根源

當社會學理論研究進入 21 世紀之時，定性研究方法論的行動研究所強調的多面向觸點逐漸在北美地區站穩腳步，而能讓更寬闊的形式呈現出理論的觀點；包括小說、純敘事、親身參與、故事、口述歷史、民族誌的撰述等，都有可能成為一篇優秀的博士論文（米歇爾‧法恩等，2000）。這對於我們面對正在滾動的藝術社會環境與生態，帶有一點鼓舞士氣的力量，以藝術市場為命題的研究裡，最困難的部分也就是我們過於貼近「時間」和研究對象，容易讓看似掌握住的情況突然發生意想不到的變化，出現自打耳光的尷尬。

分析大陸當代藝術市場即有可能遭遇這樣的窘境。然而，在幾年的素材蒐集過程中，這仍然需要嘗試整理出有系統的分析內容，或可為下個階段的研究做一個鋪陳，若是能藉此機會設定出研究的模型，也才知道該要如何修正模型的冗贅。

在面對當前交雜著意識型態、哲學思辨、社會批判，或媚俗（迎合市場）的各種創作形式、理念，本文對當代藝術創作的範圍討論，將會比藝術創作的社會化和商品化的結果還要少。換句話說，我們將集中在藝術創作在藝術社會中的接受程度和市場運作機制之下的效應與作用；這可以讓我們聯想，大陸也如同台灣在1980年代末期所發生的藝術生態質變。兩岸近些年無論是文化、藝術、經濟、商業等方面的交流，在雙方各階層人士的努力之下，氣氛愈加和諧融洽。將近有一、二十年的時間，台灣的畫商、創作者對於大陸藝術市場的繁榮從未缺席過，從早期個別畫商在大陸蒐購文物、藝術品，到近年在北京、上海等重要城市開設畫廊，引進台灣地區的創作者等舉措，使得大陸藝術市場多少都包含著些許的「台灣經驗」在其中。

海外投資的畫廊數量在大陸迅速增加，使得連動的藝術產業規模也增長快速，這對當地的藝術市場發展是重要的訊號，藝術產業鏈以拍賣公司和畫廊的數量增加速度最快，兩者也逐漸緊密地配合運作。產業的供需關係主要以市場的價格接受反映出是否有健全的機制，大陸藝術市場上的價格指數取決於拍賣會結束之後的統計數字，顯得嚴重的傾斜無法表明真正

的情況，更甚者，是誤導了消費階層的視聽，致使媒體輿論總是糾結在無法驗證的藝術品價格上做足文章，卻徒勞無功。討論當代藝術的議題已經不能簡單地僅從創作的角度去說明當代藝術的內容，創作透過社會化與商品化的過程成為社會、經濟、商業、政治等領域共同交織的複雜網路。

　　無論當代藝術呈現如何讓人迷惑的景象，大陸的藝術市場的種種，幾乎都可以回歸到學院的教育裡看待兩者間互相的作用，此中既有過去歷史條件的延續，也有藝術社會產生變化之後，新的觸媒促使學院和市場從間接轉為直接的關係。

1. 討論範圍與理論的有效性

　　當本書的主題鎖定在「大陸當代藝術市場」這個範圍時，一般口頭上、約定俗成的觀念裡多數人都可以理解討論的內容到哪裡為止。回歸到學術的意義上看，還是有必要加以說明本書有幾個觀念指涉大陸當代藝術市場的論述範圍。選擇以明顯的、主流的、流通量大的當代藝術品、作者和消費的關係為標準，暫時捨棄諸多不合於觀察與分析標準的內容，對探究實質的結論較為有利，即使在談論關於市場運作這樣貼近與經濟利益密切相關的商業營利，需要幾種有效的理論體系歸整出有條理和層次的脈絡，以便於能從表象往深層的內在繼續探索。我相信理論的應用有助於達到撥亂反正的作用；理論的運用也可以篩選哪些合於討論的範圍，哪些是可以省略不談的。

討論的範圍

　　首先，就「藝術市場」的內容與意義而言，應該包含表演藝術與視覺藝術兩大部分，顯然本書所要討論的只有視覺藝術而不涉及表演藝術的內容。視覺藝術可以涵蓋的範圍中，幾乎都可以在市場上運作，少數的創作形式並非沒有市場行為，而是經由不同管道進行社會化與商品化，例如，許多行為藝術也以販售紀錄照片的方式，製造作品的交易紀錄。其次，以視覺藝術為基礎的市場運作中，又可以分為藝術品市場與文物市場，兩種市場模式也有顯著的差異。與古文物交易相關的傳統手工藝品往往也在藝術中介機構（骨董店、拍賣公司）中買賣，無論是古代或現代的傳統手工藝品，它們也佔據著市場交易的份額，但不在我要探討的內容中 [1]。

　　台灣較早形成的藝術市場機制的結構，主要以骨董市場、書畫市場、水墨畫市場、油畫市場為大宗，而骨董市場中又以佛教文物、佛教藝術、陶瓷、玉器、家具、文玩雜項為大宗，近年來則更興起「台灣文物」的蒐藏。因此，以書法繪畫作品而論，民國初年之前的作品多數列入次級市場中的書畫市場範圍，卻獨立在骨董市場之外，書畫與骨董兩大市場，而

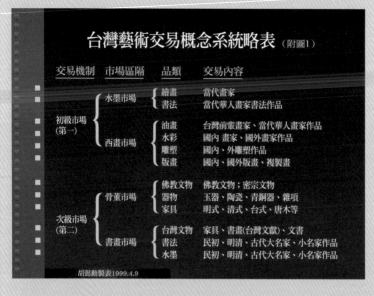

台灣藝術交易概念系統略表（附圖1）

胡懿勳製表1999.4.9

又屬於整個藝術市場機制中的「次級市場」。與書畫市場有所區隔的是當代創作者的書畫作品，油畫市場則包括，台灣本土前輩畫家、當代創作者及台灣以外的華人和國外畫家的作品。（見附圖1）

藝術市場的規模是由各種藝術種類的商業活動所共同構成，然而，若從市場機能的買賣交易行為觀察時，又以美術品項為大宗。表演藝術、電影工業、文學創作等藝術型態的買賣行為多是由原作品轉換為出版商品進行，原創作品的買賣交易則未出現在藝術消費大眾所共有的藝術市場上。因此，本文中所指涉的藝術市場範圍，並不包含表演藝術、電影工業和文學等有關的藝術性商業或經濟活動，在美術的範圍中同時去除了珠寶、玉器、印材、家具等具實用性的美術工藝品項，而以繪畫、雕塑等平面和立體作品為討論重點。

顯而易見的，當代藝術市場的範圍比較窄，若是更清晰的表述應該用「當代藝術品市場」更加恰當。之所以要看似畫蛇添足地說明範圍，是由於大陸在市場上運作當代藝術品時，有它自身解釋和營運的方式，而不同於普遍學術的認定，例如，大陸的市場運作中，將油畫和當代藝術分別出不同領域的兩類創作型態進行交易（詳見鳥瞰篇）。

而與當代藝術創作相關的衍生品，例如：藝術商品、藝術衍生品、原作複製版畫、文創商品、奢侈品等，在強調市場運作的機制及分析中，或多或少會探討其中並不單純以商業營利為考量的內在因素，尤其當形成一種產業規模和園區的集聚時，文創產業與畫廊等藝術行業也會有重疊之處。對於大陸當代藝術市場的探討與分析，更多的精神將集中在藝術社會的互動機制，而對於當代藝術創作範疇中個別的型態、媒材、表現手法等不做過多的細節說明，例如，現代陶藝從觀念到創作取向在台灣與大陸都有頗大的差異，這些作品（產品）也在拍賣會和商業畫廊銷售。我們會關心現代陶藝在市場的接受程度，忽略對創作型態的探究，現代陶藝在大陸的藝術市場中，又是獨立的一種藝術類型，它既不屬於傳統手工藝，又和當代藝術有些許差異，多數人很模糊地對待現代陶藝的發展，學術界和產業界任由它自己在市場尋求出路。

看似單一的現代陶藝在大陸藝術市場的處境，卻可以代表多數的創作形式有著同樣的遭遇。主要原因是在藝術批評與理論建構上的延遲與停滯。每當一個大型展覽開幕，以北京學術界為代表的當代藝術批評，總是會爭論不休，很多人都同意這是一種「被控制的焦慮症候群」的表現。無庸置疑其病灶就是西方的當代藝術在中國逐漸發芽生根後，令許多有志之士

產生繼清末的戰亂後，再度受到西方文化侵略的擔憂。即使無論在藝術市場或創作界，這都是偌大的一樁「類學術」大事件，但關於針對大陸當代藝術的批評狀況與諸多爭議的內容，卻不是本書的主要重心，甚至有意忽略這層的深入探究。主要的理由是，目前大陸當代藝術市場的態勢幾乎是與藝術批評脫節的。更肯定地說，兩者之間的關聯並不如美術教育的市場化更直接地對市場影響，教育的結構和內容與市場的關聯更加密切。至少還要十年的經營，學術的批評聲音才可能對市場產生一點作用。

諸多的現象都顯示，大陸的藝術市場還在不規則地滾動，本書希望以大陸當代藝術市場所容納的範圍為基礎，在這其中將千絲萬縷的線索重新梳理，希望能提出較為明確的未來動向與局勢的看法。

本書的結構關係概述

要有效地、有系統地觀察與分析大陸當代藝術市場，並非容易的事，尤其是時間短、動態快速、成因複雜、結果分歧幾項特質，更使得大陸的當代藝術市場很難做出具體的評價和結論。在這種狀態之下，我想提出一個可以參考的觀念，其中包含著藝術社會學理論傾向於對社會生態之間關聯的分析，換句話說，本書提供的是對整體結構性的分析，將個案樣本、田野調查、文獻做為論據，貫穿在不同探討的領域中，以便印證觀點的準確程度。

「鳥瞰篇」從宏觀的層面上入手，大陸當代藝術市場最讓人關切的應該是它的範圍包含哪些內容，又可以延伸到哪裡，這一切的疑問都是從實際買賣交易的市場而起，不是由理論歸納的學術界引發的議論，才會導致需要把原本並不是最關鍵的議題，放到最前面來先解決「約定俗成」與「先入為主」造成的困擾，希望能夠為市場的範圍框架達成正本清源的目標。大陸藝術市場迅速崛起已在國際上造成很大的吸引力，因此，從它與亞洲、歐美、兩岸的關係上分析帶有戰略意義的發展態勢，可確立大陸當代藝術市場無論怎麼宣揚它自身的中國特色，都無法迴避必須面臨的國際問題；既是眼前正在發生的事實，也是未來愈發加重分量的干擾因素。在干擾因素方面，從兩岸藝術創作者的輩分關係比對裡，可以看出目前大陸在藝術品定價和兩級市場關係的混亂成因。就中介場域中的營利與非營利機構的互動關聯，使文化藝術的產業化、市場化和藝術商品化相互交纏成不規則的網絡型態，也讓當代藝術在其中成為織網者。大陸的營利與非營立中介機制各國採取各種形式的介入之後，全球化議題從喊口號開始到具備實質性的作用，一直在回應著複雜成因的探討，本土（民族）意識也愈加明顯地在當代藝術的批評中出現，然而，這對市場的純粹商業操作來說，幾乎是以螳臂擋車的態勢在發展著。

就藝術社會的建構而論，「生態篇」的要旨在於分析藝術生產、藝術中介與藝術消費三種機制的狀況。藝術生產對新生代的討論篇幅要多過於目前正當紅火的明星級創作者，對長期在市場經營的資深創作者的新發現，也多過於存有曇花一現隱憂的創作者，我深切認為「潛力」和「市場價值」對創作者而言，並非直接指向價格和知名度高漲，從市場歷練的軌

跡中，更加能說明創作者是否經受得住起伏風浪的考驗。藝術生產者在中介機制中的活動不外乎拍賣會、畫廊、藝術博覽會（以下簡稱「藝博會」）等公開的商品化過程，若要看出中介機制本身具有的能量，則「二手市場」更應該放到學術的檯面上深入探討，為何它與股票、房地產、基金或其他投機性強的投資大有不同，這也是藝術品投資與收藏的可貴之處。至於消費機制，即使在市場火爆的現象裡，我們仍將面對二十多年前台灣藝術市場即已面臨的消費人口是否擴大的質疑。隨著時間推移，將奢侈品與藝術品等同對待，放在當代藝術市場討論的現象，也涉及如何建立保值與增值的觀念。

　　無可避免地，論及大陸當代藝術市場時，必然會涉及兩岸藝術市場的比較，這也是本書再三強調區域市場觀念時，希望採取樣本參照的方式，得到更多橫向的論據做為思考的線索。不僅是大陸已經形成京冀地區、西南地區、長三角地區、珠三角地區的市場模態，台灣與大陸的商貿文化交流更促進「兩岸共同市場」的討論。擴大到已幾個中心城市為核心的區域裡討論，則必須要面對文化政策和政府在處理藝術市場時的態度，做為各大城市開發文化產業的一部分，當代藝術市場所佔的面積並不算很重要，然由於本書主題的設定，也將當代藝術市場放大到足以能看出相關聯的範圍，為免放大後的失真，在未來的動勢判斷上，仍將鎖定在從一線城市（北京、上海、廣州）到二級城市（周邊經濟較發達的城市）的範疇中【2】。討論「動態篇」中幾個重要的區域藝術市場或產業的狀況，牽涉到對未來走向的動態趨勢提供判斷與參考的數據。

理論的有效運用

　　我們必須透過有效的理論體系對藝術市場的種種現象進行統整與歸納，至少可以不受現象、表象的干擾，能夠平心靜氣地看待問題；討論大陸藝術市場更需要一些有效的理論，提出客觀的條件以便建構可以持續觀察的模型。大陸在形成藝術市場的過程中有其自身的特性，無法與國際慣常的模式契合，運用西方藝術社會學理論時也遭遇這類看似容易產生疑慮的阻礙。西方藝術社會學理論主要建構在社會學的批判理論範疇中，即使如早期以藝術社會為獨立分析對向的美術史與社會學理論學者豪澤爾（Arnold Hauser），也在這個範疇中進行論述。

　　即使大陸的藝術界並沒有顯著的「後現代」發生事實，但是，後現代藝術學、社會學理論仍然盛行於大陸的學術界。2000 年之後，尤其引起藝術界對後現代主義的興趣，圍繞著以後現代理論對藝術的討論與分析林立在以北京為首的學報、藝術媒體中，也由此相信，後現代主義的理論成為大陸學術界一種顯學，流行於對當代藝術的論述中。若用後現代社會學理論為主要的方法論，討論大陸藝術市場的態勢可以得到較為清晰的輪廓。

　　後現代理論在藝術社會學中扮演了重要角色，特別其思維模式，為諸如文化研究以及其他相關領域的著作提供了很好的觀念。一如詮釋社會學，後現代主義主要著力於對閱聽人以及藝術接受的研究上。後現代主義是最具否定性格的方法，它的後設理論預設，使它拒絕

所有具實證傾向的理論，
許多早期的批判與詮釋
取向，同樣也遭到解構。
【3】

　　從社會學的觀點來
看，藝術是社會中文化現
象的一環。藝術社會的文
化現象則是由創作者、作
品、藝術公眾、藝術消費
者、中介者等群體共同造
成【4】（見附圖2）。當我們
在這個領域中探究某些藝

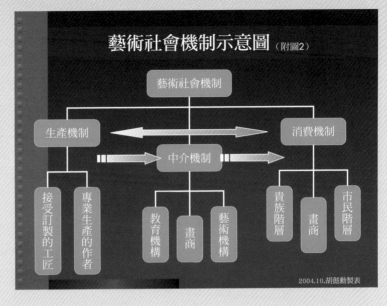

術社會的結構和文化現象時，便要觀察這些群體或個人之間的關係。關係的形成建立在供與
需的實質作用之上，在供需的基礎條件之下，藝術家提供藝術作品，受眾則對藝術作品有文
化與精神上的需求。但這僅是初步的概念，更具體的供需關係建立在實際的金錢交易行為之
上；這也是一種文化現象，並且是藝術社會中普遍、重要的現象。從美術史與社會的關聯上
考察這項供需關係的變化，會發現它們愈演愈烈。因此，藝術作品社會化過程的意義是藝術社
會學中重要的一門探討課題，它不見得會涉足商業的交易內容，是以面對社會大眾做為有效
的標準，比如在公立美術館舉辦公開的、非營利性的展覽是最有力的例證。由此可以得見，
藝術商品化與藝術社會化兩者的關係在於前者在營利的範圍中，後者在非營利範圍居多；前
者必然涉及市場性的範圍，後者可能間接地說明市場性的內容；兩者相互有交集之處，也有各
自獨立的範圍。

　　藝術的社會化與商品化過程構成了藝術經濟體系，而藝術經濟體系中以藝術市場的互
動機制與規模為主軸，在討論藝術從生產到進入市場的過程時，無可避免地要將創作置於
一種類似商品生產的觀念中，但又不能簡單地與商品生產畫上等號；差異在於藝術創作包
含內在的自發因素。豪澤爾認為，藝術社會學之成為一門真正科學的要求是環繞自發的概
念而提出的【5】。「自發」的概念在理想主義和浪漫主義者眼中，是藝術創造過程的本質，
藝術作品是為了靈魂的傾訴，歸根結底所關心的只有創造的本身。藝術社會學者，多半承
認藝術創造有其「自發」的因素，但卻不是唯一的全部條件都源自於自發。他們認為除了
自發因素之外，還有另一個相對的「習俗」概念存在。亦即自發與習俗在藝術社會學中是
一組相應的觀念。

　　習俗是指藝術創造以外的社會條件與因素，它是經過歷史時空累積而成的一項外在因
素。自發與習俗基本上是在社會與創作者二個層面上看待的。就社會而言，其習俗是指歷
史時空中累積變遷的社會慣習、社會制度、社會結構等體制性的變化。經過時間的堆砌、

空間的演變，社會逐漸歸納整理出一些社會規範、文化現象。而在特定時空中的社會同時也醞釀出一些新的制度、規範、文化等社會條件，進而促使社會結構改變。其次，就創作者而言，習俗是藝術創造史中歸結的一條脈絡，主義、流派、技法、美學觀、價值觀等，都成為藝術創作者進行思考時的有機制約因素，亦即習俗的概念。而自發則是「藝術內」的因素──形式的、自發的、創造性的意識動機【6】。一如多數的社會學者將藝術與其生長土壤緊密聯繫在一起的觀點，豪澤爾認為：「藝術創造的自發性只能受外部物質世界的影響和制約。」

　　傾向定性研究方法論所強調的行動研究（戴維.J.格林伍德，1998），蒐集市場中出現的各種數據、新聞資訊以及實地的田野調查、訪談，匯集業者、消費者及創作者不同來源的情報，整理大陸當代藝術市場的種種現象將更能貼近實際的情況。這種類似民族誌的研究方法可以提醒太過沉溺在市場表面現象的消費群，如何從客觀的立場獲得有效的資訊幫助自己判斷紛擾的市場現象，尤其每年都由專業的機構公布各式各樣的統計數據，如何解讀成為了解藝術市場更重要的關鍵。藉由理論的驗證，讓多種帶有商業目的的數據顯現出它們並不夠客觀的事實，定性研究方法論讓量化的數據成為可以多重角度解釋的來源，最終依然要探究數據背後的成因和性質。

　　行動研究的特性在於能深入地蒐集足夠的訊息，以便能從訊息中擷取其支撐的基礎。這種要求對我在南京攻讀博士學位，再加上在上海大學工作三年而言是一項有利的條件，我帶著在台灣的博物館、畫廊的工作經驗，觀察大陸藝術市場的種種現象時，發現海峽兩岸的藝術市場在發展過程有著絲絲縷縷的牽連。因此，採取兩岸的觀點既是主觀的因素，同時也是客觀上需要的條件。兩岸藝術市場發展有時間先後和市場結構性的差異，台灣的藝術市場在經過三十多年的兩級市場並行且有所區隔的歷程中，對於創作者的來源和中介機制的運作，乃至於藝術消費者的階層等相互作用，逐漸建構其區域的特性。在近十年大陸藝術市場蓬勃興起之後，兩岸的藝術市場出現重疊與交叉的互動關係，因此，分析兩岸藝術市場發展中所遭遇的問題，及兩者之間是否能有相互參照的條件因素，促成兩岸藝術市場發展有更好的未來趨勢，將是眼前一個重要的課題。

【1】大陸的九大文化產業分類：傳媒出版、文化旅遊、演藝娛樂、藝術品與工藝美術、文化創意、文化會展、影視製作、武術體育、動漫遊戲等九大類。將藝術品與工藝美術同列為一產業分類，因此有必要說明兩者屬性不同，在市場中運作的機制亦不同。
【2】關於大陸一、二級城市或一線城市，二、三線城市是口頭上約定俗成的說法，學術界或政府並沒有一個明確的界定標準，諸如以人口、面積或經濟力等為條件進行評定。多數以該城市的經濟力和影響力為主，因此會造成如天津市、重慶市屬於直轄市卻未列入一線城市觀察的情況。
【3】Victoria D. Alexander，張正霖、陳巨擘譯，《藝術社會學》，台北：巨流，2008.11初版，頁16。
【4】就廣義而言，藝術消費者包含了多數的藝術公眾。消費者的觀念並非取決於直接藝術品與買家金錢的交易行為，而是指在社會中能透過公開展示的管道而接觸到藝術作品的社會大眾。消費行為則可能出現在購買門票、複製品等過程之中。中介者是指藝評家、美術史學者、藝術教師、畫廊業者、經紀人等介於作品與藝術受眾之間的一類人；拍賣公司、畫廊、美術館、美術院系則屬於中介機構。
【5】居延安編譯，阿諾德．豪澤爾，《藝術社會學》，台北：雅典，1988.9初版，頁7。
【6】同前註引書，頁9。

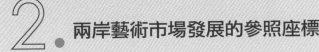

2. 兩岸藝術市場發展的參照座標

　　若要探求未來趨勢，則應該先從過去與現在入手，拋開對未來趨勢「算命式」的預測，我們先採取台灣藝術市場發展的歷程中幾項可供參考的因素，以便於能探索是否有可以借鑑之處。本文並非在探討兩岸藝術市場發展過程中的相似與相異之處，而是希望能透過對一段歷程的解讀中，分析出兩岸曾經有的相互關聯，以及造成不同藝術市場機制的原因。「他山之石，可以攻錯」這句古老的銘言用在兩岸藝術市場的發展對照中，可以這樣理解：台灣曾經走過對與錯的曲折路線，對於大陸當代藝術市場的發展，或許有重新認識自我的作用，而大陸藝術市場發展對台灣的藝術市場引起的轉變作用，也確實讓台灣藝術業界產生改弦易轍的效應。如果將兩岸藝術市場機制的互動放在更寬闊的亞洲、甚至全球範圍之內，或可形成一個參照的座標，標示出各自所處的位置和將會移動的方向。

70至80年代中期關鍵轉型時期

　　隨著台灣鄉土文學的興盛，繪畫表現也開始著重在對鄉土的描寫上，鄉土題材的西洋繪畫作品成為官辦展覽中的常勝軍。當一些畫家在省展、國展取得優良的成果之後，相關科系的中等學校、大專院校內也興起了一股鄉土風潮，破舊的農舍，老牛、雞群、牧童、村婦，花園一角等題材佔據了美術比賽的空間[7]。在這段時期，日據時期創作與官展緊密結合的現象，又出現在中學、大專院校美術科系學生，甚至在校的美術教師，積極參與官辦展覽之中；以省展和國展為首要標的的官辦展覽，成為鄉土題材風潮的最大匯集之地。無論是油畫或者水彩，幾位從官展中崛起的創作者，又引領了一種寫實的鄉土風格，上行下效地在美術界散開，許多利用照相機輔助作畫的創作者，專注於寫實的情境安排，頓時之間，台灣鄉村景色，在創作者的極度關心之下，加上政府提倡縮短城鄉差距，而成為以懷舊為主要內容的藝術形式。這似乎種下了80年代末期，台灣美術界對前輩畫家作品重視的導因。

　　1970年代台灣正值整體經濟起飛階段，「十大建設」的啟動對往後的影響主要展現在交通的成效上，交通網的建設促進島內的人才、資金等流通的效率與速度[8]。國民政府從1953年起便已在台灣推動多次經濟計畫，到1973年，不僅建立以工業為主的經濟型態，而且也奠立自立成長的基礎。只是，經濟發展是動態的調整過程，隨著台灣經濟的高速成長，自然也就出現一些急需調整適應的問題。（鄭懿瀛）這些問題包括：1. 交通運輸及電力等基本設施的投資相對落後，形成經濟進一步發展的瓶頸；2. 當時台灣的工業及出口商品仍以勞力密集的輕工業為主，而且輕工業加工所需的中間產品多依賴國外供應，極易受制於人。因此，為消除基本設施的瓶頸、改善經濟結構，以奠定未來經濟發展更為穩固的基礎，遂有十大建設計畫的提出。當十項建設陸續完成後，其效果便明顯地呈現出來。例如，1974年台灣的經濟成長率僅有1.1%，而工業成長率竟為-4.5%，通貨膨脹率則高達47.8%。到1976年各項數字便已大幅好轉，經濟成長率創下空前的13.5%，工業成長率升至24.4%，而通貨膨

脹率也重新降回10%以內[9]。

　　接續著十大建設的完成，台灣繼續推動1980至1985年的「十二項建設」，與文化相關的內容是建立台灣39個縣市的文化中心，也包括縣市級的圖書館、博物館、美術館、音樂廳等。從十大建設期間開始，政府也開始宣導「客廳即工廠」的各類外銷產品代工，諸如，成衣、家居裝飾商品、鞋類等，並逐漸發展中小企業從代工轉型為自創品牌的外銷規模，創造了許多著名的自創品牌，例如，捷安特腳踏車即是那個時期發跡。這段時期創造出聞名於世的「台灣經濟奇蹟」，在經濟競爭力的提升、威權政治的轉換、提倡本土文化價值等氣氛中，在1980年代匯聚成一股蓬勃的朝氣，台灣的工業、中小企業經濟發展造就了許多成功企業家，經濟力的熱絡表現在股票、房地產等投資項目，促進在1960年代即以建立基礎的畫廊業的市場興旺。台灣的畫廊業與整體經濟的成長幾乎是齊頭並進，當台灣致力於發展工業、交通、公共事業建設、外貿以及中小企業的強化，畫廊業者默默地不定期籌辦著以油畫、水墨、水彩為主的小型展覽，間或有銷售的紀錄卻不是最主要的經濟來源，畫廊業者也有兼營副業或者其它的收入管道。根據《藝術家》雜誌調查1992年台灣畫廊的統計數據，1971-1979年全台只有6家畫廊；1980-1985年增加到18家；1986-1989年為25家；1992年全台總數為115家，其中26家為1991年之後成立的新畫廊[10]。長期以來，畫廊業者與創作者建立良好的關係才是最重要的資產，畫廊老闆往往在舉辦展覽時，自己也以買斷參展作品方式，為作者提供良好的經濟來源。

　　80年代中期之後，依靠著強大的市場需求和收藏的導向，本土前輩畫家的作品受到市場的重視，並非是他們描繪了日據時期台灣的風景，或者鄉村景色而得到青睞。前輩畫家的作品在於稀有性和當時大部分的力量集中在為他們尋求台灣美術史的地位和定位，謝里法撰寫《台灣美術運動發展史》、郭繼生編輯《台灣美術史論集》、林惺嶽撰寫《台灣美術風雲四十年》、藝術家出版社出版一系列的台灣前輩畫家大系等專門著作，對於這些日據時期致力西洋美術的畫家進行歷史定位式的評述，讓原本在藝術市場、收藏市場活躍的前輩畫家作品登上學術的定位。前輩畫家的作品在他們逐漸老成凋謝之後，益顯珍貴，作品價格亦隨之水漲船高，下一波的美術生態質變即是由前輩畫家所領軍，繼台灣「經濟奇蹟」之後，創造了台灣藝術市場的奇蹟。

1989年之後的藝術商品化影響

　　台灣美術生態在1990年代初期，激起了一陣強大的力量，驅使整個生態產生了極大的變化，而這種變化甚至可以視為整個美術生態體質上的改變。導因於1980年代末期台灣股票指數衝上前所未見的12,000點高峰後，在股票及期貨市場獲利的投資客，將股票獲利轉向藝術品的投資，這種轉投資的模式，促使藝術市場隨之興盛。首先帶起一陣台灣本土畫家的熱潮，而主要的標的鎖定在日據時期留日的前輩畫家作品上，其次，則是當時55歲左右的中堅輩畫家，例如何肇衢、陳景容、陳銀輝、周澄、李義弘等人的作品。接續引起的是美

術界對於本土意識的討論，年輕創作者帶著批判的視角進入具有實驗性的前衛藝術領域，甚至將議題擴及涉及意識形態的政治範疇中[11]，這為往後二十餘年的當代藝術提供了創作的素材和議題，使台灣的當代藝術的內容也呈現出本土性內容。

油畫的發展在前輩畫家的引領之下成為收藏的重點品類，水墨畫則是在清末民初的海派、金石派等一批名家作品下，漸次擴大為涇渭分明的收藏目標；近代如張大千、溥心畬、黃君璧三大名家，到黃賓虹、李可染、潘天壽等人都有良好的佳績。單從拍賣會觀察，水墨畫家還是「南張北溥」的作品數量最多，齊白石、吳昌碩、吳作人的作品也有相當數量，1990年初期的三年之間總成交率均在六成六以上，齊白石的作品在單一年度的兩次拍賣會中，總共6件作品的總成交率達到八成的佳績。雖然上述畫家的作品價位、知名度和保值性均高，但台灣水墨市場形成一種「時段性區隔」的態勢，使得藏家對古代、近代、當代畫家的作品建構出分類收藏的觀念。

這種觀念的形成使得明清和清末民初畫家的作品有特定的收藏群，他們界定畫家下限在南張北溥及其同時期的畫家，使得畫家的年齡層或時代段拉出頗大的幅度（油畫也有類似的現象）。換句話說，中堅輩、中青輩甚至少壯輩畫家的收藏群逐漸和上述畫家的收藏群分出界限。其次，蘇富比與佳士得國際兩大拍賣公司對南張北溥及其同時期畫家作品的收件能力超過台灣本土拍賣公司許多，「國際兩大」對這些畫家作品主打香港市場，所以他們的作品在台灣公開市場上無論質或量均非主力。而台灣拍賣會的畫家又有其地域性的特質，例如：當時的本土中堅輩畫家李義弘、何懷碩、周澄、鄭善禧等人的作品在台灣本土形成主流，事實上，他們的作品在畫廊和藏家間流通的數量又比公開拍賣會多，因此，檯面上很難看出正確交易數字。

以商業畫廊為主的初級市場興起之後，隨之產生市場需求的問題，中介機制需要藝術生產者供應藝術品，以因應消費者需要，由此，藝術商品化的過程即積極地開始運作。當創作受到藝術商品化的衝擊時，原本以官辦展覽或者未有營利性質的私辦展覽為專業肯定的創作者，紛紛為商業畫廊羅織，這種現象代表著接觸藝術的大眾也有了明顯的區隔；原先模糊的「觀眾」界定，出現收藏者、買家、消費者，或者愛好者的區別[12]。

台灣藝術市場經過三十多年的調整運作，已有了較為完整的規模，從早期以畫廊業為主導的藝術商業模式，逐漸形成近年來拍賣會、經紀商、博覽會、美術館、博物館等有組織性的多元化運作。由藝術經銷多元化運作建立的規模，使得台灣藝術市場產生各類藝術品市場區隔。（見P.8附圖1）

台灣藝術市場的「後繁榮」效應

若探究這段發展繁榮期的原因，則要追溯在1970末期到80年代兩岸開放探親交流之際，大批的畫商進入大陸蒐集大陸創作者的作品，從已逝的第一代油畫家到當時尚屬年輕的畫家作品，幾乎一網打盡，古代／近代現代水墨、家具、玉器、瓷器等各類的畫商、骨董商

有他們自己的目標。這段期間由畫商所蒐購的作品提供台灣的拍賣會和私人所需，因此，形成以國際為範圍的「華人畫家」和以大陸內地為主的「大陸畫家」，以及台灣的「本土畫家」的收藏市場。幾乎只有短短幾年時間，大陸畫家的作品在台灣的畫廊和拍賣會裡出現頻繁，一個大陸年輕畫家受到台灣畫商的注意發掘，大約只要三、五個月的時間就會在香港的蘇富比和佳士得拍賣會上出現成交紀錄，初級市場與次級市場的幾乎同時行進，達到最熱絡的景象。隨著1980年代國際兩大拍賣公司在台灣相繼設立分公司及辦事處【13】，並舉辦香港與紐約拍賣的預展及在台北拍賣會，台灣本土拍賣公司也相繼成立有五家之多，標竿、景薰樓、傳家、古道、慶宜為當時建構了次級市場的規模。

　　1999年之後，台灣藝術品拍賣市場不如以往熱絡，主要原因是台灣的各型企業與資金大量移往中國大陸，房市、股市等投資項目均出現滑落，使得藝術品收藏家與投資者也採取保守的態度面對藝術投資。2000年初與2001年底，蘇富比與佳士得兩大拍賣公司陸續撤出台灣的藝術品拍賣市場，其中關鍵原因是台灣對賣方拍賣所得徵收30%的所得稅，比例明顯高於鄰近的香港地區，使得擁有藏品的賣方轉往香港或新加坡，也有部分輾轉進入大陸拍賣市場，為大陸的次級市場增加貨源管道【14】。2003年大陸的藝術市場蓬勃發展，國際兩大拍賣公司以香港為亞洲市場的調度中心，更加靈活地運用較低稅率和較寬鬆的進出口的限制，兩手伸向兩岸三地的拍賣市場，真可謂漁翁得利。由於稅制和資金轉移等因素使台灣藝術市場的整體量能減少，收藏家委託拍賣公司將其收藏品帶往台灣以外的地區進行拍賣，投資者轉向大陸、香港、新加坡、日本等地的藝術品交易市場尋找目標，收藏家和畫廊對於稅負減輕和避險的考慮，拍賣公司也需要針對自身競爭力、發展機會與經營策略等問題進行評估，均成為促成轉往香港、新加坡等亞洲鄰近地區新闢戰場的背景因素。目前，台灣本土拍賣公司也為將觸角延伸至香港地區積極布局。

放眼全球藝術市場的座標關係

　　分析兩岸藝術市場趨勢性的兩種動向。其一，以台灣當代創作者與前輩畫家作品（停產）在大陸市場接受程度與相同階層作品相比較，可以得知仍然以大陸作品受歡迎程度高，並且大陸作品更為學術性地進行市場、美術史評價方面的論述，以加深作品的歷史價值，對台灣創作者的認識仍然僅止於媒體的宣傳。其二，台灣當代作家的作品目前僅能佔有初級市場，次級市場的佔有率、曝光率極為稀少；大陸當代創作者的市場價值已經超越古代以稀有、具歷史價值的大名家作品，以此顯現大陸藝術市場非關市場機制的人為操作因素過於濃厚。台灣畫家于彭、黃銘哲、洪東祿、鄭在東、張震宇等人都在大陸生活與創作，也在商業畫廊舉辦個展，創造個人的銷售成績。我們從台灣畫廊業者與台灣創作者進軍大陸市場的比例關係中，發現台灣業者並未將焦點集中在推薦台灣創作者進入大陸市場。持平而論，無法引進台灣當代創作者，其中也涉及畫廊經營成本的現實問題，大陸方面一般畫廊出售一張畫的利潤在15%-20%，進口一件作品，大陸海關則要課徵35%的稅，對畫廊業者而言是頗為沉重的負擔。

行文至此，顯然「台灣經驗」並非能全盤對大陸藝術市場有參考的價值，或者說，台灣經驗並非是可以複製、移植在大陸藝術市場的發展脈絡中；更重要的是，從台灣過去的成敗累積中，對於大陸藝術市場可以有對照的參考點，缺失之處引以為戒，優良之處改進學習。台灣的藝術產業界逐漸轉往大陸尋求更廣大的消費市場，也因此必須因應大陸的市場的特性，開發一套適合行銷的模式。

　　一般咸認，現在的藝術市場比以前大多了。這的確是一個事實，就全球的經濟而言，全球的整體市場已經比1990年代擴張約20倍，而原本預估會在兩年前進入緊縮期的藝術市場，至今仍在它的擴張階段，不少藝術經紀人開始認為這是因為整體經濟擴大、藝術市場擴大的結果，但是，有必要進一步分析其中實質的因素。交通、資訊發達，藝術品展示管道及媒體傳播效果增加，是藝術市場擴大及全球化的基礎，全球化市場中的區域市場發展依然表現出頗不均衡的態勢。

　　在中國和印度等高成長經濟體的帶動下，亞洲地區近年儼然已成為全球最紅火的投資市場。根據《紐約時報》的報導，近來因石油致富的中東政府和私人投資人也相當熱中亞洲市場的投資，亞洲國家也紛紛擬定吸引中東投資人的戰略。根據國際投資銀行的預估，2007年中東地區投資人購買亞洲資產的金額將可能達到200-300億美元之間。而隨著中東與遠東之間金融關係往來日趨密切，昔日中東資金集中注入的歐美市場可能開始面臨資金流入量減少的情況。

　　區域市場的不平衡發展既使得評論者所憂心的泡沫化和市場危機一再拖延，同時，這些看似失準的判斷，將引發市場畸形化的外一章討論：或許我們沒有看到泡沫化危機，卻引來了市場嚴重畸形的後遺症。歐洲共同市場、中美洲、亞洲大區域藝術市場，以亞洲的騷動最為明顯，市場需求擴大的結果，使得亞洲新興買家產生溢出效應，往歷史淵源深厚的歐亞和跟隨風潮的歐美市場撒錢。一批批法國、英國、荷蘭、美國的藝術經紀商，伴隨各國商業貿易的潮流，進入中國、印度等地區尋找便宜的批發貨源；尤其以中國為甚。這種現象類近清末中國受外國軍事、政治力壓迫，開放沿海通商口岸之後，外國買辦（俗稱大班）在中國蒐購外銷畫貨源，將中國風格的商品畫帶進歐美消費市場，甚至外國商賈乾脆在中國建立製造作坊回銷歐美市場。類似清末外銷藝術商品的現象，中國當代藝術市場也無形之中擴大它原本只有兩級市場的範圍。

　　在歐美投資者概念裡「中國藝術風格」的商品或者廉價的當代藝術品，納入藝術創作的範疇進入歐美消費市場，造成初級市場範圍更加模糊，而我們唯一能檢視的標準，即是這些受歐美市場歡迎的便宜中國藝術風格作品，是否曾經有展覽或在初級市場具有成交紀錄。許多在學院就學的大學生、研究生尚未完成學業就已經進入藝術市場，他們作品價格也如他們的老師一般，常在段時間之內出現不合理的波動，總難免讓人擔心他們的穩定性。如此我們便了解，*ARTnews*"和 Art Market Research 公司所作的量化調查在定性研究中的作用，是在於拿這些數據檢視與比對大陸藝術市場的動向，找到一個時期或階段的基準才能知道是否存在風險。

　　外國人對於中國的藝術風格（特別是具象油畫）帶有一種文革時期僵化的概念，這是源自於

大陸計畫經濟時代的蘇聯式美術教育、文藝理論與政治宣傳的緊密結合，時至今日，卻為許多創作者取用的創作資源，並能獲得外國收藏者的青睞。美術學院內的教師與學生與藝術市場的直接關係也因為這種交結，成為大陸當代藝術品市場單一來源的特殊現象。追究起來，大陸當代藝術市場的許多現象都根源於美術院校的圍牆之內，進一步探討大陸美術教育的問題，可以解釋諸多大陸藝術市場正在發生的現象。

【7】日據時期的前輩畫家也有此類題材的作品，他們描繪城市和鄉村中帶有生活習俗內容的景象，但是與70至80年代的鄉土題材有所差異。

【8】1973年12月16日，蔣經國提出十大建設計畫，預備以五年時間完成。其中包括六項交通建設：中山高速公路、西線鐵路電氣化、北迴鐵路、台中港、蘇澳港和中正國際機場；三項重化工業：一貫作業煉鋼廠、石油化學工業及大造船廠；最後一項則是核能發電廠。

【9】鄭懿瀛，《十大建設》轉引自：文建會國家文化資料庫知識管理系統：http://km.cca.gov.tw

【10】經過多年更迭，及至2010年，這些畫廊業主仍有超過50%的人依然在藝術市場圈內活動。

【11】有關政治意識型態論爭議，在美術創作的範疇中形成一股小小的勢力，專門就社會批判、歷史反省等主題進行創作。這種創作傾向與台灣現代美術創作出現各種可能的表現內容是等同意義，但對藝術市場的作用並不明顯。因此，於本文中，不擬專章討論有關本土意識、社會批判等創作內容之議題。

【12】收藏者與買家、愛好者與消費者的兩組概念，建立在藝術社會學的基礎上。廣義的藝術消費者泛指普遍的社會大眾而言，包括沒有直接以金錢交易的藝術品接觸者。為使觀念更加清晰，本文將消費者界定在具有實質消費行為的藝術品購買者，但其是因餽贈、裝飾等隨興隨機的購買動機，收藏觀念較弱的社會層面。而藝術品的愛好者則是指無購買藝術品行為的普遍的社會大眾，亦即廣義的藝術消費者。至於收藏家（者）則是指，具有一定資歷，有系統進行研究、收藏的嚴肅意義，以區別具有強大藝術消費能力，卻迷信市場知名度，並摻雜著轉投資增值心態的買家。

【13】佳士得於1986年在香港舉行首場拍賣，拍賣一系列中國書畫、中國瓷器及工藝精品，珠寶及翡翠首飾；1993年在台北的首個中國古代書畫專拍。蘇富比1981年在台北設立分公司，其辦公室及代表處遍佈亞洲，包括中國內地及香港、日本、新加坡、印尼、泰國、馬來西亞、菲律賓及韓國，並於香港及新加坡定期舉行藝術拍賣。

【14】若收藏家持有藝術品超過三年以上再轉手拍賣，政府即不向賣方課徵所得稅。藝術品若以短線買賣，香港徵收所得稅的比例大約在5-10%之間。

3. 大陸美術教育的兩化運動

　　隨著兩岸關係的和諧，諸如國立台灣藝術大學的博士交換學生，以及台南藝術大學邀請北京修復專家的短期講座等教學活動的持續開展，兩岸大學之間交流益顯頻繁。從教育外延至兩岸藝術市場的聯繫，可以發現市場的動態其根源與美術教育有著莫大的關聯，在藝術市場上活躍的創作者，其學院的背景往往決定了受歡迎的程度和行情的高低，尤以大陸當代藝術市場為甚。因此，兩岸藝術教育差異成為一個需要認真對待的議題，過多地用台灣的眼光和思維看待大陸的教育體系，很可能出現想當然耳的偏差結論。把美術教育放到藝術市場的領域中討論，似乎是有意把追求公益的教育事業與追求利益的商業和經濟聯繫在一起，這可能會引起一些教育者的嫌惡或者觸碰到某些不該公開討論的禁忌，因此，我必須很小心地處理其中各個環節的互動關係以及說理分明，以免製造出一個偽命題。

　　我更想把問題集中在美術教育的範圍裡，原因是將大陸的美術教育和其他類別的學科比

大陸美術院校的創作教育承襲過去體制沒有太多的改變。圖為四川美術學院的校園雕塑。

較，有它自身的特性，即使在「產業化」和「市場化」的共性可以涵蓋的範圍內，美術教育也顯現不同的內涵與意義。有必要將大陸的藝術教育在這兩化運動之下，探討其自身具備的內容，由此可以折射兩岸的藝術市場差異所在。

美術教育產業化

　　大陸的各級學校喊出「教育產業化」口號行之有年，教育界也增加各種正反兩面的雜音。從2004年初開始，教育部雖一再指出：「中國政府從來沒有提出教育要產業化。」「教育部歷來堅決反對教育產業化，教育產業化了，就毀掉教育事業了。」但在現實的發展中，社會大眾的評價並非來自對口號的宣示的本身，而是面對教育現實裡，學校各種營利創收、高收費、收費名目繁多，乃至錢權交易、教育腐敗等各種不良現象的氣憤和切膚之痛，「教育產業化」已成為享有罵名的負面詞彙。[15]

　　北京高等教育研究機構研究員楊東平認為：「對『教育產業化』進行定義和概念之爭並不重要。比較學術化的表達，『教育產業化』是指在教育領域實行的被稱為『單純財政視角的教育改革』，即在教育經費嚴重不足的背景下，為彌補經費短缺，圍繞著學校創收、經營、轉制、收費、產權等問題，以增長和效率為主要追求的教育改革。」1990年代以來大陸的主要的教育政策，無論是中小學層級的公立學校轉制為私立學校，或「名校辦民校」和

越區、跨區就讀重點中小學需要多繳一筆為數可觀的「擇校費」等現象。或者是大學高收費，廣辦公司開展多種經營創造收益的活動，公立院校裡增設「二級學院」、「獨立學院」，以及用房地產開發的模式興建「大學城」等，大致都是循著教育產業化思路的具體措施。

　　大陸學者認為，「教育產業化」是純粹的「中國概念」，用這個名詞無法與國外進行交流的。英國的「教育市場化」具有明確的理論基礎，主要用於高等教育領域，主要從三個方面達到市場化目標：1. 減少國家、政府對高等教育經費投資的比例，增加非政府（市場、個人或家庭）對高等教育的投資；2. 強化高等教育與私有經濟部門的聯繫，加強大學與工商界的聯繫；3. 加強私立高等教育的角色和作用。（楊東平，2006）

　　在大陸的美術教育的領域中，產業化的內容與其他學科教育的做法沒有太大的差別，整體的發展策略都依照著主流的方式進行。從院系的設立可以看出符合前述的各種現象，例如，屬於江蘇省級獨立學院的南京藝術學院（簡稱南京藝院），下設有音樂學院、美術學院、設計學院、尚美學院等14個「二級學院」。「大學院包小學院」的體制是大陸的院校的普遍現象，綜合大學中的學院也有一級、二級的區別。特別的是，南京藝院下屬的尚美學院是1998年由原尚美分院和演藝學院合併，類似公辦民營的方式，引入民辦機制經營，採取學院和民間文藝團體合作辦學模式的「公有四年制」藝術院校。

　　由公私合資辦學的產業化，其實質的好處是校本部不需要增加額外的籌辦經費，可以增加新的院系也意味著能擴大招生，公有民辦二級學院最大的財源是學費收入，招生名額由校本部核定。教師任教則有兩種分別，一類是由校本部正式聘用，即所謂編制內的員額，受到保障較多；另一類是由二級學院運用自身的經費聘用，職稱、薪水不在校本部的編制內，有彈性卻缺少保障。如果教學體質健全，一般這類二級學院可以自給自足還有盈餘，學院若再開設一個商業公司就為了達到賺錢的目的。

美術教育市場化

　　大陸的大學在「美術教育市場化」的發展狀態，與前述英國的市場化或大陸學者對市場化的理論或觀念都有頗大的差距，並非受到政府教育政策或內部體制的直接影響，它有著自體發展的特性。因此，美術教育市場化無法完全放在大陸對教育產業化的領域中討論，在根本的觀念上也需要先釐清。

　　美術教育的產業化在於體制的變更，市場化則是各學校在自己既有的基礎上逐漸形成的整體趨向。當大陸的藝術市場尚未成形，當代藝術還沒有熱火朝天地成為社會議題時，以專業學院系統為主的教育體制，在培養各級學校的美術教師，或在美術協會、畫院等官方的事業單位任職，是畢業生最大最好的出路。1990年代，畫院供職的畫家和學院裡的教師私下賣畫給港台畫商是主要的額外收入，至於他們的作品賣到哪裡去、賣什麼價錢，這些老師們無從知曉。十年之後，學院教師的作品公開在拍賣會、畫廊、博覽會出售，他們已經知道要怎麼賣作品、賣給誰、找誰來賣才好。即使在過去待在書齋裡苦心研究中西藝術理論的學

分析大陸的大學教育體制不能完全以台灣的思維方式進行思考。圖為廈門大學校園景色。（上圖）
當下的美術教育不再是單純的教學內容，實踐的過程也受到重視。圖為山東工藝美術學院美術館舉辦師生聯展。（下圖）

者，也耐不住寂寞紛紛出馬，成為畫廊的策展人、總監、學術主持，藝術品交易入門網站的專欄藝評家、電視鑒寶節目的鑒定（價）專家、顧問等，各種閃亮的頭銜讓這批人成為與市場運作息息相關的「守門人」（gatekeeper）【16】。

　　這其中的變化他們也始料未及，是隨著社會狀態改變順流而來的。2000年以後再討論美術學院系統的教育時，多數學生從老師身上看到創作可以為自己贏得更多的經濟利益，他們自然也有這類的想像空間。因此，畢業生不一定要積極爭取穩定公家單位供職，更希望成為自由業的畫家，有些較早嶄露頭角的學生寧願做兼任教師僅取得一個基本身分，也要顧全個人的創作，以便能接應畫商的需求。大陸的「自由業」是近幾年的新興職業，從計畫經濟時代的空白到經濟改革初期的質疑，到現在的認同過程更顯得突出；當職業畫家身分受到認同，也就表示大陸原本以公職為首選的固有教育觀念產生鬆動。

從沒有市場到藝術市場火熱，創作類美術教育的課程和體制並沒有改變，變的是師生的心態，外在的、社會的因素使「人心」出現市場化的心態，以因應藝術市場的發展。無法納入藝術市場的相關學科諸如設計、動畫、環境藝術等科系，則針對「就業市場」需求增設科系或課程，即課程的市場化，更甚者以職業訓練為教學目的。畢業生就業是各學校每逢畢業季節的重要任務，就業率成為學院、系所下一年度招生名額核定的參考標準。這套普遍的畢業生就業率、簽約率（指學生和就業單位簽訂正式合約）計算對美術科系似乎沒有很大的真實效用，如同前述的情況，美術科系畢業生的就業更加自由和模糊。

用「學習心態的市場化」較能符合現實的情況，換句話說，在教師兼具市場獲益的指引之下，教與學之間的動機與目的朝向藝術商品化的潛在心理持續發酵，創作的最終點是碰觸市場，而非僅為無從落實的藝術理念。大陸的本土畫商依照長期受教育的觀念洗禮中，熟門熟路地在美術院系尋找藝術品的來源，因為當大陸尚未有市場的時代裡，唯有學院、畫院這些機構可以確認一個創作者的身分，即便有在工廠上班高天賦的創作者，他只是一個工人階級而已。國外畫商進入中國之前，做足功課也發現這個玄機，也只能往學院裡尋求在中國的立足之道。

兩化運動的省思

討論產業化與市場化有兩個較為寬廣的目的：其一，了解大陸各種學校、院系是屬於哪一級體制內的管轄與運作，才能準確地了解學校的品質、教育目標、師資和學生的結構等內在的因素，以便進一步分析學生未來可能發的方向；其二，大陸的大學自有其一套運作的機制（眼前看來不會改變太多），與台灣的大學制度明顯不同，兩岸學生也在就讀大學的根本觀念上就有差異。因此，不能全用台灣的思維去看待大陸考試制度或教育體系，以此判斷其中利弊未必是有效的參考條件。而教育不就是要讓人學習「取人之長，補己之短」的道理嗎？

進而把「兩化運動」的議題限縮在美術教育的範圍，則會顯示兩方面的意義：其一，無論教育體制和藝術產業如何變化，美術教育本身無法達到產業化目的，原因是市場並不需要一種集體的產業專司生產製造藝術品。藝術品需要獨特的創作過程，集體式的創作生產無法在藝術市場上流通。而教育外圍的畫廊、裝裱、加工廠、展示陳列、經紀人等產業鏈，分屬不同的教育系統的訓練，或是在創作領域中遭到「一軍」淘汰的轉型。我們也看到大陸的美術院校在產學合資的辦學方式，並不符合產業化的理論模型，尤其在美術院校更加脫離教學目標的達成，任何一所美術院校均無法保障畢業生的就業市場能和產業鏈條銜接吻合，最終端的市場取決於藝術商品化的需求量和導向。

其二，市場化的議題偏離原初各國探討「教育市場化」理論與實質內容太多，美術教育的市場化更指涉需求（中介與買方）市場的慾望，其影響教育的層面不及於體制本身，僅在教師與學生之間產生心理諭示的作用。如同台灣的情況，兩岸的美術院校唯一可以堅守「專業」陣容的只有創作類教育，必須有創作實踐的能力和基礎方可報考創作類美術科系。其他相關

的理論學科則不然，研究所以上的教育中，最鬆散、最具彈性、最無須專業能力要求的學科當屬藝術理論類，而這些學科的學生也能即刻投入藝術市場的整體運作機制。

平心而論，由於大陸藝術市場迅速發達，像一塊磁鐵一般吸引著台商、創作者前進大陸開拓市場或尋求發展機會。大陸和台灣的社會大眾對雙方美術院校的相互了解程度，形成了不對等的狀態：台灣業界對大陸的美術創作了解，要高於大陸業界對台灣的了解；即如，大陸一般大眾對台灣社會種種現象的興趣，要超過台灣的大眾。台灣的創作者採取單兵作戰的方式進入大陸市場也不過五、六年時間，而大陸創作者在台灣市場至少積累二十年以上的資歷。兩岸對創作者的了解，是跟隨著市場的步伐而有深淺，但教育背景卻又代表著更深一層的價值鏈關係，兩岸的對待方式也有很大的出入。

大陸的美術教育與社會環境聯繫緊密。圖為蘇州平江路的畫廊。（上圖）
台灣的美術教育強調學術的獨立性，師生的教與學關係單純。圖為位於台中市的個人雕塑創作工作室。（下圖）

在大陸，美術教育牽涉到學生未來能否順利就業或能否藉助老師（和學校）的資源進入藝術市場繼續創作，這在台灣是極為少見的，畢業生要進入藝術市場必須靠自己努力，我無法說誰好誰壞或誰對誰錯，這是整體的社會環境使然。大陸和社會環境結合較緊密，台灣則更強調教育的獨立性，然而，終究要從教育體制內去考慮這些生態差異的問題。

討論至此，逐漸對大陸美術教育的兩化運動有一個較為清晰的輪廓，確如楊東平所言，無論哪一種都是中國概念之下的產物，無法放在國際上溝通。然而，由於大陸對於計畫經濟的影響尚未褪卻，「一切皆國有，處處有階級」的思想根深蒂固，美術院校能提供藝術市場的創作者身分和階級的保障，也就是為何大陸當代藝術總是由八大美院的師生領銜演出的最大原因了。

【15】楊東平，〈教育產業化和教育市場化：兩種不同的改革〉，2006.4.5。
【16】「守門人」的觀念是Victoria D. Alexander在《藝術社會學：精緻與通俗形式之探索》中延續Hirsh組織社會學概念所提出的觀念，他認為學者一類的專家成為市場運作時的掌握過濾產品或人員，決定其在這個體系中的去留。頁73-74。

鳥瞰篇

從宏觀的視野俯瞰大陸的當代藝術狀態，需要先釐清幾個關鍵的疑問，才能繼續跟隨著這幾個問題追究這個起伏動盪頗為旺盛的市場形貌。更重要的是，大陸的當代藝術市場在不知不覺中受到台灣藝術市場的外力作用，引起國際矚目。因此，將大陸的當代藝術市場放在亞洲乃至於全球的位置上觀察與分析，應是了解它的第一步。

為因應大環境的變化，發掘新的藝術生產者始成為大陸畫廊界面現的課題。（上圖）

第一章 大陸當代藝術市場的幾個問號

在對大陸當代藝術現況的觀察中，有四個問題一直困擾著我，對同樣在討論當代藝術和市場的其他人卻好像都沒有感到任何的疑惑或不妥。於是我在大陸地區的藝術類網路論壇上試探性地提出疑問，沒想到，原本討論當代藝術收藏正熱烈的網路論壇，讓我臨時插嘴的問題給攪擾得停頓下來。不久，螢幕上出現版主熱心回覆的一行簡體字，是我早就預料的答案：「這也是說不清楚的問題。」

第一節
當代藝術的範圍究竟在哪裡？

在這個以藝術品收藏與投資為熱門的入口網站上，我所提的問題是「為何要把當代藝術和油畫分開來？難道當代藝術中就沒有油畫嗎？」大陸的藝術類入口網路上流行的拍賣行情分類，將油畫和雕塑做為一類，將當代藝術獨立為一類。這種分類很容易讓人懷疑大陸當代藝術拍賣中的作品，究竟是什麼內容和使用哪些媒材。我們需要從時間序列中尋找一些線索。

1979年9月27日，中國美術館東側的柵欄上掛滿了雕塑和繪畫，吸引了大批觀眾。1980年2月在中國美術館展出，參觀者每天達到上萬人，「柯勒惠支【1】是我們的旗幟，畢卡索是我們的先驅」。這段有關「星星美展」的宣言在大陸官方重要的藝術媒體《美術》

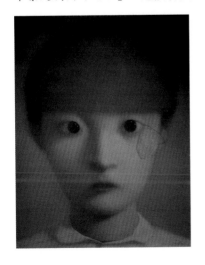

張曉剛　同志NO.14　1999　油畫　130×120cm

【1】柯勒惠支（Käthe Kollwitz, 1867-1945）為德國表現主義版畫家和雕塑家，20世紀德國最重要的畫家之一。柯勒惠支出生於俄羅斯克尼哥斯堡（現今加里寧格勒）的一個德裔家庭，原名凱綏‧施密特。14歲開始學習繪畫，1884年進入柏林女子藝術學院學習，其後到慕尼黑學習。1889年和在貧民區服務的醫生卡爾‧柯勒惠支結婚，1898年開始在柏林女子藝術學院任教。1909年後成為一個社會主義者。她的早期作品〈織工反抗〉、〈起義〉和〈死神與婦女〉、〈李葡克內西〉、〈戰爭〉（組畫）等，傳達在資本主義制度下工人階級的命運，也表達反對侵略戰爭、根除戰爭根源的理想。節錄自維基百科：http://zh.wikipedia.org/zh/

雜誌1979年第三期報導的意義重大，1982年第2屆「星星美展」在中國美術館開幕，1983年，星星美展成員王克平、馬得升、黃銳三人在北京自新路小學開聯展時被政府取締，從此星星美展終告解散。隨後兩年，星星美展的成員相繼出國。無名畫會、星星畫會和四月影會的活動，可謂大陸20世紀70年代末和80年代早期的現代藝術活動。

　　1985到1986兩年中國現代美術運動則以「八五美術新潮」為名，如今在藝術市場成名的有張曉剛、毛旭輝等幾位。1989年這個敏感的年分裡，「中國現代藝術大展」的舉行更具有象徵意義，由於同年接著發生的天安門事件，讓參與展覽和在北京活動的創作者藉由外交官、外國的企業家夫婦，或者國際媒體記者的幫助移居紐約或巴黎。與星星畫會某些成員相同的際遇，當初參與現代美術活動的創作者，到2003年後成為大陸當代藝術市場的要角，卻都是已經出國多年、在國外持續創作背景。

　　從這個脈絡可以整理出大陸在「現代藝術」尚未開展出一點規模之時隨即告終，等天時地利等客觀條件成熟，卻以「當代藝術」之姿出現在以商業運作為重的藝術市場，而不是在官方展覽會、大學校園、學術研討會乃至於國際性藝術展覽會等場域中獲得學術上的認同。關鍵因素是許多參與美術運動的創作者紛紛出國，在國外感受到現代藝術的氣氛，自己持續創作卻與大陸本土的蘇聯式學院教育差距拉大。這中間造成很大一段的斷層，大陸本土學術界也沒有意識到這種「境外成長」的威力，當年努力過的創作者包裹在國際「當代藝術」潮流之中，跳過嬰兒、兒童、青少年的成長階段，直接在藝術市場的拍賣聲中長大成人。受到市場機制運作的「催熟」，多數人都忙著採收和趁新鮮趕緊宣傳銷售，忘記催熟過程所忽略正常的步驟，只要能有一張可供辨識的藝術創作標籤，也就沒有人理會應該要補強被省略的重要部分；建立一個從現代藝術過渡到當代藝術的完整理論的論述架構，未曾出現在大陸學術界。

　　目前學界普遍認同的觀點，以時間為主軸將現代藝術（modern art）從19世紀末期到大約1970年代大部分的藝術作品納入範圍，而較近期（20年之內）的藝術作品通常被稱作當代藝術（contemporary art）。西方藝術的發展歷程則是以現代主義指涉「現代藝術」以便於對應後現代主義衍生的藝術實踐和理論上對現代主義的批判反省，第一次世界大戰之前西方的現代藝術發展樣貌，為二戰後以紐約為中心的現代藝術奠下基礎（見右頁表1）。以歐美藝術發展歷程而言，現代和當代藝術包括了實踐與理論並進的演變過程，而台灣的現代藝術雖晚十年尾隨美國其後，卻由當時留學歐美的創作者引進大量現代主義與後現代主義的理論，創作實踐也能跟進，有較完整的演進規模。反觀大陸受蘇聯美術影響為重，80年代整體藝術氣氛既沒有現代主義的蹤跡，到21世紀也只有若干後現代理論的片面探討，創作上沒有後現代主義滋長的土壤與養分。因此，若以時間為軸線，區分近期的「當代」與前一個時期的「現代」較能表示實際的狀態。

　　大陸的藝術市場對當代藝術的認定十分模糊，業界、學術界採取口頭習慣、約定俗成的

【表1】19世紀末到一戰前西方現代藝術代表略表

時期	流派及型態	代表作家	備註
19世紀末	浪漫主義	哥雅（Francisco Goya）、安格爾（Jean Auguste Dominique Ingres）	實驗性及個人風格，在這個時期扮演著重要的角色
	寫實主義	庫爾貝（Gustave Courbet）	
	印象派	竇加（Edgar Degas）、馬奈（Édouard Manet）、莫內（Claude Monet）、畢沙羅（Camille Pissarro）	
	後印象派	秀拉（Georges-Pierre Seurat）、塞尚（Paul Cézanne）、高更（Paul Gauguin）、梵谷（Vincent van Gogh）、羅特列克（Henri de Toulouse-Lautrec）	
	象徵主義	莫羅（Gustave Moreau）	
	那比派 Les Nabis	保羅·瑟盧塞爾（Paul Sérusier）	多數是1890年代晚期巴黎私立盧多夫·朱利安藝術學校（art school of Rodolphe Julian）的學生
	現代雕塑	馬約爾（Aristide Maillol）、羅丹（Auguste Rodin）	
20世紀初期（一次大戰前）	新藝術	克林姆（Gustav Klimt）	
	達達主義 Dadaism	杜象（Duchamp）、畢卡比亞（Picabia）、阿爾普（Hans Arp）	1913年杜象在紐約領導
	超現實主義 Surrealism	夏卡爾（Marc Chagall）、馬克思恩斯特（Max Ernst）、達利（Salvador Dali）	1920年至1930年間於歐洲文學及藝術界
	表現主義	安索爾（James Ensor）、柯克西卡（Oskar Kokoschka）、諾爾德（Emil Nolde）、孟克（Edvard Munch）	
	野獸派	德朗（André Derain）、馬諦斯（Henri Matisse）、弗拉曼克（Maurice de Vlaminck）	
	橋派 Die Brücke	基爾希納（Ernst Ludwig Kirchner）	
	藍騎士派 Der Blaue Reiter	康丁斯基（Wassily Kandinsky）、馬爾克（Franz Marc）	
	立體主義	勃拉克（Georges Braque）、格里斯（Juan Gris）、勒澤（Fernand Léger）、畢卡索（Pablo Picasso）	
	奧費主義 Orphism	德洛內（Robert Delaunay）、維雍（Jacques Villon）	
	未來主義	巴拉（Giacomo Balla）、薄丘尼（Umberto Boccioni）、卡拉（Carlo Carrà）	
	絕對主義	康丁斯基（Kandinsky）、蒙德利安（Piet Mondrian）以及馬列維奇（Malévich）	
	構成主義	塔特林（Vladimir Tatlin）、賈伯（Naum Gabo）、羅欽可（Rodchenko）	
	風格派 De Stijl	都斯柏格（Theo van Doesburg）、蒙得利安（Piet Mondrian）	
	現代主義雕塑	布朗庫西（Constantin Brancusi）	
	攝影	畫意攝影主義（Pictorialism）、純粹攝影（Straight photography）	

畫廊業者對當代藝術的認知和學術界有
所差距。圖為畫廊開幕酒會中的川劇變
臉表演。（右圖）
大陸藝術類入口網站把當代藝術和油畫
的作者分開索引。（右頁圖）

【2】轉引自中國藝術新聞網：
http://www.artnews.cn/criticism/
rdpl/2008/0611/21684.html
【3】雅昌藝術網，雅昌新聞2007.12.13.：
http://news.artron.net/show_news.
php?newid=39207

方式各自表述當代藝術的內容，卻沒有完整的交集可供參照。儘管大陸的藝術市場中「油畫」成為當代藝術範圍內最多的一類，卻排除了具象寫實題材的油畫，咸認這屬於「傳統架上繪畫」的一類，可是我們又看到自許為當代藝術的油畫，依然是具象寫實題材為多數。題材、內容、主題、形式產生嚴重的混亂，可以說是目前大陸當代藝術的景象。

第二節
當代藝術市場包括哪些類別？

　　大陸學者黃宗賢與魯明軍共同發表的〈從自由主義到公共政治：中國現代藝術的價值出口〉一文中指出：「對於西方而言，不管是現代主義，還是其之後的後現代主義（即當代藝術），皆是反思與批判現代性的直接結果。【2】」；中國油畫學會於2008年9月在北京中國美術館舉辦「拓展與融合──中國現代油畫研究展」，主辦單位在徵件的新聞稿中說明展覽的學術屬性和定位：

　　……就現代主義而言，中國早在20世紀初期已有所接受引進，但直到80年代改革開放以後，才有了廣泛的借鑒、探索與創造。但並沒有形成西方那樣的一時主流，而與前現代藝術的寫實相並行和交錯，又由於後現代主義的影響也同時湧入，以及其他當代藝術的影響，使得我國現代油畫呈現出一種特殊的多樣與多元的雜陳狀態。考慮到這種情況，我們在推出這次的「現代油畫研究展」時，不簡單地套用「現代主義」或「後現代主義」這些術語，而採用「現代性」這個提法，使之具有更大的包容性，更適合我國油畫發展的實際狀況。【3】

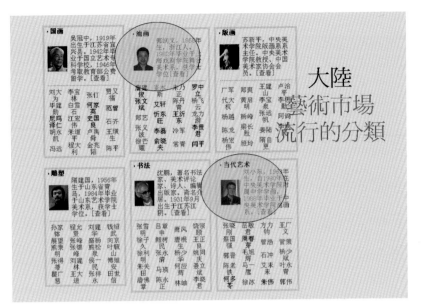

大陸
藝術市場
流行的分類

　　沒有時間標示或理論結構的前提之下，大陸學界對「現代」或「當代」的認知產生混淆，不在時間軸線界定分類基準，卻在當代藝術中排除了正在進行的寫實性的油畫作品，語意中認為現實主義的創作屬於傳統的架上繪畫；當代藝術也沒有以後現代主義做為基準，在理論層次上論述創作實踐。市場運作並不如學界這樣的焦慮和顯得莫衷一是，對藝術消費者、畫廊而言，似乎更加順暢地立即可以分辨「當代藝術」的範疇，幾乎沒有爭議地在畫廊請柬和拍賣圖錄中獲得必然的結論。

　　有一個例子可以說明學術界和藝術市場狀態的涇渭，兩種對陳逸飛作品在大陸地區的認知態度，表示了學術與市場收藏的差距。學術界普遍認為陳逸飛早期描繪歷史革命題材的作品堪稱最具有經典與代表性，然而，從收藏市場的紀錄上看卻是以江南水鄉、海上舊夢和赴美之後創作數量頗多的音樂人物，在數量上和接受度都得到藏家的歡迎（見下頁表2）。

　　從預估和成交價格看，學術界的意見顯然沒有受到市場的重視，收藏家心中的尺度和學者的評判眼光受到市場因素牽引之後，產生不同的效應，我們不禁要追問，陳逸飛的創作是否也在「現代油畫」或者「當代藝術」的討論範圍呢？

　　追究這個問題我們會發現，當代藝術這個名詞出現在大陸，大概只有短短幾年時間，這幾年又因為藝術市場以油畫為主流的風潮，配合當年從事現代美術運動的健將的發揮，讓他們成為中流砥柱和聚光燈下的明星。學術界並沒有為當代藝術的理論做好充分準備，創作實踐已經往前衝、衝、衝，衝到讓學術界只能先放棄基礎理論的鋪墊，直接進入藝術批評的範疇中討論這些在市場上紅得發紫的作品，才跟得上這股大浪的步調。以市場出現數量最多的藝術形式為主導的發展態勢，使得一些創作者年紀輕輕就排除在當代藝術之外，被動地參加「油畫」行列，更有一些創作者的作品根本不知道應該放在藝術市場的哪一個陳列架上供人參觀或研究。就目前的態勢而論，大陸的「當代藝術」除了可以歸類為西方傳統的、古典的架上繪畫之外（這是最矛盾之處），多數的型態可以與國際的認知接軌，例如：裝置、影像、

【表2】 2008年春季拍賣陳逸飛作品題材分類略表

題材	年代 / 名稱	估價（RMB）	拍賣公司	拍賣日期
歷史革命	1969年作　重上井崗山	500,000 – 800,000	中貿聖佳	2008-06-09
	1975年作　魯迅組畫之九	700,000 - 1,000,000	廣州嘉德	2008-06-22
西藏	Child and Temple	2,100,000 - 3,500,000	NY蘇富比	2008-03-17
	西藏人物	1,800,000 - 2,800,000	中國嘉德	2008-04-28
	幸福家庭	3,000,000 - 5,000,000	中貿聖佳	2008-06-09
古典人物	鶯語	2,200,000 - 2,800,000	北京榮寶	2008-05-09
	秋夢	5,000,000 - 6,000,000	北京翰海	2008-05-10
	2004年作　春閨	4,800,000 - 5,800,000	中國嘉德	2008-04-28
	執扇美人	1,800,000 - 2,400,000	匡時國際	2008-05-22
	梳粧檯前的女子	2,300,000 - 3,000,000	匡時國際	2008-05-22
	1989年作　雙面鏡	1,800,000 - 2,200,000	北京翰海	2008-05-10
	人體	9,000,000 - 12,000,000	北京保利	2008-05-28
	1983年作　夏浴	630,000 – 810,000	HK佳士得	2008-05-25
江南水鄉	水鄉	1,800,000 - 2,600,000	上海國拍	2008-05-31
	水鄉	1,800,000 - 2,200,000	北京榮寶	2008-05-09
	霧裡水鄉	3,000,000 - 4,000,000	北京保利	2008-05-28
	1989年作　船舶	450,000 – 630,000	HK佳士得	2008-05-25
	1983年作　家的回憶	720,000 - 1,260,000	HK佳士得	2008-05-25
	2001年作　蘇州初春	450,000 – 630,000	HK佳士得	2008-05-25
	三隻鵝	900,000 - 1,350,000	HK佳士得	2008-05-25
音樂人物	Folk Singer	2,100,000 - 3,500,000	NY蘇富比	2008-03-17
	Rehearsal	3,500,000 - 4,900,000	NY蘇富比	2008-03-17
	1989年作　二重奏	8,000,000 - 10,000,000	中國嘉德	2008-04-28
	1987年作 音樂家系列・吹豎笛的女子	5,800,000 - 8,800,000	匡時國際	2008-05-22
	1988年作　彈奏吉他的女子	2,600,000 - 3,600,000	匡時國際	2008-05-22
	1990年作　人像	450,000 – 630,000	HK佳士得	2008-05-25
	1988年作　二重奏	18,000,000 - 22,000,000	北京保利	2008-05-28
	琴韻	3,000,000 - 3,800,000	北京朵雲	2008-06-15

資料來源：雅昌藝術網

多媒體、攝影、行為藝術等。但是，在市場的操作範圍而言，除了架上繪畫的油畫和屬於當代藝術的油畫佔有最大的份額之外，其他當代藝術形態幾乎是成交極為有限，僅僅是「裝飾品」而已。就如同水墨畫與現代水墨畫、當代水墨畫在理論層面與市場層面遭遇的模糊困境一般，哪一類水墨畫才屬於當代藝術的範圍呢？

現代水墨畫包括在當代藝術之內嗎？

我在網路上提出最後的一個疑問是大陸的現代水墨畫包括在當代藝術的範疇之中嗎？若

當代藝術的範圍究竟到哪裡？以時間或者媒材、創作理念作界限，大陸學術界也沒有定論。圖為袁金塔陶藝作品。（左圖）
現代水墨畫在當代藝術的討論中缺少生存的空間。（下圖）

按照思考的邏輯和順序，這個問題應該是最先發生的，由於我在關於大陸當代藝術的拍賣、展覽、評論中找不到現代水墨畫的一點蛛絲馬跡，才會持續地追問和尋找可能的答案。大陸沿襲過去的習慣將水墨畫稱之為「國畫」，而國畫則很籠統地涵蓋了傳統的和現代的兩條不同發展脈絡，同時還有地方性的各種畫派和風格均以國畫稱之。傳統水墨畫自然是不加贅言，而現代水墨畫在大陸地區的發展，至少也有二十年以上的歷程，從80年代末的新文人畫和北京畫院幾位脫離傳統筆墨，改以誇張的人物造型和應用多樣的媒材，受到台灣的畫廊業者和收藏家關注，更早期則可以上溯到李可染的重墨重彩，其後，吳冠中的彩墨在國際拍賣會上受到肯定。

　　大陸對於國畫的觀念包容性最寬廣，從民國初年到抗戰時期的齊白石、二吳一馮、蔣兆和、黃賓虹等人，1949年之後持續成名的潘天壽、傅抱石，李可染、謝稚柳、程十髮等極受推崇的名家，乃至於晚近各種水墨繪畫風格與視覺形式均包含在其中；似乎是只要用毛筆做為創作媒材均屬之。拍賣會上出現的國畫類作品則以民國初年至70年代活動的畫家作品為大宗，極少有當代的作品參加拍賣。從2008年春季北京5家拍賣會上的成交紀錄分析，書畫類數量超過於雕塑、油畫、當代藝術總和的3倍有餘，然而，這兩千多件書畫都集中在上述的名家作品，缺乏現代水墨畫拍品（見下頁表3及附圖）。在這樣的市場氣氛中，現代水墨畫的生存空間顯得更加狹小侷促。

【表3】2008春北京5家拍賣公司各類成交量比較表

項目／名稱	書畫	油畫／當代藝術／雕塑	玉器／瓷器	錢幣／郵品
總拍賣數量	2386件	645件	1037件	
總成交額	7.0025億	3.42億	2.37億	8832.308萬
佔總成交額比例	46.68%	22.08%	15.8%	6%

2008年春拍五家拍賣公司成交額分配比例圖（下圖）
各種以風格、流派為分類的拍賣指數在藝術市場上廣泛傳播。（右圖）

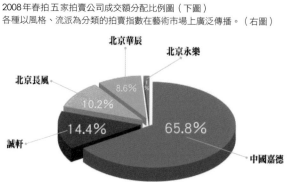

當代18熱門指數	中國寫實畫派20指數
當代新現實主義油畫	當代中國畫100指數
海派書畫指數	京津畫派指數

　　然而，我們看到所有對當代藝術的討論，似乎無意將水墨畫（雕塑也鮮少涉及）納入其中，也突顯當代藝術完全以油畫為最大的勢力。但是，大陸當代藝術應該是從生態的角度觀察，還僅僅是瞎子摸象般，產生支離破碎印象的各種表現形式分別對待。若跟隨大陸學者對當代藝術的定義思索，一位年輕的水墨創作者如果在作品中也融入了後現代主義的論述內容（這情況在當下環境是很容易出現的），是否可以成為當代藝術的一分子？顯而易見的，現代水墨和當代藝術的切割並非是由於學術議題發酵的結果，而是藝術市場的消費潮流所致。

　　當代藝術的範圍或者論題在藝術市場機制之下可以有「很商業」的內容；以消費和市場為導向的選擇，業者會找到適合支撐的立場。然而，藝術批評或者理論性的論述，若是做為市場機制的評價系統，負擔起藝術價值與市場行情檢驗與評估的功能，自然是藝術市場長治久安的完善運作模式。市場若沒有理論的支撐與監看任其隨價格起舞，藝術的社會化完全由商業化取代，在目前的蛛絲馬跡中，可以想見亂象叢生的情景了。

第三節
藝術品價格應該由誰來訂？

　　經過金融風暴和經濟衰退的折騰，大陸當代藝術市場從對畫廊關門、畫價調降求售、拍賣成交率下跌等現象，市場機制大幅面臨調整和衰退，由此，引出當前環境之下轉向文物市場、水墨市場的穩定投資不失為可行之路。2009年春天，由巴黎佳士得拍賣圓明園兔首、鼠首文物造成的中法緊張氣氛，文物回流的議題再度放在檯面上最明顯的位置，這個問題的熱度，幾乎與當代藝術市場的關注內容走向兩條完全不同調的討論脈絡，也可以看出政治與經濟之間的關聯有時候可以分別對待。

拍賣會書畫數量頗大，以名家作品為最大宗。圖為2007朵雲軒秋季拍賣會預展會場。

　　直到最近，大陸媒體注意當代藝術品在畫價調降的背後，究竟表示哪些過去所存而未決的癥結，畫價調降求售說明目前大陸當代藝術市場的發生了什麼問題呢？幾個與當前金融風暴、經濟危機有直接關係的問題，我在課堂、演講時與大陸的聽眾、媒體談話之間不斷地觸及，綜合歸納大致上受到關注有以下幾個方面：

　　1. 畫廊和拍賣行一般是如何給當代藝術品定價的？藝術家在委託拍賣行和畫廊出售自己作品時有多少主動權？

　　2. 作品價格的上調如何才算合理？藝術品價格上升期間，市場是否依然能夠健康理性地增長，老買家是否接受價格上調，新買家數量是否大幅增加？

　　3. 畫廊或拍賣公司是否具有率先提高價格的權力，是否是由某家畫廊、拍賣公司開第一槍？或者說是哪些藝術家的作品率先漲價，然後帶動市場整體的漲價？

　　4. 中國當代藝術作品應該形成哪些價格區間？什麼價位的藝術品適合高端買家購買，「中產階級」消費的當代藝術品應該在什麼價位？

議題的來源

　　本文並非要針對以上問題逐一提出具體的答覆，而是從這些問題引發的思考是，為什麼會提出這些看起來有點偏離市場規律，顯得提問企圖的模糊卻又那樣有即時的迫切性？「冰凍三尺，非一日之寒」，或許可以從冰凍層下找出這些問題流動在大陸當代藝術市場的來源。由於2008年底開始出現畫廊、拍賣會降價求售的現象，更加證明在此之前的價格「虛胖」更具有佐證；否則無法說服社會大眾，市場上的降價行為，對創作者並未造成無可彌補的損害。這是在評論界、媒體首先引爆的第一個觸媒，經過半年的過程，兩級市場的降價風潮依然存在，市場依然緩慢運轉，多數人愈來愈覺得前幾年的當代藝術品價格的飆風顯得怪

台灣中堅輩畫家黃銘昌「稻田系列」的油畫作品，受到台灣本土收藏家歡迎。（左圖）
台灣當代藝術創作者持續不斷的創作態度和耕耘，在初級市場上累積厚實的基礎。圖為2008年台北藝術博覽會展出侯俊明作品。（右頁圖）

【4】以油畫尺寸「1號17.5×12cm」為計價單位。台灣早期習慣採取「單位計價」方式，近年來則以整件計價和單位計價雙軌並行，台灣畫廊界即使用整件計價，往往也換算單位價格做為參照。

異。如果要追根究柢，勢必需要從最原初開始的市場價格由誰來決定？最早生出金蛋的那隻母雞在哪裡？是誰讓金蛋成為高不可攀的天價，可說是這個問題的導引思維方式。

大陸藝術市場希望參考海外藝術市場過去的經驗尋求參照的脈絡，而這個尋求之路對海外較為成熟的當代藝術市場的機制而言，似乎有不同的景象。海外的藝術品生產農場裡有一群生蛋的專職母雞，有良好的汰換管理機制，經過幾代的延續，偶爾出現幾隻能生品質超級優良蛋的母雞，卻不是農場管理手冊上最重要的注意事項，保證蛋的整體品質精良才是更重要的關鍵。換句話說，大陸當代藝術品最初進入市場交易時，並不是經過兩級市場自然發展形成的價格機制，從一級市場到二級市場的流轉決定價格的定位，而是在藝術品已經在成熟的海外拍賣市場成為「高價成品」之後，以人為走高的價格拿來作為自身市場上唯一的參考標準。

一些熱門搶手的當代藝術品以「金蛋」的姿態和價格出現在大陸藝術市場，讓傳播和消費機制認定確實有能夠生金蛋的雞，金蛋也確實具有天價的條件。這裡點出一個最讓人疑惑的問題：當初怎麼訂出這麼高的價格，一旦市場繁榮過熱的迷亂景氣不再，理性消費成為主導的力量，造成當前因應之道是打折求售？即便如此，尚未必能取信於消費者，他們依然懷疑打折之後的價格還有大量的灌水嫌疑，在低迷的交易狀況之下，沒有反映正確的市場行情。頗有些「揪出禍首」的意味，媒體紛紛探求畫廊、作者、拍賣會誰才需要負始作俑者的

最大的責任。至此，可以約略知道，急於探求價格訂定的源頭，是缺乏創作者進入藝術市場的養成過程，沒有經歷藝術社會化到商品化的成長過程，突然高姿態成為閃亮的明星，使得價格也失去了支撐基礎。

誰來主導價格走勢

　　台灣藝術市場的案例是可以拆解出一個較為有層次的脈絡。1994年成為拍賣風雲榜上的中青輩畫家得意於拍賣會的首推黃銘哲、黃銘昌，「二黃」以迥然不同的繪畫風格在拍賣會上鼎足而立。黃銘昌一貫秉持細膩的寫實風格，「稻田系列」作品使他在藝術市場聲名大噪，1994年佳士得台北秋拍一幅約120號〈椰林水田〉以161萬元台幣成交，即是藏家較肯定他近期的繪畫風格；反觀同年蘇富比和「慶宜」秋拍時流標的兩件作品，則是屬於黃銘昌80年代晚期的表現手法，藏家接手意願不高。當年的陳景容和陳銀輝兩位中堅輩畫家是油畫市場的主力，他們得意於兩級市場的作品十分搶手，在前輩畫家更加熱絡的行情中，也創造他們自己的市場紀錄。

　　1994年台灣拍賣會風雲榜上，前輩畫家洪瑞麟參拍作品24幅最多，成交量83%，只有蘇富比秋拍〈童年時〉以445萬元台幣一件名列天價排行榜。傳家成交的李梅樹作品平均單價約在25萬元台幣，相對於佳士得的〈溫室〉追到比預估的單位價[4]18-21萬元只略低的17萬元，藏家沒有競標意願而告流標的境遇相差懸殊。從對中青、中堅、前輩畫家行情分析中，可以清楚發現，依照輩分不同，他們彼此之間的價格有明顯差距，無論拍賣的競標或者畫廊的參考價格，多數能夠歸整出規律性的參考數據。就1994年的拍賣數據作參照比較，2009年洪瑞麟油畫在初級市場的成交紀錄單位價在10-30萬台幣之間，李梅樹則在25-50萬之間，比94年略有上升，十多年的市場歷程可以看出市場榮枯、供需關係中的合理變化。

在前輩畫家受到最多的爭相競購之下，中堅輩擁有雄厚的社會資源，在市場的表現也頗為亮眼，市場份額即使受到兩大創作者勢力的佔據，中青輩還是有生存的空間。如果，再擴大討論，如90年代自我標榜為非主流的「台北畫派」一群中壯派創作者，在藝術市場同樣活躍，他們鮮少出現在拍賣會，但是在官方美術館和當代藝術畫廊都有豐沛的資源和舞台，他們往往以學術論述做為闡揚創作理念的鮮明標幟，有別於市場熟悉的風格和樣貌，卻能很順暢地融入藝術市場。90年代尚屬少壯輩的年輕創作者在經過五年的商業畫廊資歷也參與兩級市場，2005年之後，當年初出茅廬的侯俊明、陳久泉等人，經歷十餘年沒有間斷的創作態度，也得到市場的高度認同，儼然佔據舞台中央的中青輩明星，把黃銘哲、楊茂林等人推上中堅輩一階。這些不同階層的創作者在動態的延展，使藝術市場依照創作風格、形態架構出生態的關係。

我們是否可以對台灣畫廊與拍賣會的當代藝術品價格變化走勢作出整體的描述呢？在上世紀90年代時期，兩級市場的發展可以依照畫家輩分的區隔，顯示他們在兩級市場確實具有明確的走勢變化。例如，1994年黃銘昌的拍賣161萬元高價換算約合台幣1萬3400元1號，2009年畫廊成交紀錄顯示，1號在台幣2萬5000元。1994年當時的年輕創作者以1號3000元左右進入市場試探行情，如今有十多年資歷，平均行情在8000-10000元的合理價位。截至目前為止，市場依然秉持優勝劣敗的原則，隨著時間改變調整創作者在市場的展覽資歷、成交紀錄、整體行情；就各種因素的互動變化而言，還是循序漸進的態勢。創作者與價格的層次感分明，應該是支撐循序漸進的重要基礎。若要問價格走勢由誰來主導呢？顯而易見的，從兩級市場的供需的互動關係，得以見到主導的力量由何而來。

認知的問題

1994年前輩畫家中參拍比例和件數最多的是洪瑞麟成交作品中只有一件名列天價排行榜，可以說明市場運作之下的幾個值得分析的要素。其一，洪瑞麟在拍賣會上作品數量多的原因是，速寫是他的創作活動的重要表現形式，完整的油畫作品數量則不如速寫和草圖，出現在市場上的作品以速寫和草圖的比例最多，油畫作品只佔少數，因此在市場流通作品的數字和實際油畫出現的比例仍有頗大的距離。其二，洪瑞麟全年度參拍24件作品中，四件流標作品均為速寫式的水墨、水彩作品，成交價格最高的〈童年時〉是他23歲時的懷舊之作，雖然不是他以礦工為題材的代表風格，但是卻是他早期繪畫歷程中保存較為完整的一件，除了可以使藏家對畫家個人繪畫的系統補充完整之外，更因為這幅畫有將近六十年的歷史顯得彌足珍貴。

大陸媒體關心的畫廊和拍賣會是否能主導價格的訂定，創作者對自己作品價格是否具有主導權，這兩個略顯認知模糊的問題，並非以市場供需面的長期發展脈絡為基礎的提問。創作者似乎沒有憑藉完全主觀的意志做出訂價決定的權力，畫廊、拍賣會也不能在毫無參照數

大陸當代藝術市場迫切想知道藝術品價格的主導權究竟在誰手裡？誰來做莊發牌？

據的情況之下，讓藝術品走進險境。因此，問題不是作品價格由誰來主導訂定，而是哪些條件與因素促使價格確立它的合理性。

兩級市場在價格的結構關係中可以分為兩種「勢」，首先，是初級市場的「走勢」，訂定價格的初始確定了是否具有讓消費者接受的合理性質，參照相同輩分、相同背景的創作者價格做為訂價的標準，使得同樣條件的藝術品在一個平台上較勁，最後取決於藝術價值的高下。初級市場強調訂價的「走向策略」，亦即由經紀商、畫廊對創作者進行市場的生涯規畫，既要保障藏家的保值基礎，也要保障創作者的藝術生命長久不墜。調價週期則根據年度的交易紀錄多寡，在「只升不降」的原則下進行調整。

其次，次級市場要求看價格的「升勢」。作品進入拍賣會的時機和參與競標價格的起點，依賴初級市場的成交紀錄，做為最重要參照。升勢是經過陶汰機制運作之後的精華，它是作品價值的保障，而非純粹的價格的證明。精華的原則是，創作者知名度、代表性風格、品相完整、流傳有序等條件組成；「創作者知名度」依靠學術研究和宣傳策略的引導，是其中最具關鍵性的條件。藝術社會學理論同時證明這個「必要之惡」成為藝術市場機制中無法去除的要素，它雖然無可避免地造成知名度神話的創造，和市場人為炒作的惡果，卻又是市場機制中傳播和評價體系的重要構成。對於傳播（媒體的動力）和評價（藝評的推力）必須保持相對獨立性的理想化構想，目前依然是個無解的難題。

如果我們依舊用生蛋的母雞這個不是很恰當的比喻說明藝術品價格問題，可想而知地，在藝術市場的規律中，並沒有生金蛋的事實，如果從天價作品價格去證明藝術市場上的「金蛋」確實存在，也是必須經歷許多學術研究、藝評、展覽、市場的磨礪和持續不斷的創作之後，作品的價值在幾個不同層面體現出消費（收藏）需求的要素，作品價格的走勢與升勢才得以受到保證的情狀之下，品質優良的藝術品將會受到「金蛋等級」的對待。

第二章 大陸當代藝術市場的國際與本土

無論是蔡銘超在佳士得拍賣會上的拒絕付款事件,或是張曉剛油畫作品創造新的拍賣紀錄,大陸藝術市場在很短的時間之內成為國際矚目的焦點。截至2008年第一季為止,大陸連續五年的藝術市場繁榮,快速地集聚世界各地的藝術經紀商和投資客,運用買斷、基金、拍賣、經紀、仲介、博覽會等不同操作形式,讓大陸的市場與生產成為國際間藝術資金運轉繞不過去的一條致富捷徑。大陸的藝術界倉促地邊走邊學地整理出一、兩片不算大的市場區塊,讓成熟的國際客商有充分的能力各佔地盤,幾片藝術市場還處在懵懂少年時期,即被迫早熟地接受商業掛帥的洗練。

即使在自家門口建立基業,大陸藝術市場的參與者,尤其是第一線的本土藝術產業的業者並不清楚自己身在何方,反而是外國的投資者很清楚盤算過,進入中國大陸的藝術市場,可以使他們在這片土地中獲取既有之外的海外市場收益。

第一節
大陸藝術市場的戰略地位

大陸改革開放之後的門戶開放政策,對國際的藝術經濟具有相當大的市場開發潛力,藝術生產與消費需要中介體制實現相互連接產生的經濟收益,國際間藝術中介者的介入,促成中國藝術市場看似正常運轉。21世紀剛開始的樂觀,不到十年即造成人心惶惶,反思在目前情勢中,大陸藝術市場在國際間究竟處於何種地位,從戰略高度上發現藝術市場體質的問題,或可解釋許多紛擾的憂慮以及因應之道。

歐美對中國的期待

「一個國家外部的崛起,實際上是它內部力量的一個外延。內部制度還沒有健全的情況下,很難成為一個大國,即使成為一個大國,也不是可持續的。」這是英國諾丁罕大學中國政策研究所教授、研究主任鄭永年在中國電視片《大國崛起》中說的一句話。「強國都是由內到外」自從2006年末《大國崛起》在大陸中央電視台播出以來,鄭永年的這段話在海內外中文網站上被網路論壇廣泛引用,余英時先生接受英國《金融時報》(2007.1.15)中文網記者魏城訪問有關大國崛起的議題時,也就近代史範圍加強內部制度的穩定是強國的重要支撐的論點。與19世紀末的中國受到歐洲環伺強國被迫開放貿易不同,現在的中國有自主的力量和意識能與歐美強國一較高下,甚至可以動見觀瞻地影響歐美的金融與貿易局勢。鴉片戰爭前,以英國為首的侵略者,為改變其與中國貿易的不利局面(只准廣州一口通商),要求「開

早年的海派生活景象成為當代藝術創作的題材，具有中國特質的題材，對國外消費者是有賣相的作品。圖為上海當代雙年展的裝置作品。

【5】劉梅英‧唐凌，〈開放途徑、經營管理制度的差異性〉，《歷史》月刊第213期，2009.1.30。

放中國的全部海岸」。為此，1839年，英國東印度公司與中國協會致外交大臣巴麥尊的信中就提出：「在這種狀態下，我政府只有兩種方法可以向中國為在華的英商要求較好的待遇，一是屈服，一是用適當的武力，要求中國方面讓步……。【5】」並預擬商約，要求開放廣州、廈門、福州、寧波、揚子江等地。

《大國崛起》的策畫和拍攝是水到渠成的一種宣示，在此時表明中國在國際間的高姿態，也是中國在國際互動關係中，化被動為主動一種預告。就文化經濟層面，中國的崛起無論內部制度是否已經完善，藝術的雙向消費和焦點明星的生產，讓歐美的藝術經紀商、中介者如同19世紀英國東印度公司的思維方式，在中國取得仍有巨大獲利空間的生產來源，在國際間進行獲利數倍的轉售，同時刺激中國本土的消費意識，將中國萌芽的當代藝術和品類繁多的骨董文物當作豐富的貨倉，真正的市場卻是在海外更加成熟和制度化的藝術市場。

就國際間藝術次級市場而言，歐美的拍賣公司對於中國有著最濃厚的期待，國際兩大拍賣公司來中國大陸的當代藝術、骨董等貨源，不斷在紐約、倫敦、香港等地創造佳績，它們從中國蒐購和簽訂買賣合約取得的利潤保證了在幾場重要拍賣的業績和聲譽。可是，直到目前也沒有看到國際兩大拍賣公司有意將亞洲區總部設立在大陸內地的消息，更擴大而言，英國、法國、德國幾家老牌的拍賣公司也沒有在中國進行拍賣或設立據點的跡象，他們的重量級拍品卻經由各種管道從大陸取得。

無法如同拍賣公司隔空取藥，歐美的初級市場的藝術經紀商必須進入中國境內設立據點，他們經營中國當代藝術家的心態有點類似上世紀30年代美國人在電視劇塑造穿西裝、丹鳳眼、八字鬍的華裔偵探「陳查理」；美國的畫商看到張曉剛的「大家庭」系列，有如安迪沃荷的毛澤東作品具有「中國特色」賣相；瑞士畫商則在上海悄悄地將蘇州河邊的年輕創作者作品大批量地銷往歐洲無從查起的家庭裝潢配件市場。歐洲與美國最希望中國成為藝術

顯然受到國際藝術市場的牽引，大陸本土當代藝術創作者關心的題材，不斷以塑造50年代的中國氣氛為創作焦點。（左圖）
台灣的當代藝術創作較為成熟活躍，卻不容易順利融進大陸藝術市場。圖為：2008年台北藝術博覽會所推薦年輕創作者的作品。（右頁左圖）
大陸年輕創作者的作品顯示受到日、韓時尚文化影響的痕跡。圖為2008台北藝術博覽會場。（右頁右圖）

投資市場，而非建立完整的藝術市場規模或機制。換句話說，美國等外資經紀商在中國藝術市場的時機性投資意願，高過於在中國藝術市場進行扎根的規畫。國外畫廊業者對海外擴張計畫的第一步，總是選擇在當地選擇購置不動產，購置私人房產在中國卻有土地租用年限的諸多問題，政策面觀察也不會在短期內有所改變，因此，外資畫廊對大陸長期的展望，是能夠推出進出口稅制、簡化的優惠方案和更少的置產、出版等限制。

亞洲的地位

　　亞洲地區的藝術經紀商將大陸幾個重點城市營造成可以凝聚賭客兼觀光的跑馬場，這讓我們想到30年代上海灘租界跑馬場上，在阿拉伯名種賽馬下賭注的賭客無論是誰，賭盤最後的收益者是經營跑馬場的英國人或猶太人。上海成為目前最大的跑馬競技場，雖然它的市場規模不如北京，但在戰略啟動的初始階段，這種態勢已經形成。如果說是政府主管部門發部政策指示使得上海成為藝術的跑馬場，不如說是國際外資業者的布局，促使上海更快速地就範。在上海競技的藝術生產者幾乎九成來自於世界各地，從大陸各地到上海競技的創作者鮮少出自上海本土，上海的本土畫廊所經營的生產者也無法脫離90%的範圍。

　　「馬場現象」使得大陸藝術市場成為「市集型」趕廟會的經營型態，業者寄望每年至少春秋兩季的盛會期，每季各有一至兩個月之久，外資業者盤算大約半年的銷售額可以支撐一整年的開支還有淨利，開拓市場則比獲利更為重要。對亞洲地區具有地利之便的外資業者而言，是頗為划算的創造額外收入的管道；對本土業者卻非長久之計，這也說明當遭遇不景氣的大環境，大陸本土畫廊業者撐不過三個月虧損便有歇業念頭的原因所在。

　　當歐美業者積極在中國搜索創作者的同時，大陸本土業者在臨近的日本、韓國尋找藝術生產來源，引進亞洲地區的創作者以分散爭搶本土貨源，所造成的資金上漲和無法及時分食

熊莉鈞
Xiong Lijun

大餅的壓力。從2007年開始上海商業畫廊已經從北韓引進幾位國家級畫家的作品，試探初級市場的風向，可以看到本土的明星級生產來源（以學院為單位）幾乎讓新起的畫廊業者無從入手的困境。而台灣的當代藝術創作者也藉著雙年展、藝博會和台商畫廊的展覽，製造新的市場紀錄。即使台灣當代藝術發展較為成熟，對大陸本土消費而言，卻是一種難度頗大的考驗，《海角七號》在台灣大賣7億台幣的成果，在大陸僅是網路免費下載看個似懂非懂的新鮮噱頭而已。台灣和香港對大陸的初級藝術市場最大的貢獻，是中介機制的專業管理、經營的觀念與知識的傳遞，藝術生產卻是分道揚鑣。

中國藝術市場對亞洲地區國家最重要的誘因是文化相近，以中國文化為核心的華人圈佔有絕大的優勢數量和面積，從大陸的渤海灣沿著海岸線畫一條弧線，東北亞、港台、東南亞的華人圈，可以成為輻射至多倫多、舊金山、紐約、倫敦、巴黎等華人集聚地區的中心地帶。換句話說，中國在亞洲的戰略地位應該是從華人圈過度國際化的樞紐。兩岸三地的生產、中介和消費力量，將使得大陸的藝術市場規模不但擴大而且較為完整，中國在亞洲不侷限僅是日本、韓國、新加坡、馬來西亞的藝術投資客操作平台，而主動成為進入國際平台的整合的中心。

兩岸三地的關係

大陸的中國社會科學院《2006年城市競爭力藍皮書》調查報告，首度把兩岸四地城市一起納入排名，綜合競爭力由香港名列第一，其次為台北、上海、北京。中國社科院從2003年開始做城市競爭力調查，2006把港澳台城市一起納入與大陸內地城市（台灣有9個），合計二百個城市進行評比。評比項目分別有經濟增長率、環保節能、城市人才、社會環境、以及政府運作等多方面的綜合競爭力評估。2008年的綜合競爭力前十名的城市則為：

政策和市場面的促進之下，各類古代文物逐漸回流大陸。圖為在上海經貿大廈舉辦的海派民間收藏展覽。（左圖）

劉小東 撐著 1999 油畫 200×200cm（右頁圖）

【6】轉引自中國經濟網：
http://finance.
ce.cn/
【7】2009年競爭力最強的城市前十名依次是香港、深圳、上海、北京、台北、廣州、青島、天津、蘇州和高雄。

香港、深圳、上海、北京、台北、廣州、高雄、蘇州、杭州、天津。2008年總結報告說：「從總體來看，規模大、人口多、行政級別高的城市競爭力優勢明顯；經濟圈的中心城市綜合競爭力強；中小城市增長競爭力領先。」2009年中國城市競爭力的區域格局沒有變，港、澳、台最強，其次是大陸的東南地區、環渤海地區、東北地區、中部地區、西南地區；城市間的差距東北最大，港澳台最小【6】。上海與北京毫無疑慮地成為浮動小、最具穩定性的城市，依然是帶動藝術經濟發展的主力。【7】

　　從中國官方的態度觀察，大國崛起的宣示同時意味中國必須在文化層面做出更多的努力，以符合國際性城市對軟實力的要求。大陸官方每年砸下約人民幣5000萬元，搶救流落海外的中國歷代文物，許多大陸收藏家在各地拍賣會上重金競標買回中國骨董。將手中持有的骨董或藝術品送往大陸或香港的拍賣會待價而沽的，有許多出自台灣的文物收藏家之手。80年代台灣經濟起飛，收集骨董、藝術品、文物的藏家，甚至遠赴歐美蒐集因清末戰亂而散落在海外的中國珍寶；或者在大陸各地蒐集各類遺存文物。台灣一度成為中國古代文物的收藏重地。隨著兩岸藝術市場的消長，不少在台灣的珍稀中國文物，和過去因戰亂而流失海外的文物，經由台灣收藏家的蒐購，透過拍賣、捐贈等形式陸續回到大陸。2004年底，上海保利拍賣530多件水墨與油畫作品，七成以上的拍品來自台灣收藏家之手，成交率達八成七，成交金額逾人民幣5000萬（約合台幣2億元）。

　　許多看似與藝術品、歷史文物有關的買賣、捐贈等活動，其核心原因可能指涉政治或商業性的利益，兩岸政經關係的改善，藉由藝術與文化的平台達成更實際的政治效益，促使城市與產業之間的密切互動，達成一再由官方宣示的「兩岸和諧」的主調。政策與實務層面都表明兩岸三地的互動關係可以達成「共構大中華藝術市場」的發想，也顯示中國在亞洲戰略地位成為一種藝術經濟共同體的趨勢，應該可以隨著總體經濟發展，成為一條構思線索。

　　大陸在文化政策上開拓文化旅遊產業和緊密連接聯合國教科文組織的世界遺產保護計畫，建立「文化大國」形象，無論用何種形式或哪些人花費重金讓過去流失海外的古文物回流，大陸在國際間次級市場扮演消費者的角色，更勝過中介或生產者所能發揮的產能與產值。我們是否能在大陸看到如同美國的蓋堤（John Paul Getty）、法國的居美（Marques d'Empereure）、英國的薩奇（Charles Saatchi）等重量級的收藏家和私人博物館，是衡量一個地區的藝術市場從單純的藝術消費累積文化資本的重要指標。或許密切關注北京「俏江南」集團董事長張蘭在2006年以當時的「世界紀錄」標下劉小東〈三峽移民〉之後，未來是否有足夠數量的藏品能夠成立中國當代藝術館，將使得北京的藝術消費附加累積的文化資本成為國際等級。

　　就現階段而言，大陸的藝術市場在國際區域範圍內並不具備等同歐美獨立的機制和完整規模，世界各國的藝術經紀商看待中國是一個可以中轉、可以找新鮮和撿便宜的倉庫，也是各國用自己手中籌碼開拓商業利益交換的平台。初級市場的外資畫廊在北京、上海地區運作藝術品和消費者的進出口，次級市場的國際性拍賣公司則在大陸各地巡遊蒐集可創造國際拍賣紀錄的收藏品，大陸本土的中介體制尚不足以具有藝術生產與消費的主導力。問題就在於大陸的中介體制是否有意識開始規畫，並能逐漸取得主導中國藝術市場，在國際間區域藝術經濟的樞紐地位。

　　如果，歐美、亞洲各國視擁有足以吸引國際收藏家、經紀商眼光，生產與消費持續穩定的中國藝術市場，能符合國際間藝術經濟「大國」的條件，那麼，余英時先生談及百餘年前的近代史經驗在21世紀依然值得參考。強化內部的環境、制度、機制與規模，由內而外成為強國的原則，建立強而有力的中介環節的中國藝術市場，將不再只是遊走在世界各地的藝術經紀商的取貨倉庫而已。

第二節
大陸當代藝術產業的本土性

　　1992年的「廣州首屆90年代藝術雙年展」是以建立中國藝術市場與推動中國當代藝術發展為雙重目標，在積極引入社會資金（即企業贊助）的全新展覽機制，確立了所謂「廣州模式」的中國雙年展等方面均堪稱為首創。這個展覽開創了中國當代藝術展覽中三個名列第一的意義：第一次以非官方的形式舉辦全國性的美術展覽；第一次在大型展覽中採用策展人制度；第一次由企業出資贊助展覽等。中央美術學院教授余丁認為：「這些都反映了中國當代藝術市場化的早期特點，它們就像待嫁的姑娘，披著學術性和藝術品質的紅蓋頭，羞答答地走進市場，具有相當的中國特色。[8]」

　　余丁的言論透露了大陸學術界與業界一直存在的固有思維方式，其一，多數都認為策展人可以用「制度」而非以「體系」去看待它的發展，也寄望形成由官方監督的制度能夠規範策展人受到體制內的管理；其二，他們都認為20世紀90年代所發生的種種與市場有關的藝術動態是屬於「早期」的稚嫩行為，但是，離現在也只不過十餘年而已，未來還不知道有多長的路，就急著用「早期」做出時間的切割。我們若持續觀察至今，不難發現這些早期特點依然存在，一直保持著中國特色，而策展人始終不是制度可以約束，也無法建立制度。

　　從這些線索中我們繼續探究以展覽為主軸的各種藝術仲介機制運作情況，或可發現，它們仍處於早期的階段，尚未跨越早期的稚嫩往另一個階段或為升級做出充分的準備。就在業界的體質尚未建全，但對市場大餅搶佔搶攻的戰鬥力卻十足旺盛的扭曲狀態中，十幾年的大陸藝術仲介機制演變，無論是受本土與國際因素被迫改變，還是因應中國特色的特定環境需求的成長，中介機制都有著無可避免、環環相扣的互動。

從創作者聚集轉變為商業畫廊、文創業者的集聚，許多藝術產業成為觀光客的景點。圖為北京798藝術區。（左頁圖）

創作者工作室初期採取自營自銷的方式，直到今天依然有堅持這種經營方式的創作者。圖為上海莫干山M50藝術區一景。（右圖）

【8】簡‧杰弗里、余丁《中美視覺藝術管理》北京：2007，頁55。

畫廊的群聚

由於大陸長期計畫經濟的體制之下，沒有商業畫廊可以發展的空間，直到1980年代才逐漸取得生存的條件。北京較早的商業性畫廊有最早的以私人經營形式創辦的音樂廳畫廊、畫院副院長劉迅創辦的北京國際藝苑、中央美院畫廊、1987年王雲開設的醉藝仙群體藝術畫廊和1988年東方油畫藝術廳。1989年何冰主持的東方油畫藝術廳在澳洲舉辦「中國風情油畫藝術展」可謂中國最早的商業性油畫展覽。1991年，在北京生活五年的澳洲籍畫商華萊士在北京開設「紅門畫廊」，算是大陸第一家有現代意義的畫廊，這是北京第一家代理當代年輕畫家作品的畫廊，實行了簽約代理制度。

大陸的商業畫廊由外國人帶動了數量與規模，且多選在北京、上海開設畫廊，如1995年瑞士人在上海開設的香格納畫廊，1996年5月美國人在北京開設的四合苑畫廊，2003年以後德國籍畫商投資的空白空間、義大利畫商投資的常青畫廊，以及西班牙畫商開設的F2等。到了2006年，愈來愈多的本土畫廊已不是專業人士在經營了，有賣顏料轉型的，也有開餐廳起家的，幾乎是嗅到有利可圖的商機都往開設畫廊靠攏，在北京甚至坊間傳聞「只要選個好地段就能有盈利」的地步。這種榮景到2008年中開始產生戲劇性轉變，在全球性的經濟衰退聲中，許多畫廊紛紛歇業關門，進入一段盤整的時間，從畫廊經營週期分析，2006年之後成立的畫廊，多數無法渡過這道難關。

從大陸的畫廊業生態可以分析出幾類的模態：

1. 成為觀光景點的旅遊業。無論在哪座城市，大陸的畫廊集中在特定區域中群聚的方式經營最為常見，群聚區域的性質是經歷轉變的過程，從初始的創作者工作室自營自銷的聚集，在市場運作機制漸漸成熟後商業畫廊跟著進駐，這種類型以北京798藝術區、草場地和上海莫干山路50號為代表。很短暫的時間之內，商業畫廊夾著資本優勢和藝術區的房東迅速使租金上漲的雙重壓力，創作者工作室尋覓更便宜的工作室，而將已經打響名號的藝術區

創作者工作室走在畫廊之前集聚在特定區域，最終都會搬離為商業讓位。圖為廣州的作者LOFT。（左圖）

大陸的城市利用舊廠房改建的藝術園區成為一種文化政策支持的產物。圖為上海廢棄屠宰場改建的1933藝術園區。（右頁圖）

讓位給商業性更重的行業。

2. 圍繞在學校周邊的畫廊聚集。當藝術工作室集聚區漸漸變質為商業的取向，最初建立的幾處藝術園區的容量無法滿足畫廊、文創產業、創作者工作室等各類相關行業，他們另尋的首選是圍繞著專業美術院校周圍開設畫廊和工作室。若按順序而言，創作工作室總是走在畫廊之前，有足夠的創作者聚集之後，畫廊為了能取得便利的貨源聞風而至，也有創作者逐漸將工作室從兼營轉型為畫廊的案例。杭州中國美術學院附近圍繞著有30餘家的畫廊，透過區政府的政策發展畫廊業者和學院保持一種互惠互利的關係。長期而言，是一種值得鼓勵的經營模式，就目前的現況而言，缺乏系統的規畫讓學院和業者之間無法展現夠專業、有品質的展覽，對市場沒有正面的作用，反而惹人批評。

3. 複合式經營的聚集。大陸一、二線的城市從政策層面上，有志一同地利用廢棄、老舊的廠房發展藝術集聚園區，這似乎不是一樁文化政策發展上的新鮮事，但是，讓各地政府在許多經營不善的園區虧損停滯之時，依然興趣不減地不斷地擴大園區數量，讓室內設計、動漫製作公司、主題餐廳、家具公司、名牌店等行業也聚集成複合式的園區，畫廊在其中反而成為點綴。點綴其中的畫廊多數為在地的業者，他們擁有自己在地的人脈資源優勢，避開如莫干山路M50園區的集聚，反而能讓他們標榜在地的品牌作用。複合式經營的聚集以爭取具有高消費力的本地客戶為主，他們對當代藝術和收藏不一定有淵源，卻具有著侈品的消費力，也是培養潛在藝術消費者的一種商機。

4. 本地與外來的勢力角逐。北京、上海兩個城市讓許多外地畫廊進駐開拓市場，二、三級城市不具備市場規模則多是本地的畫商小型經營，這其中的差異在於，一線城市中的外來經營者（包含大陸本土資金和海外資金兩種）要在城市中佔據地盤並非容易的事情。即使美國、西班牙、韓國、日本等畫廊在北京的經營依然處於只能做外國消費者的生意。上海與北京的本地畫商有地利與人和的優勢，他們在國外畫商的經營型態帶領之下，充分利用這些外資畫商資

源透過學習、模仿、改良等方式迅速成長，卻也在商業的競爭中產生排斥作用，外來的畫廊在適應上面臨更多的挑戰，也迫使他們改弦易轍地變更經營方式，以聯合戰線方式相互合作與本地畫廊爭取空間。

政府介入管理到商業運作的藝術博覽會

　　1993年的第45屆威尼斯雙年展，對中國當代藝術來說意義重大。由威尼斯雙年展的策展人奧利瓦主持的中國當代藝術展，引起了西方收藏家、藝術批評家對中國當代藝術的關注，這次展覽的商業效應為參展藝術家帶來了頗為豐厚的回報。或許是威尼斯雙年展從醞釀到成果引起大陸官方的重視，同年的11月由文化部主辦的首屆「中國藝術博覽會」，代表政府開始對藝術市場活動予以關注和參與。主管藝術品交易的政府機關試圖按照國際的規矩和運作方式，將藝術品交易納入管理，但是當時的畫廊規模與數量均顯不足的情況之下，舉辦一場原應由代理商、經濟人為主體的博覽會，自然是十分勉強。由具有政府背景的畫院、美術協會等團體及個人工作室撐場面的博覽會操辦得操之過急，對藝術品的交易也沒有實質幫助，宣示政府介入交易的意義比較重要。

　　隨著畫廊的數量增加，大陸的藝博會如雨後春筍般迅速發展起來，各大中型城市爭相舉辦，諸如，北京中國藝博會、廣州藝博會和上海藝博會。1999年，台灣的畫廊協會組織20多家畫廊成員赴北京參加當年舉行的中國藝博會，他們帶著代理的當代藝術作品，以及20世紀中國早期繪畫作品在會場上格外引人注目，畫廊協會在北京展現了區域藝術市場的成熟和經營的模式。展會期間20多家畫廊僅僅成交兩件作品，預示了其後的大陸幾個重要的藝術博覽會的作用與目的，只能在推廣行銷畫廊、作者、風格與服務方面獲得累積，而無法達到以銷售作品創造業績的目的。

回到舞台中央，這結果連帶使藝博會也受到影響。在各種藝博會的相互爭鬥之下失去權威性，畫廊的總量減少也將不再如過去那樣規模盛大，這標誌藝博會的商業掛帥將失效，因此，符合城市文化性格以宣揚城市文化品牌的藝博會和將是未來大陸藝博會經營的出路。畫廊的經營以多元方式尋求更多的獲利空間，包括自創小型藝博會品牌、與拍賣會繼續密切合作、成立藝術策展團隊承接政府部門的專項文化藝術工程等。無論中介機制相互之間有熱合的連鎖作用，這些方式最不可取的即是與拍賣公司的合作，原因是這樣的暗盤極易造成無序的炒作亂象。

第三節
從藝術市場的交易紀錄看問題

大陸文物市場比當代藝術品市場延續時間較長，市場的形態與結構也較複雜，當整體藝術市場活絡之後，文物市場的壞帳癥結更加明顯，若大陸文物市場可解決壞帳問題，則能夠回歸藝術市場除了經濟性功能之外，更應該具備的藝術性、文化性、專業性的品質。大陸藝術市場在短期之內激化過熱之外，更直接指向藝術市場與其他產業相互的牽制和絲縷的關聯，當藝術品與古文物交易熱絡，兩岸收藏界、文博界期待大陸文化藝術產業和市場走向光明坦途的時候，格外需要沉澱亢奮的心緒，平靜地探討具有殺傷力的隱患。

初級市場的集體性

美國喬治梅森大學（George Mason University）公共政策教授佛羅里達（Richard Florida）認為：中國的文化開放程度呈現令人難以置信地不均衡。上海和北京是大陸最受標榜的國際化中心城市。上海的城區規模與洛杉磯相當，擁有1800萬居民，它致力於通過文化領域的投資，營造一個繁華的全天候消費性的區域，並試圖擺脫中國社會主義的生活模型，建立一種崇尚個人主義和個性表達的社會風氣，將自己轉變為世界一流的創造中心。在此過程中，上海已使自己跨一大步遠離其他中國城市。而佛羅里達教授也提出警語：「以密歇根大學（Michigan University）教授英格爾哈特（Ronald Inglehart）的全球自我展現標準衡量，作為一個國家，中國的排名位於底部，與羅馬尼亞和烏克蘭相當，排在印度之後。這可能成為中國創意經濟進一步發展的最大絆腳石。」[9]

以此為根據，美國學者的研究顯示：中國有兩個經濟體：創新的、迅速增長的國際都市分佈在東部沿海地區；與之形成對比的是廣大農村內陸地區，逾7.5億人口在前工業時代條件下艱辛勞作。據蓋洛普（Gallup）調查，中國十大領先城市的居民收入是農村地區的5倍多，而且還在不斷擴大[10]。

就此項對大陸城市的研究也可以說明大陸藝術市場的兩極化問題。上海、北京、廣州這類的「頂級」城市中的藝術生態，完全無法反映次一層級或更低層級城鎮的藝術市場生態樣貌。然而，包圍在頂級城市周邊的小城市卻又會影響正常的市場生態；大城市像一塊強力磁

【9】2004年理查・佛羅里達和愛琳・泰內格莉在《創意時代的歐洲》報告中所採用的「歐洲
　　創意指數」是量化研究區域經濟一個典型代表。歐洲創意指數由三方面指標構成：1. 歐
　　洲人才指數、2. 歐洲技術指數、3. 歐洲包容性指數。其用意在於利用數據與資料呈現一
　　個地區是否具備良好的環境氛圍，適合創意階層的發展。他所著作的《創意階級的崛起》
　　（The Rise of the Creative Class）成為暢銷書，此外《如何讓城市變得偉大：像上海
　　這樣的地方已經在綜合創新與發明的競賽中佔先》和《中國，人才，科技創新和經濟發
　　展》兩本書則顯示他對中國經濟的興趣。
【10】2010年最新調查顯示，大陸城鄉收入差距有縮小的跡象，然而就藝術消費而言，這樣的
　　普查數據並不足以說明城鄉持續失衡的問題。

鐵吸附周邊城鎮的勞動力、生產力和消費力，具有規模的藝術市場的交易或多或少也受到周邊城市的影響。

　　大陸的藝術市場集體性很強。無論是初級市場或者次級市場均具有強烈的集體性。所謂「集體性」，可以從大陸的經濟體制觀察其中端倪。二十年前，大陸的初級市場只能在裱畫店看到著名畫家的水墨作品，在星級飯店的賣店和大廳牆面看到知名度較高的油畫作品，在集體式的經濟體制之下，幾乎沒有人認為商業畫廊有生存的空間，藝術經紀制度也就無從完善。經過近年來大陸整體經濟的飛躍，有規模的海內外畫廊紛紛集中在上海、北京兩地，於此之外，依然沒有本土商業畫廊生存的空間。做為大陸第一條畫廊街，北京觀音堂文化大道似乎具有指標性的意義，然而，無論北京、上海的這些群聚的商業畫廊佔據整體藝術市場交易總值多大的份額，仍然無法代表中國初級市場的現況。

　　另一種形式的集體性則可以在最當紅的北京、成都等幾處藝術區和位於上海蘇州河畔的藝術創作集聚區看到，由創作者與畫商群聚在一個特定區域內待價而沽，來自各國的藝術掮客在這些區域中尋找具有潛力的投資標的。經過實地的尋訪，我們很驚訝的發現，許多在外國藝術掮客口中十分受國外收藏家歡迎的中國當代畫家的作品，對當地的藝術消費者、媒體、評論者而言，卻是沒沒無聞。

　　大陸的初級市場未具規模，卻可以依靠「藝博會」創造成交紀錄，又是第三種形式集體性的例子；也幾乎是國際間所獨有的現象。2005年大陸「五一」長假期間在北京國際貿易中心舉辦的中國國際畫廊博覽會，銷售成績最好的就是台灣背景的畫廊，主要是因為他們掌握著華人早期畫家的精品油畫和大陸當代頂級藝術家的作品，如專注當代藝術的台北誠品畫廊代理的北京畫家劉小東的〈新十八羅漢〉，被大陸企業家組成的 LAND MARK 藝術基金購買，成交價在 45 萬美元左右。

　　我們發現，初級市場具體的成交金額僅出現在集體性的交易場所，各別的商業畫廊、經紀商、掮客和創作者自行買賣的行情紀錄無從查實，這些已經具有交易紀錄的作品，往往不經意回流進入拍賣會等次級市場，也就沒有參考行情可言。

次級市場錯綜複雜

　　壞帳逐漸坐大與藝術品和文物市場的結構有關係，曾有台灣媒體報導，將焦點放在頗具規模的藝術文物拍賣會探討其中原委，若進一步探討拍賣會中文物受到不同層級的市場機制干擾，致使文物價格無法形成標準化和具有參考價值，可能可以尋求文物價格何以紊亂至

各地方的文物市集來源與價格紊亂，引發文物市場錯綜複雜的效應。（左圖）

數量可觀的淘寶者在大陸各地的文物市集地攤上尋找各種傳說中的珍稀文物。（右頁左圖）

隨著大陸文化產業和文化旅遊的迅速發展，各觀光景區隨處可見販售各式文物的商舖。地方性的文物市集和小商販造成「地方包圍中央」的效應，使得藝術市場的成交紀錄失去公信力。（右頁右圖）

【11】根據大陸媒體的報導：英國獨立研究機構ArtTactic對中國當代藝術品市場的調查結果，有70%的受訪者表示他們期待中國的藝術市場在兩年內恢復。「ArtTactic的調查結果以及近期的發展顯示了買家的信心。」是這家網站的結論。

【12】熊宜敬，〈遏止壞帳，才有錢景〉，《典藏古美術》165期，2006.6。

此。2006年3月14日一則《聯合報》的報導提及：「根據聯合國統計，大約有164萬件中華文物分別典藏在全球47所博物館裡；而依據大陸官方統計，流落在全球收藏家手裡的中華文物10倍於此，換言之，約有1640萬件中華文物散居全球。爲防堵考古文物外流，大陸國家文物局甚至在今年初與義大利文化部簽署合作計畫，共同以衛星系統等高科技保護大陸考古區。大陸官方同時正對美國施壓，希望美方能制訂法令禁止在美國交易1911年以前的中國骨董。」

早在十多年前便曾有湖北地區博物館界人士表示，荊楚地區每年有將近一千座大大小小的古墓遭盜取文物。「要成萬元戶，趕快去盜墓」，這句二十年前在荊楚地區流行的順口溜，幾乎徹底實踐二十年，並仍然在今天體現它的精神。古文物在拍賣市場的流通，首要關鍵即在於「來源清楚」，因此，盜墓的古文物要在檯面上流通有其困難之處，儘管大陸官方管制嚴格，而通過各種管道運出大陸的古文物，卻層出不窮。數年前，筆者也確曾在海外骨董店內，見到湖北地區戰國時期墓葬的鎮墓獸、漆器和青銅器，證實盜墓確實囂張。大陸官方在海外砸下大量資金蒐購原本屬於中國的古文物，屢屢見諸於國際媒體，這樣的搶救行動只有杯水車薪的效果，卻連鎖地造成大陸各城市文物買賣市集的仿造和名牌效應。

盜墓、倒賣文物各種未經證實的傳奇故事，如同星星火苗般在大陸各地方慍火慢燃，促成地方上的文物市集裡，出現各種各樣的按照傳說出土的文物模樣製造的「珍稀文物」，從幾十塊錢到數千元人民幣，小販總能頭頭是道地說一段這些地攤文物的傳奇故事，敲一個算一個。

地方性的文物買賣市集氾濫的結果，也影響拍賣市場的運作。大陸縣級以上城市幾乎都有文物買賣市集，其中文物良莠不齊，價格隨地哄砍，自不在話下，文物市集逐漸在東施效顰的跟風之下，逐漸「升格」成為拍賣會形式，並影響一個地方的文物行情。從地方上文物市集起家的買家，集結成一個「收藏鑑定」團體，他們深信可以用便宜的價格淘到寶貝的信

條，在紊亂的時空交錯實務經驗中，練就的膽量和見識也不斷地膨脹，他們對自己的鑑寶的眼光深信不移，假以時日又可升格為地方上的鑑定專家，在當地媒體的報導和電視綜藝化的節目推波助瀾之下，頗具相當的影響力。台灣資深藝術媒體人熊宜敬曾經表示：「買主覺得買貴了，不喜歡，所以不願付款。」即是在私下流通的文物價格紊亂，以及不斷有「鑑寶專家」衝擊市場價格的情況之下產生的後果。

即使經歷了風暴和衰退，大陸媒體對於中國藝術市場的討論，有意無意之間總是散播一片光明坦途的訊息，電子媒體喜歡用年度藝術品（或文物）交易總值、比例、佔有率等統計數字支持這樣的看法，在全盛時期有一則消息指出：「北京的藝術品拍賣市場佔據全國市場的大片江山，2004年全中國總成交額人民幣50億元（約200億台幣），單獨北京一個城市就佔有人民幣39億元。」然若根據目前大陸藝術品和文物拍賣市場的現象解讀這則新聞，會讓許多人不禁要懷疑這些數字的正確性，而這類數字依然不斷地出現在經歷風暴過後的媒體界[11]。大陸目前最讓人憂心的是拍賣成交價格的嚴重扭曲變形，這些數字完全不足以提供正確的訊息，讓觀察者分析市場的趨勢和動向；一如熊宜敬曾為文所說的「拍品成交不算數，收到貨款才當真[12]」，然而，實際成交價格和媒體公布的統計數字的差距，並不是一般人所能查明的。

歸納起來，大陸藝術文物市場的成交紀錄無法具有參考價值，其原因即為各地方的文物來源和市場價格過於紊亂，「地方包圍中央」的效應引發參與較為正式的拍賣會的買家或收藏者在激情過後，受到身邊耳語和媒體的誤導，反而有種「後怕」，對最後落槌成交價產生買貴的疑慮。由此現象分析，那些在拍賣會不加思索高舉標牌的買家身分，也可以略知端倪。

壞帳問題是浮出冰山的一角，既損害大陸藝術市場成交紀錄的權威度，也無法在實踐過程中，提供可信度高的參考數值，讓觀察者做出理論性、系統性的歸納，對於建構藝術市場規模與機制不啻為一大隱患。

第三章 從兩岸到全球化的差距

1994 年一項調查統計顯示，台灣地區公私立各型美術空間每月有250-300展次的美術展覽，一年平均約有3000餘場次，畫廊部分約佔53%。這大概是台灣畫廊界的全盛時期的痕跡，當時的各類畫廊大約有100-200家，2009年台灣畫廊協會的成員僅剩79家，這其中又不乏橫跨兩岸的業者。如今的景象自然不如當年的盛況，卻也並非全然表示畫廊界每況愈下，經營方式從台灣本土轉戰大陸市場關係著台灣本土展覽減少，也和過去以個別創作者的畫展形式減少，由官方單位舉辦的大型展覽活動、國內外的雙年展、藝博會等形式增加，使藝術生態產生變化有所關聯。

第一節
兩岸藝術市場的輩分關係

　　1994全盛時期形成畫家的輩分關係，到2009這十多年之間，台灣本土藝術市場的變化牽動創作者的生態變化，輩分之間也動態的在滾動推移，過世的、淘汰的、升級的、加入的，似乎檢驗這些關係是否還能說明當前的問題。至少我們知道從展覽數量的統計中，已很難說明台灣藝術市場的現狀，若就從藝術生產的角度論述，或可有利於認識目前的景象。

新生代的市場經歷

　　如果單純的展覽統計數據再也無法說明實際的情況，台灣藝術市場時至今日應該怎麼看待呢？主要是市場產生了多變的可能性，過去較為單純的藝術生產同時也產生變化。台灣的大專美術院校每年畢業生約在2,000人左右（不含研究所），以五成計算每年約有1,000個年輕美術工作者投入美術行列，除去從事設計、應用美術相關行業的畢業生，投入藝術創作的年輕人大概只有不到一成的人能在商業畫廊展出作品，多數只能在文化中心、替代空間或大學的藝術中心之類的多功能展示空間中舉行聯展。沒有資金的奧援，申請基金會或政府文化單位的補助支持創作，也成為近年許多年輕創作者維持創作熱情的方式之一，而大學畢業之後希望能保持創作的狀態，許多年輕人也以讀研究所繼續創作，或參與市場做為一種過渡和延伸。

　　1990年代全盛時期的台灣藝壇，支撐每月約為140多檔展覽的畫家還是以知名度、市場行情為準則漸次以降，具知名度的畫家參展率要高出新生代許多，其中也已經包括大陸各地

台灣前輩畫家廖繼春1968年作品〈庭院〉。（藝術家出版社提供）

知名或新進的畫家。這種情況延續到現在似乎沒有改變的跡象，轉戰大陸的畫廊推薦大陸的年輕創作者的比例為高，大陸畫家比台灣本地的年輕畫家在兩岸的展出機會更好。

在上述的現實情況下，年輕創作者的參與市場機會減少，台灣的畫廊業者對他們的興趣僅止於觀察階段，進一步的培養計畫則根據三、五年後，他們學、經歷的累積狀況而定。為了因應市場的布局，更多的畫廊在大陸各地美術學院、畫院裡尋找有市場基礎的、「現成」的創作者，擠壓台灣本土的新生代。因此，台灣的年輕畫家在今日台灣藝術社會激烈商業化的現實之下，想成為專業畫家必須求取更多的官方展覽機會與獎項，或者完成更高的學歷，以求能在當代藝術的學術系統中尋求資源與定位。在十餘年的變化之中，近幾年有心持續創作的年輕創作者，以多樣化的藝術形式在各種非營利的展覽中爭取露臉的機會，他們更關注如何創造自己的藝術表現議題，而不再汲汲營營地往商業畫廊裡鑽；透過累積自身創作資歷的迂迴方式，讓畫廊業者在展覽資訊情報的蒐集中，逐漸篩選出可堪引進市場的年輕人。儘管這個變化有助於開拓年輕世代在藝術市場的活動空間壓力，但是，年輕創作者進入市場似乎是無可迴避的長期創作發展的重要條件，從非營利轉向營利的空間，是一個繞不過去的關卡。

記得1994年台北市長選舉時，台灣的美術史學者謝里法先生曾發表一篇〈誰是對美術

新生代創作者一直是藝術市場關心的焦點，卻少有具體的扶持辦法。（左圖）
藝術博覽會、國內雙年展等大型藝術活動，是近年來新生代爭取的表現空間。圖為2008台北藝博會。（右頁左圖）
過去的新生代在不斷持續的努力創作中，在藝術市場也升級進階。圖為侯俊明2008年新作。（右頁右圖）

建設有誠意的市長？〉，文中對新市長提出14點任期內需要完成的建議目標。其中具體希望台北市府設立專門小組以25歲以下年輕畫家為對象，每年收購一批作品，而後租給全市公家機關陳列。謝里法同時認為，這批作品兩年後因陳列而具知名度，在將之公開拍賣所得款項繼續收購另一批年輕畫家作品。

顯然，無論哪一個政黨在台北市領政，這個具備市場操作性的建議從來沒有納入政府的文化政策和施政計畫中，也沒有造成選民意向對政治人物的影響；經過將近二十年之後，文化藝術的議題依然處於邊陲的狹窄地帶。姑且不論年輕創作者的作品是否會因為陳列兩年知名度漸長後能將作品拍賣出去，這個方案沒有考慮藝術消費機制的接受程度，顯得過於簡單和理想太高。然而，基於藝術商品化日漸成為專業（或職業）藝術創作必經歷程，謝先生的觀念主要突顯出，要使年輕創作者躋身專業創作領域的條件，仍然是需要藝術作品透過公開拍賣這種商品化過程才能達到。

藝術生產者輩分的結構

這裡所談的年輕創作者要想持續自己的創作生命，無論由官方培養或者民間業者贊助，似乎都必須經過藝術市場的洗煉、篩選，才能無後顧之憂地成為藝術市場上的新生代。藝術市場上的「新生代」和台灣現代美術史上所普遍理解的「美術的新生代」在知識論的認知上有所差異。台灣現代美術史所謂的美術的新生代是泛指戰後成長的一代，依性向、際遇、表現大致可分為，其一是不滿現實並在外來刺激下反叛傳統、尋求突破，追求國際潮流以開拓國內美術新局的人，其二是不遵循傳統也不盲追新潮的特立獨行者。這些類型的創作者在台灣20世紀50、60年代破舊逐新的衝刺過程中發揮了極大的能量，但就藝術創作而言，他們經過60年代的討伐論戰，70年代的自我成長，在80年代歷練，到90年代冒出熱鬧興盛的

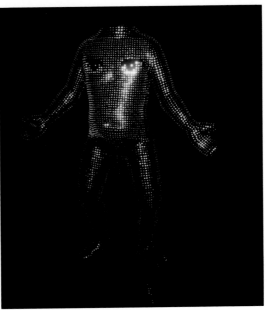

藝術市場和悠遊在各個公私立展場開始收穫，成為當年藝術市場的中青輩創作者，如今也構成「前輩畫家」的條件了。

藝術市場上的新生代創作者則是以市場資歷深淺做為前提。依照媒材、年紀來劃分，以油畫而言，90年代市場上通分為四種輩分：

1. 前輩：日據時代受日本美術教育影響的台灣本土油畫家。

2. 中堅輩：台灣早期從事美術教育的畫家，年齡約60歲左右的油畫家。

3. 中青輩：在40、50歲左右，多數具有學院背景及十多年以上市場資歷的油畫家。

4. 新生代：25-30歲之間，市場資歷三至五年左右的創作者。

按照上述劃分，當年的分屬幾個輩分的油畫畫家群體，隨著物轉星移也都各自「升級進階」，當年的新生代也成為更具有實力的中青輩創作者。當年最主流的油畫作品也納入到「當代藝術」這個最夯的名詞之中，而當代藝術的範圍中，則包括了油畫、雕塑、版畫、複合媒材、多媒體等各式各樣的創作媒材（大陸的藝術市場界對當代藝術有中國特色的見解，在此不贅述）。就創作媒材而論，當前以「西畫」延伸油畫之外更寬闊的範圍，但不指涉多媒體、裝置等領域。從輩分關係而言，現今的藝術市場西畫的輩分關係如下：

1. 前輩：多數已過世的日據時代台灣本土油畫家；現今70歲以上畫家。

2. 中堅輩：台灣目前仍從事美術教育的教授畫家，現齡約65歲左右。

3. 中青輩：現齡在45-55歲左右，多數具有二十年以上的市場資歷，多樣形式的創作者。

4. 少壯輩：30-40歲左右，具有學院及公家機構收藏背景的多樣形式創作者。

5. 新生代：泛指年紀輕，展覽資歷約三至五年的多樣形式創作者。

在中青輩和新生代之間加入少壯輩畫家，更能反映目前油畫市場的現況，少壯輩畫家在市場上經歷初期的自我堅持和競爭淘汰，正值轉變突破，市場價格也開始穩定，更重要的是，他們多數接受新的藝術思想與美術教育，身上沒有傳統倫理的包袱，中青輩和中堅輩畫

【13】根據《中國大百科全書》74
卷《政治學》的解釋：以增進
社會福利，滿足社會文化、教
育、科學、衛生等方面需要，
提供各種社會服務為直接目的
的社會組織。事業單位不以營
利（或累積資本）為直接目
的，其工作成果與價值不直接
表現或者要不表現為可以估量
的物質形態或貨幣型態。……
除國家的事業單位外，在中國
還存在一定數量的集體所有制
的事業單位。事業單位所需經
費主要由國家下撥，受國家機
關領導，不實行經濟核算的部
門或單位，如學校、醫院、研
究所以及體育、出版單位等。

家正是他們要顛覆的假想敵，無論在創作上或市場上完全以新的手法經營自己。如果說，90年代藝術市場的前輩和中堅輩畫家是油畫市場的當權派，當年也有一批少壯派的創作者是殺傷力極強的一群新銳，如今成為中青輩。如今的少壯派和中青輩最值得注意，因為他們是台灣藝術市場衰落時期依然堅持創作的一群人，不在意面臨一個市場資歷的斷層時間，到現在也有頗好的收穫。

中青輩畫家夾在企圖心強的少壯派和與自己有密切師承關係的前輩、中堅輩畫家之間，自然在經營自己上要沈穩許多，而他們在市場上的行情已經各有一片天，因此，也無須汲汲營營地計較斤兩，反而經常從事提攜市場新生代的工作。

台灣本土市場的輩分倫理

過去，雕塑作品的創作者與油畫系統的輩分劃分大致相同，只是前輩雕塑家傳世的作品屈指可數，黃土水、黃清埕、蒲添生、陳夏雨是耳熟能詳的雕塑前輩，他們作品的市場流通性極低。此外，雕塑作品的創作者數量仍在少數，他們所使用的媒材也趨於多樣化，許多少壯派和新生代創作者使用多媒材從事創作，不若油畫定位鮮明。油畫的創作者近年來也有走向採用多媒材的取向，大多集中在中青輩以下的創作者，目前藝術市場並沒有太過於細分，因此，上述分類以傳統油畫媒材為主的畫家為大宗，因此，現在以「西畫市場」取代油畫市場的說法涵蓋性較廣。

水墨市場上的輩分劃分又與油畫市場有些許出入，主要是因為，台灣早年水墨作品的發展情況與油畫不同。台灣日據時代幾乎都是西洋畫和東洋畫的天下，以本土而言，國民政府遷台以後，一批由大陸流寓台灣的水墨畫家才正式站上台灣水墨繪畫的舞台，因此我們鮮少在市場上聽到水墨前輩畫家的稱呼，應是從這個觀點上界定的。水墨市場上以「南張北溥」

為大名家，其他如黃君璧、傅狷夫、沈耀初、歐豪年、江兆申、楊善深等人堪稱台灣傳統水墨畫市場耆老。一般而言，水墨市場較油畫市場與大陸關聯性為密切，許多與台灣毫無地緣關係的大陸水墨畫家在台灣的行情奇佳，如傅抱石、李可染、吳冠中、石魯、潘天壽、劉海粟、錢松嵒、陸儼少、關山月等人。老一輩的水墨畫家較難區分輩分，尤其是清末民初和早期到台灣的畫家在年紀和時期相似性很高，中青輩以下的劃分則較為明朗。

　　無論是油畫、雕塑或水墨，個人認為輩分的區分應是以台灣本土畫家作為界限，而不應包括大陸或者海外等外地的華人畫家，即使如日據時代的日籍畫家如石川欽一郎、鹽月桃甫、鄉原古統、木下靜涯等人和如常玉、潘玉良一輩，其後的趙無極、朱德群等留學國外的中國畫家也不能算在前輩畫家的行列中，而應獨立看待。在這種前提之下，比較容易談論市場上的動向和行情的比較，如不界定範圍，往往造成在油畫或水墨系統中各個輩分都有大陸畫家或其他地區的華人畫家，但是他們除了年紀可以前後排列以外，並不能像本土畫家是進行長期歸納的結果。對本土畫家而言，輩分也代表行情的高低和穩定性；對其他新近的華人畫家而言，進入台灣藝術市場的資歷和既有行情要大過於年紀的條件，外來畫家的年齡不具有市場參考價值。

　　尤其在兩岸藝術市場互動關係愈來愈緊密的今天，台灣本土創作者的市場行情總是有公開的紀錄可以查閱，比大陸初級市場的透明度更高，這項由專業藝術媒體建立二十多年的行情紀錄統計，確實顯現台灣初級市場的規範性高度。而台灣本土創作者一旦進入大陸市場，要以什麼身分、樣貌面對大陸的消費族群呢？台灣本土市場的輩分關係將是很重要的參考標準，以此作為比較、參照的指標，提供作品價格的基礎，也提供作者背景的基礎。

　　輩分的劃分是因應行情的區隔，而在台灣藝術市場倫理性的層層節制下，相同輩分的畫家在同檔展覽中出現成為天經地義的事，畫廊業者舉辦聯展時也參考這種指標性的意義。無論以買方或賣方市場為導向，我們都可以輕易看出藝術市場新生代的困境所在。所幸，台灣多元化的藝術市場規模逐漸擴大，目前這種倫理性的架構在世代交替中逐漸開始鬆動，許多不同於以往的情事正在緩緩推動；年輕一代藏家品味的改變、藝術收藏與消費融合、收藏分級的觀念建立等。一如謝里法鼓吹培養、贊助新生代創作者一般，至少能讓他們不在重重現實中夭折，才有足夠數量的創作者提供更廣闊的欣賞與收藏選擇。

第二節
非營利機構對藝術市場的作用

　　在文化事業的範圍之內，非營利機構一般指公立的博物館、美術館、文化中心等單位，而在大陸普遍的觀念中，公立博物館、美術館均屬「國有事業單位[13]」以公益性質為主，私立的非營利機構同屬公益性事業單位，有政府的監督卻無政府的經費補助，也沒有明確的法令規章管理這些單位，主要依靠創辦人自己設計的理想經營。對公私立的非營利機構而言，無論這些經營的理想和宗旨是否主動、被動地帶有營利的商業性在內，都迴避不去對藝

術市場有一定程度的推動作用。

在當代藝術市場的運作中，我們看到更多的跡象顯示出博物館、美術館與市場的互動關係。儘管非營利機構強調公益性質，做為藝術社會中的重要中介機構，在藝術社會化與商品化過程中逐漸扮演引導和徵信的角色，同時，也反映了藝術市場的動向。

角色與定位

除了公立與私立的區別之外，從種類、數量、屬性和目的等方面分析，大陸與藝術市場有關的非營利機構大致可以歸納出幾個大方向：就種類而言，文化、歷史、藝術類博物館、陳列館、美術館與藝術市場關係密切[14]；就數量而言，文物類機構多於藝術品類的美術館（上海市約0：1），私人博物館約為公立博物館的六分之一[15]，這兩類累計增加的數量與畫廊、骨董店、拍賣公司的增加數量成正比例關係；就行政屬性而言，公立機構分為國務院下屬部級、各省政府管轄、省轄市級、市轄區縣地方等不同主管機關管轄，私立則多直接由所在城市與地方管理，管轄不同在市場的作用也有區別。就經營目的而言，公立機構依照政府的法令規定配合文化政策的需求，以服務社會大眾為主要目的；私人經營的非營利機構，則有為私人收藏展示的單純目的，或配合房地產開發的附加價值、或配合遊樂園住宿、餐飲、觀光旅遊的附加目的，或以紀念重要歷史人物為名實際經營各種展覽業務，種種目的不一而足。

從社會功能而言，傳統職能對於非營利事業的要求是必須負擔社會教育和公益的責任，以展覽、研究、典藏、教育為博物館四大功能，並以提升社會大眾的生活品質為主要目的。21世紀之後，這些傳統功能依然存在卻不再被強調，將博物館、美術館當作民眾休閒生活的空間場域，與一般的娛樂諸如電影院、遊樂場、公園、KTV等場所同樣都屬於休閒生活的一

官方展覽機構承擔政策宣導的任務。圖為廈門美術館舉辦的全國性大型巡迴展。（左頁左圖）
名人紀念館除有紀念意義之外，也籌辦各種美術展覽。圖為位於上海市區內的朱屺瞻藝術館。（左頁右圖）
公立博物館與藝術市場的關係越來越密切。圖為蘇州博物館舉辦的張宗憲收藏展。（右圖）

【14】截至2006年，大陸地區自然類博物館統計有2890家（公私立合計），該行業統計有3102家，幾乎已經涵蓋所有以行業為主題的博物館。自然科技類博物館未列入文化藝術類的總數比例。各類博物館統計數據均不完全。
【15】根據文化部博物館司2007年底統計，大陸私人博物館超過400餘座。2009年大陸地區博物館總量約在2400餘座。

部分。其目的在於提供社會大眾休閒生活中的文化選擇，而不再侷限於接受教育、傳播教育的知識殿堂。

美術館與博物館擔負的功能不再以為知識分子服務做為主力，而逐漸朝向多元和普及於社會大眾的認知，展覽的種類和數量也隨之增加，然而，大陸各博物館美術館的工作人員保持公務系統的傳統，使得專業與觀念不足以應付變化中的社會需求。21世紀開始，許多大學美術老師擔任起獨立策展人，順應著藝術市場、當代藝術、國際流行的展覽類型（雙年展、三年展、文件展、文獻展）等潮流順勢而起，橫跨在營利與非營利兩界之間游刃有餘。美術館與博物館無法掌控自己機構的展覽，求助於獨立策展人的現象愈加普遍，非營利機構的公益性愈加削弱，角色和定位也產生本質性的變化。策畫過大型展覽活動的策展人同時受到商業畫廊的歡迎，利用策展人對創作者熟悉的資源，畫廊業者希望能引進經由策展人「掛保證」的創作者，策展人具備良好的社會資源，也能在美術館和博物館安排商業畫廊希望的展檔。

非營利機構的展覽由於獨立策展人的介入，讓營利與非營利的觀念不再分明，公益性的展覽也可能包藏著營利的因素，商業畫廊的展覽也由相同的一批人掛上策展人、學術支持的頭銜。從正面的意義看，彼此之間的重疊可以說促進了藝術社會中介機制的互動，進一步說明大陸的兩類展覽機構將市場化的觀念操作得淋漓盡致。若擴大至受藝術市場影響的範圍分析，整體的文化環境在市場化、商業化的驅動之下，帶動私人收藏和主題博物館、美術館的興建。同樣應該帶有公益性質的私人博物館、美術館，從一開始就存著不單純的目的試探著變化中的社會環境。

非營利的營利念頭

配合觀光旅遊的政策，大陸的各城市在古建築中設立博物館形式的展示。圖為無錫市古鎮區改建後的傳統建築展示。（右頁圖）

【16】2000年上海市文物管理委員會提出上海市行業博物館發展初步規畫，除已建成的公安博物館、城市規畫館、科技館、銀行博物館、醫史博物館、印刷博物館、工藝美術博物館、紡織史博物館、民族樂器博物館、東方樂器博物館、海軍博物館。還要發展鐵路博物館、汽車博物館、煙草博物館、郵政博物館、乳業博物館、造幣博物館、石庫門博物館、船舶博物館、工業博物館、商業博物館、戲曲博物館、服裝博物館、紡織博物館、楊樹浦自來水廠博物館等「行業博物館」。按：此即為台灣慣稱的「主題博物館」。

【17】按照2002年計畫，位於珠海的「漢東博物館」佔地面積7100平方公尺，主樓5000平方公尺，另外還有一幢11層高的副樓，據投資者表示：八年間投資1千多萬元人民幣，至少還欠缺1千多萬元的資金，漢東博物館至今始終未完成。這類情況並非孤例，在大陸時有所聞。

【18】田家馨、欣然、秦川牛〈為私立博物館鼓呼〉北京：《收藏界》2004年第5期，總29期。文中所指雲南興建最大博物館為1999年4月，在滇池國家旅遊度假區內，雲南民族村旁雲南翰榮軒文化藝術博物館，該館總投資為4160萬元人民幣，佔地面積共40餘畝，當時為雲南最大的民間文物館，也是大陸最大的私立博物館。截至2010年為止，四川成都的建川博物館群共有25座以抗日戰爭、文化大革命、汶川地震、軍事等主題的博物館，成為大陸最大的「私人博物館群」。

　　2005年12月上海市召開行業博物館工作會議，會中根據上海文物管理委員會統計，截至2005年底上海的博物館數量達100家，其中42家是行業博物館[16]。各地方政府鼓勵私人興建博物館，主題博物館陸續創辦代表著私人收藏的重心和系列逐漸形成，例如，性文化博物館、汽車模型博物館、陶瓷藝術陳列所、錢幣博物館、消防博物館等。上海是全國私立博物館出現最早的城市，其他如：「廣東省內有影響的私立博物館已有幾十處；山西平遙古城一條街上就有近30家民俗類私立博物館；北京也有6座具備相當規模的私立博物館對外開放；天津4座具有法人資格的私立博物館各具特色，傲視群芳；中國紫檀家具博物館、西安皮影博物館等已經實現網上運營；建築面積1萬多平米的全國最大的私立博物館在雲南昆明剛剛落成，又有深圳商人耗資6000萬（人民幣），花費二十年營建起來的青瓷博物館開放（編按：璽寶樓青瓷博物館），隨之不久，珠海則接踵興建了建築面積1萬5000平方米[17]，號稱未來全國最大的私立博物館。[18]」

　　這段描述大約說明2000-2004年的景象，私人博物館雖有其主題，有時候為了能經營下去，也兼舉辦些當代藝術展覽附和社會的熱點，造成經營區隔的模糊。無論大小規模、性質、經營如何，大陸的私人博物館興建可以反映出與藝術市場相關的私人文物收藏，從過去的不為人知，到浮現在文化社會的檯面之上，然而許多私人的展覽場館並非建立在社會公益的目的而為。他們在設立之初，往往考慮可能會帶來可觀的經濟利益，卻在實際的經營中出現是否能永續經營的難題。

　　暫時撇開私人博物館美術館的經營困境不談，公立美術館和博物館具有先天的優勢，它們原不需要擔憂營運經費的問題，並主要負擔政府宣導社會教育功能，任務也算簡單，但是為何這些單位同樣要把營利放在重要的位置思考，以求爭取更多的利潤呢？在政府逐漸調整財務結構減少補助的過程中，許多公立非營利機構也感受到經費的壓力，需要想辦法開拓財源，這是原因之一。原因之二是，美術館和博物館是創作者競相爭取舉辦展覽的場所，挾此

優勢，對場地的租金和展覽合約上採取高姿態經營，以便能獲得較多的營運經費。以上海美術館為例，按照樓層和面積不等，一天的場租平均要1-2萬人民幣，上海美術館不負擔任何展出費用之下，依然有場租的收入，自然是已經立於不敗之地，也是最直接能開源的方法。

大陸許多地方性的藝術館、美術館均採取這種不投入成本的經營方式，卻無法如同上海美術館那樣容易地賺錢，反而在招攬展覽業務的過程中會遇到「去菁存蕪」的外界質疑。過於一廂情願地出租場地，不考慮控制展覽品質的重要性，是目前大陸許多非營利機構的普遍做法，這樣更容易使藝術市場上的創作者、作品風格、表現類型利用非營利機構具有的學術效果，以獲取他們預先設想的有利成果。2003年開始，南京博物院連續兩年舉辦北京榮寶齋拍賣會的預展，在非營利機構中為以商業為目的的拍賣公司舉辦展覽會，既非為社會教育也不屬於政府政策性的作用，博物館的公益性質變調為商業服務，是一個非營利機構與藝術市場緊密結合的案例。廣州美術館、上海美術館分別2008、2010年舉辦酒商贊助創作者的展覽更直接表示非營利機構與當代藝術市場的關聯。

無論是大城市裡或地方性的博物館、美術館受到藝術市場的鼓舞與感染，往往也會在舉辦展覽的主題與內容顯示與藝術市場貼近的痕跡。如果說，上海博物館展出的海派書畫展以及蘇州博物館展出的吳門畫派展覽，代表一個具有學術性質、地域文化特徵的藝術展示活動，它們同時也具有可能引起藝術市場動向的效果。

營利機構在非營利中尋找利基

海派書畫展在上海美術館和上海藝博會舉辦具有不同的意義，當上海美術館結束一次具有學術意義的海派書畫展之後，隨即在藝博會上出現一場海派書畫專題展，即可看出其中的用心所在。同樣地，「新吳門畫派」展覽在上海美術館展出和在蘇州博物館展出也有明顯的

大陸的創作者在各種官辦展覽中取得專業的認
證,更有利於進入市場。圖為第十一屆全國美
展上海站負責展出水墨畫類。(左圖)
私人美術館的經營目的各有不同,非營利的公
益性往往成為懸浮式的口號。圖為新近開幕的
上海外灘美術館。(右頁圖)

【19】2010年4月開始在北京、廣州等地開展
的「改造歷史──2000-2009年的中國
新藝術」展覽,作品入選的原則為,1.
沒有任何社會政治批判內容的作品(不
排除對社會文化生活、經濟生活具有
批判意識的作品);2. 直接能夠產生經
濟效益的作品;3. 策展人在展前就能
夠完成自我審查的繪畫、裝置、圖片、
多媒體(排斥一切具有偶然性的行為藝
術)。這個以貼近藝術市場為主題的展
覽在北京學術界引起頗大的爭議。
【20】《中美視覺藝術管理》第63頁。
Ronald Feldman是紐約的資深畫商,
長期經營Feldman Gallery,代理與
經紀包括日本、西班牙等國家的畫家。

意義差異,這其中可以觀察蘇州到上海之間的藝術市場幅射的範圍與內容,也表明區域書畫
市場的動向。我們會看到當具有指標性的美術館或博物館展出某類與藝術市場關聯緊密的展
覽時,周邊的畫廊、骨董店也會隨之舉辦相關活動或同性質的展覽,藉以炒熱市場氣氛。例
如:台北的國立歷史博物館在1995年6月曾舉辦「歷代紫砂瑰寶」展覽,由南京博物館院等
機構提供明清兩代紫砂器精品,當時台北的紫砂壺商鋪和收藏者紛紛舉辦活動,也在展覽現
場進行比對鑑定;史博館較早在1989年也曾舉辦的「明清宜興壺藝精品展」就沒有引起市
場的跟隨效應。當代藝術展覽對這種互動關係更加明顯,創作者仍在持續創作,美術館或博
物館如何選擇作者,為其藝術風格、創作特色進行學術評價是舉辦展覽最重要的關鍵,我們
看到許多美術館、博物館舉辦當代藝術展覽的選擇標準幾乎與藝術市場熱度完全對應,這就
讓畫廊、經紀商有充分的空間可以進入學術領域裡尋求定位。

　　大陸的創作者剛開始進入藝術社會時,首先需要在學院、畫院、美術家協會等官方機構
尋找自己的專業(或職業)位置,然後在全國美展或各省市公辦展覽競賽中取得創作上的成
果,這些成果能提升職位和提高工資待遇。這套「專業認證」的模式在三十年前計畫經濟時
期顯得單純,社會角色的認定也清晰容易辨識。當藝術市場發達之後,創作者從藝術創作的
社會化又多一層轉向商品化,拍賣會和畫廊的銷售成績固然帶給他們豐厚的利潤,然若要在
收藏市場取得長久的穩定,必須累積讓收藏者安心的條件。因此,經紀人、畫廊業者的操作
策略需要從商業意味濃厚的畫廊、博覽會裡轉向學術價值的肯定,奠定更厚實的市場基礎。

　　處於一級市場最重要的畫廊,在經營策略上除了舉辦畫展推薦自己的創作者之外,也走
出自己經營的畫廊,參與各種推銷的機會,同時也尋求媒體、學術界的認同與加持,進入公
營展覽機構即是一種能達到多種目的的手段。台商畫廊和外資畫廊較早在大陸或國外城市採
用這種操作方式,他們視之為是一種對創作者的增值投資,大陸的本土畫廊業者在觀念上要
落後一段時間,但直到最近兩年也採取相同方式為創作者加碼。創作者在藝術市場上受到歡

迎造成高知名度之後，隨之而來的是他們需要參與更多的公辦展覽，而公辦展覽為求展覽的效果，也積極邀請藝術市場上著名的創作者，成為明星級的台柱使展覽更有看頭，這樣的互動關係促成非營利與營利相互幫襯的效果。

許多在非營利的場域中展示作品的創作者都有頗為豐富的市場資歷，學術界仍在討論和存疑藝術市場的價格能否與藝術的、學術的價值成正比關係的同時，非營利機構似乎已經承認這樣的排列比較。許多學者憂心若將價格與價值等同，會排擠許多無法進入藝術市場交易範圍的藝術表現，例如，行為藝術、裝置藝術[19]。而油畫、國畫、雕塑、版畫這些市場上的強項是大陸各層級的美術館與博物館邀請展覽的主要種類，恰好與藝術市場交易的主要項目相呼應，也讓大陸的美術館和博物館舉辦的展覽，與商業畫廊的展覽相似度太高而受到批評。

歐洲國家普遍有經費補助營利機構的法令規章，美國與大陸則沒有此項條文可以讓商業畫廊獲得經費從事公益活動。但是，即使沒有法令規章，營利機構取得補助款項舉辦活動的這種事情正在發生，也已經進行了一段時間。有名氣的策展人可以從公部門取得一個有專項經費支應、以學術和公益為名的展覽計畫，問題在於，是以何種標準選擇這個展覽的創作者和作品？創作者的背後有哪些利益團體（或個人）？作品的歸屬權在誰的手上？展覽過後作品會流向何方？熟知大陸藝術市場操作的行家總是在這些層面上檢驗其中的疑問與衝突。

從另一方面看，在美國，「儘管商業畫廊體系完全屬於營利領域，一些像羅奈爾得‧費德曼（Ronald Feldman）這樣的畫商認為，他們在持續地『教育』著他們的客戶，因此傳統上只付給非營利組織的一些特定津貼也應給付給他們。」[20]（簡‧杰里 2007：63）這段話的更完整的意思是紐約的資深畫商認為，基於畫廊舉辦展覽也兼具社會教育功能，因此，政府主管部門應該也要給畫廊業者一些舉辦展覽的津貼和補助，而不單獨只資助補助非營利機構。在大陸，商業畫廊確實有可能獲得政府經費的補助，而畫商則需要配合政策方面的行動和內

容，有時候，畫廊參與之下的政府活動，兼具有地區的文化中心、民眾藝術館的性質，這自然就削弱了公家單位的力量，這樣使營利與非營利的界線模糊、區隔不清、導向傾斜，似乎在天秤上永遠也無法讓營利與非營利處於各自為政的平衡狀態。

第三節
大陸藝術市場在全球化之下的拉扯

經濟學家指出，美國次級房貸危機在2006年下半年已出現端倪，2007年則從美國房次貸的局部市場逐漸影響到了全球金融市場，而2008年8月隨著二季度美國聯邦國抵押貸款協會（Fannie Mae，簡稱房利美）和聯邦住房貸款抵押公司（Freddie Mac，簡稱房地美）經營巨額虧損的財務報告公布，人們對於由美國房次貸危機所引發愈來愈嚴重的全球金融危機的憂慮則有增無減。到了2008年9月中旬，隨著美國雷曼公司的破產、高盛與摩根史坦利被迫轉型，華爾街模式成為受詛咒的對象，美國政府拋出7000億美元的新拯救計畫。

（部分內容節錄雅昌網）

兩則藝聞的差異觀點

在大陸的頗有盛名入口網站上明顯的位置，刊登上述這樣一則報導，顯見大陸藝術市場的評論者對美國金融危機的動向高度關心。觀察者看待這則最近在國際上發生的最震撼事件，得出一個與中國藝術市場直接有關卻又保留的結論。他們認為，美國經濟進入衰退已經成為事實，根據國際間的預測都認為這次美國的困難將會是一個相當長的週期。然而，當次級房貸危機所引發的大量對沖基金與金融機構受損成為現實，當紐約華爾街和倫敦金融城的投資客注定在2008年必定要急劇縮水甚至朝不保夕之時，所謂的藝術市場中的「新錢」（new money）當然也會出現大幅度退潮的現象，這無疑也在很大程度上會波及藝術品市場，並成為左右近期藝術市場行情的負面因素。大陸觀察者也認為，尤其是投資在中國當代藝術品的美國買家，可能會拋售以求停損，或者含淚守住遭到牽連的收藏資金；許多人帶著幸災樂禍的心態開始期待發生大幅度的波動。

這個結論在另一則隨後發生的藝術新聞中，似乎又有不同的解讀。2008年9月16日聯邦儲備局向 AIG 融資850億美金的消息傳出，紐約股市大跌4.06%的前幾個小時，倫敦蘇富比宣佈赫斯特（Damien Hirst）專場223件作品拍賣全數成交，15、16日連續兩天 Beautiful Inside My Head Forever 拍賣會上成交總額高達1.11億英鎊。大陸觀察家又認為，就藝術投資而言，即使雷曼兄弟破產，由他太太所參與的藝術基金會卻從中獲得巨大利益，因此，熱錢依然湧向勢不可擋的當代藝術品。

我無意深入分析赫斯特在倫敦蘇富拍賣全壘打和美國金融風暴的關聯，也無意追查雷曼太太投資的藝術基金，是否也參與在倫敦拍賣。我想將焦點集中在大陸的藝術市場評論者，在面對這國際訊息時候，總是會先從拍賣市場和藝術基金之類的次級市場著眼，而這樣的分

析往往容易出現關鍵環節的脫鉤，將這些資訊當作是對未來趨勢的判斷基準，產生誤判的程度增加許多。大陸觀察者對美國次級房貸危機的解讀，是認為中國當代藝術品受到美國資金的操控很深，而對倫敦蘇富比拍賣的認知，則在巨量資金投注在次級市場，可以說明金融危機氣氛中看到高成交的藝術品拍賣，表示藝術投資具有緩解作用，也將成為超越股票的最佳投資標的。

國際觀點

對於未來趨勢性的預測而言，我們可以從中發現一些鬆脫的環節，評論者沒有在應該評估的範圍中充分地分析，僅將兩個最顯著的國際資訊做為評斷來源。在台灣，多數畫廊業者同樣感受到2008年下半年之後的清冷，但他們並未直接將次級房貸風暴扯進目前的狀況，而是認為和國家或區域整體經濟的下滑有關，畫廊業者積極尋求新的生產者和客源，也針對預期的收藏群作出分析和評估，準備向他們推介些藝術品。事實上，大陸的畫廊業者也同樣處於這樣的狀況，除了兩岸有相互重疊的經營者、生產者之外，大陸本土的畫廊極速增加也是情況之一，分析者對趨勢的預測，顯然忽略初級市場的經營現況。

為什麼大陸的分析和觀察總是從次級市場開始，並以次級市場做評論的基準底限呢？答案是，大陸從一開始接觸藝術市場最先走進國際的拍賣會，等建立自己的市場結構時，依然是以次級市場為先；多數人過於習慣觀察拍賣會的動向。在對外部的參考架構上面，台灣是對國際間初級市場的參考，而大陸是對國際市場的參考越過初級市場，直接跳到次級市場，缺乏初級市場的資訊交叉比對。我們需要進一步找到一個具有差異性的論點，使得討論這個問題可以比較客觀地從幾個層面找到問題的癥結所在。

以目前的兩岸建構藝術市場觀念差異分析，兩岸對於國際觀的差距，體現在「服從」與「抗拒」的思維方式。很明顯地，台灣從一個開始就接受了國際的遊戲規則，從藝術市場建立之初就完全以國際的市場規格制定規模與機制，初級市場的畫廊或者畫商們，在台灣投資環境最好的時候是上世紀80年代末到90年代初，他們早就已經有了長時間的經營，而不是在環境看好的時候，他們才開始搶進初級市場大餅。他們累積經營台灣畫家的作品或者大陸畫家的作品的成績，等投資的大環境因素醞釀成熟，次級市場在國際拍賣公司的首先介入之下，有初級市場的支撐，整體藝術市場才跟著崛起。台灣一開始就完全順服整個國際藝術市場的規則。

全球化和本土的拉扯

然而，大陸從2003年SARS以後，不斷聽到的聲音或反省的問題是：我們為什麼要和國際接軌，為什麼不建立所謂「有中國特色」的藝術市場？這種抗拒的心理，其實很容易理解，原因是從一開始大陸的藝術市場就不符合國際的規格，短短幾年國際拍賣中國藝術品的熱潮推波助瀾，次級市場的運作膨脹過劇，初級市場的規模無法支撐次級市場，造成藝術生

【21】2010年6月上海股票市場指數已經跌到2500點，是近年來最深的跌幅。這意味受到國際股價波動的影響。
【22】英國《金融時報》社評譯者/何黎 2009-01-16。http://www.ftchinese.com/story.php?storyid=001024252

產者、消費者的重疊性均太高。這是國際間藝術市場所沒有的現象，因此，建立中國自己的市場機制和遊戲規則的呼籲此起彼落。

這或可理解為，「在全球化的呼聲中，大陸是否要置身於全球化的口號之外。」2008年10月一項由英國《金融時報》中文版在大陸網路上發起的問卷調查題目：「由美國爆發的這場金融危機蔓延全球，對中國股市也產生了衝擊。是否也會對中國未來整體經濟增長有較大影響，對此您會怎麼看？」選擇有影響的結果佔75%；選擇沒有影響的25%投票者，絕大多數理由是由於他們沒有進出股票市場。此外2008年春天香港的一場拍賣，大陸的觀察家曾預言，這場拍賣一定會受到美國的次貸風暴的波及，而預測成交率將會慘跌，結果卻並出乎意料地衝高。這種預測偏差，是因為相信中國會受到影響國際因素影響的人，認為中國已經進入到全球化的行列當中。

這兩個例子恰好說明，大陸的股票市場從一開始建構就按照國際的規格，因此，在波動和動態的轉變也與國際股市密切聯繫。而藝術市場並不在與國際同樣的軌道運行，大陸自己建立的規則更強過國際普遍現行的條理，彼此之間可以參照的條件就不如股票市場多；簡而言之，大陸的股票市場的國際性因素的牽連要強過藝術市場【21】。

觀察大陸的學者認為，大陸應該可以不跟國際走向建立自己的規則，這或許是一條路，至少大陸藝術市場現狀還沒有出現絕大的問題。或許我們還要追問，大陸真的有可能走出不等同於歐美的的規則嗎？大陸是不是能夠自外於世界的爭論，尤其是當代藝術尤為突出，可能對傳統的水墨畫和文物市場，還沒有這樣的掙扎。傳統書畫和文物早在民國時期已經建立一個傳統經營模式，古董店、書畫舖的第一市場樣態，雖然經歷一段計畫經濟的空白時期，但是，重新恢復依然大部分按照原先的樣貌出現。當代藝術這樣的舶來品，既是國際性要素首當其衝卻又與本土性觀點拉扯，衝突在所難免。

未來趨勢的走向

是否全球化議題所產生的衝突、疑問或者懷疑，主要糾結在全球化對於中國究竟有沒有必然的好處？在〈中國須重新平衡經濟〉的評論文章中表示：

中國這個世界工廠近年對歐美的消費狂熱變得過於依賴，現在熱潮結束了。摩根士丹利（Morgan Stanley）的斯蒂芬・羅奇（Stephen Roach）表示，出口佔中國國內生產總值（GDP）的比重已經從1997年的20%增至40%。中國完美利用了由信貸刺激的巨大需求，現在將被迫尋找新的增長源泉。個人消費佔GDP的比重一直呈結構性衰退。與一些人的幻想不同，僅佔中國GDP三分之一的個人消費，不足以維持國內經濟增長勢頭，更不可能替代美國的需求。[22]

2007年的13%經濟增長率使中國政府推行多項政策遏止經濟的過熱增長，然而，2009年預測的8%的增長曾遭到國內外學者的質疑，其原因即在於，中國的經濟發展確實已經在國際佔有相當的分量，而無從迴避世界各國經濟衰退所帶來的影響。及至2010年初，中國確實達成所謂「保八」的國際承諾，在2007年受到歐美過度消費的刺激—中國是最大的輸出國，看到確實存在的好處。2009年隨著先前的事實，大陸推動擴大內需政策，使各地方政府靠借貸融資開啟各種公共建設。兩年前的這篇社評最後還是預言式地說了一段發人深省的話：「中國老百姓，以及亞洲其他地區的老百姓一直過著量入為出的節儉生活，讓美歐人得以寅吃卯糧大肆揮霍。中國在這個等式中的角色不會在旦夕間發生改變。」大陸的中央政府用盡力氣確實努力促使自己成為國際上的重要角色，儘管如此，老百姓的「量入為出」即是受國際影響的結果。無庸置疑地，中國在國際經貿、金融所扮演的角色，已經讓全球化成為一個「現在進行式」，中國在其中有著頗為重要的地位。

東洋卡通造型、奈良美智風格成為大陸當代藝術不斷重複模仿的題材，從作品的表現中幾乎無法判斷作者在年齡、性別和生活背景的關聯。（上二圖）
國外畫廊進駐大陸，將逐漸移轉當代藝術的主導力。（右頁下圖）

　　台灣建立了很好的初級市場與次級市場的區隔，呈現金字塔型的規模，要參與全球化的可能性較高，大陸卻剛好相反。全球化議題加溫，使得區域市場的建置也跟著走上舞台。大陸採取經濟決定藝術發展可能的前提態度，認為經濟永遠走在文化前面，具備經濟實力之後，文化和藝術才可能伴隨而起，使藝術市場發展起來。我們看到在大陸這麼大的本土當中，只有在北京、上海或是廣州才可能出現初級市場，而在二、三級的城市當中，由於大家都認為經濟不發達，人均國民總收入（CNI）沒達到消費藝術品的標準，藝術市場就沒有辦法開展[23]。事實上，按照世界銀行的劃分標準，大陸地區已經有佔全國人口2.2%的深圳、上海、北京等地，達到世界高收入國家的水準；第二等級佔全國人口21.8%的廣東、浙江、江蘇、遼寧等地，達到上中等國家的收入水準[24]。市場規模無法均衡開展，以致於評論界在北京辦公室看著電腦上的拍賣成交行情和國際經濟情勢做出格局甚虛的判斷；這些判斷和推測遠離大陸目前的真實狀態甚多。長期的認知的模糊導致誤判情勢，也引導一些杞人憂天的議論。

　　當年在藝術市場上成名的大陸的藝術家，都是從海外的初級市場上開始，包括吳冠中、李可染、羅中立、陳逸飛這些早期就進入港台畫廊界的畫家和他們的作品，在香港、台灣或者是紐約的畫廊、私人收藏產生成交的紀錄和行情，若干年之後才受到國內官方和藝術圈子的重視和關心。評論界關心的拍賣行情和世界金融經濟對中國藝術市場的影響，在實際的藝術市場上卻微乎其微，站在第一線的畫廊業者所感受到的涼意，並非來自於國際間的動向，而是本地市場機制的不平衡。

　　就以上的論述，大致可以歸納，大陸的藝術市場在2008年的春季之後，確實進入一個較冷的時期，當代藝術品交易的疲軟和萎縮，主要體現在大陸初級市場的畫廊界，拍賣會對當代藝術品的行情也趨向保守；在國際拍賣會的競標場合由於有眾多的品項可以選擇，珠寶、名酒、手錶等成為2010年避險的選項。畫廊失利其中原因並非受到國際間金融風暴的

【23】根據中國國家統計局公布的報告顯示，截至2007年大陸人均國民總收入達到2360美元；2008年人均收入2770元美金；2009年全年城　居民人均可支配收入1萬7175元人民幣，比前一年增加8.8%。根據大陸MBA智庫百科解釋：資本主義國家的人均國民生產總值（Per Capita Gross National Product 簡寫為Per Capita G‧N‧P）與社會主義國家人均國民收入（national income per capita/per capita national income）的差別在於：後者不包括非物質生產部門的勞務或服務的收入和固定資本折舊、間接稅，而前者則包括。

【24】按照世界銀行的劃分標準，中國已經由低收入國家躍升至世界中等偏下收入國家行列。按2002年照世界銀行劃分人均收入標準，大陸共劃分為四個等級。第一等即是佔全國人口2.2%的深圳、上海、北京等地，這些地方已經達到世界高收入國家的水準；第二等級是上中等收入地區，如佔全國人口21.8%的廣東、浙江、江蘇、遼寧，就是上中等國家的收入水準；第三等級是下中等收入地區，如佔全國人口26.0%的河北、東北、華北、中部等一些地區；第四等級是佔全國人口50%的中西部地區，相當於世界的低收入地區。

【25】從2010年北京畫廊業的經營景況分析，幾家具代表性的日本、美國、歐洲外資畫廊較有抵抗市場萎縮的能力，更多的本土畫廊因而歇業關門比比皆是。外資畫廊在其所在國的經營累積，是他們能繼續生存的重要基礎。

【26】2010年5月上海世博會開幕之後，筆者曾經在上海市區內做過一次畫廊業的實地調查，多數畫廊業者並未對世博會期間湧進上海的觀眾抱持憧憬與期待，他們更務實地依照既有的計畫安排展覽檔期。僅有少部分業者規畫了針對外國遊客提供小尺寸、方便攜帶、價格低的小品展覽，卻未有很大的期望值。

波及，而是投資者在對大陸當代藝術品的冷處理，其原由是生產過剩和價格虛高雙重因素造成。此外，藝術生產者在大陸兩級市場重疊性過高，畫廊要發掘更新的作者和作品，重新在作品價位和消費尋找定位。其次，未能有效開發消費者，大陸白領階層的多金卻不投入藝術品消費，等於閒置一大筆可供開發的資金。畫廊在市場熱度最高的時候，大量投入市場，消費的大餅卻沒有隨之做大，北京畫廊業者已經在奧運後重新洗過一次牌，一批未有長期規畫的嫩角色遭到淘汰，國外畫廊的進駐數量逐漸擴大，也表示北京地區藝術市場主導力量受到蠶食的速度【25】。

當大陸學術界還在懷疑藝術市場全球化的效益比的同時，討論大陸藝術市場受國際因素影響似乎太早；屬於中國特色的本土市場機制，多過國際性的規格。簡言之，對內部結構性的問題檢討，才應該是連動這波保守投資態勢的契機。畫廊產業的均衡，區域市場的建構，兩級市場有效區隔，這些實際存在的現象影響諸如上海世博這樣即時的商機，對市場是否能獲得加分效果，這才應該是未來不久的趨勢【26】。眼前看起來，美國的次級房貸風暴的影響，不如大陸本土內部「茶壺裡的風暴」影響更大，當代藝術在藝術市場中的生產、中介、消費三方面整體機制與規模的調整才是關鍵因素。

生態篇．

兩岸視野
——大陸當代藝術市場態勢

把握藝術生產、中介與消費相互之間的互動關係是
認識藝術市場的有效方式，藝術創作在社會與大環
境因素作用之下，透過中介者的傳播和推廣促成了
藝術消費接受的取向。在兩岸不同世代與輩分的生
產者，藝博會、拍賣會等中介機制，以及藝術消費
者對價格與價值認知等三個階層互動的關係中，可
以從兩岸絲縷的牽連與差異中看到大陸當代藝術市
場的生態的特質所在。

當代藝術的作品是否賣得出去？爭取在非營利美術館展
覽有越演越烈的趨勢。（上圖）

【1】1990年代台灣的投資目標有：股票、期貨、房地產、珠寶、
國外基金、外幣、貴金屬以及藝術品、古文物等至少9項。藝
術品與古文物的投資成為轉投資的熱門項目。▶

第四章 藝術生產

即便有著五十年的隔離，對大陸的藝術生產了解，仍需要從兩岸的一段經歷將近三十年的時空進程探尋蛛絲馬跡。近五年的兩岸藝術市場的互動促進一種建構「共同市場」的聲音，而共同市場的基礎則在於藝術生產的品牌和產品特性是否反映出自身的特性。

第一節
兩岸藝術生產差異

就源頭而論，藝術生產的結構與機制直接影響了藝術市場的中介和消費型態，藝術生產的樣態使得整體市場結構發生本質性的變化。要看懂當下兩岸藝術市場的關聯以及各自的特性，必須先釐清藝術生產層面的脈絡。兩岸是否能統整一個共同市場，是當前藝術市場和產業界最熱門的話題，了解藝術生產機制，則是一塊關鍵的敲門磚。

一段兩岸若即若離的歷史背景

台灣早期的市場的自由市場運作當中，畫廊界——即初級市場的經營，明顯地要比第二市場先行和活絡，然後才開始發展出第二市場。比較起來，大陸是由次級市場的拍賣公司先行，在還沒有完整發展出一級市場足夠支撐次級市場平台時，次級市場已經成為一個規模非常龐大的結構。台灣過去並不是這個樣子，台灣二十年前藝術市場是隨著整體投資環境成熟，在各類投資市場上賺錢的人進而轉投資藝術品，這些轉投資藝術市場的人，往往是出現在初級藝術市場畫廊當中，使得畫廊經營的作品進入藝術品投資市場面積擴大[1]。當時台灣收藏者先以海外的拍賣會為競標場所，台灣本土的拍賣市場不足以應付本土的收藏者，蘇富比和佳士得即使在台北設立分公司，卻是紐約、倫敦、香港等地的拍賣前預展更能吸引台灣的買家。一年春秋兩季的兩場拍賣會，使台灣的兩級市場結構在高峰期的兩年當中基本上處於有效區隔的狀態，轉投資的藝術品買家多數都是台灣各地的畫廊尋找熱門的作品，台灣本土的拍賣和畫廊的失衡並沒有像今天大陸那麼嚴重。

大陸早期進入港台收藏市場，如今在初級市場洛陽紙貴。圖為羅中立在2008上海春季沙龍展的作品。（右圖）
年輕世代的作品無論成交行情和展覽紀錄，可以遊走於兩級市場。（右頁上圖）
非學院的創作者在台灣藝術市場仍有充足的發展空間。圖為「阿塗伯的小兒子」李鎮成在歷史博物館（台北）展出作品。（右頁下圖）

【2】台灣的前輩畫家是指日據時期留學日本的一批年輕學生，他們返回台灣後多在美術學校或師範專科學校任教，對台灣早期的西洋美術有頗高的貢獻。1980年代台灣藝術市場興盛，這批前輩畫家多是高齡資深的畫家或者過世，成為傳統油畫市場的主要焦點。

從這段歷史脈絡中分析，台灣早期藝術市場的鋪陳為藝術生產者提供較有層次的展示舞台；初入市場的創作者在畫廊界歷練，停產或者具有知名度、成交紀錄豐富的作者與作品則在拍賣會競標。當時全台灣超過百家以上的畫廊需要大量的作品支撐市場需求，也做為開拓市場之用，即使如楊三郎等尚健在的本土前輩畫家的作品多數也在畫廊流通，他們早期的作品會出現在拍賣會，而新作往往只要完成之後畫廊業者隨即用現金搶購買斷【2】。

大陸的創作者在二十年前也同樣受到台灣投資景氣影響進入市場，最早一批大陸的前輩畫家如吳冠中、李可染在國際拍賣會上受港台藏家支撐而名聲大噪，其後進入港台市場的作者如，羅中立、陳逸飛、陳沖、陳衍寧、邵飛、艾軒、何多苓、王沂東、楊飛雲、徐樂樂、聶鷗等在私人收藏和拍賣會上也有亮麗成績。大陸的作者首先是經由國際拍賣會的引介進入藝術消費市場，這是兩岸最大的差異，當時北京幾乎沒有專業畫廊，僅有五星級飯店一樓和榮寶齋這類老店設有陳列販賣部，初級市場幾乎沒有規模可言。簡言之，大陸的市場機制是從國際啟動並建立了行情紀錄，價格已經成熟之後才回流到大陸本土，而這段回流過程經歷了十多年。當大陸本土建立自己的兩級市場規模時，老一輩有資歷的作者早就在拍賣會擁有傲人成果，初級市場力所能及開發新的生產來源，只能從更年輕的世代入手。

雷同的主要生產來源

「果凍與草莓」出生於80年代的兩岸年輕創作者，似乎在這樣稱號中顯現各自的特質。在教育普及的前提被境之下，多數年輕創作者接受過學院的訓練，然而，「果凍」所代表的大陸80後創作者是指對社會時尚和自我生活的鮮明色彩，像是果凍般包裝可愛和容易引起嚐鮮的「食慾」。台灣的「草莓」一族則指稱年輕世代普遍缺乏抗壓能力，而有光鮮亮麗的外表。我當然不認為「草莓」可以對台灣年輕世代的特質解釋完全，甚至有點以偏概全──習慣刻苦耐勞的長輩教訓晚輩的意味，但是「果凍」卻真的能夠體現大陸年輕創作者

在實踐上的普遍心態。

　　大陸年輕創作者的創作與生活條件都比他們的老師輩要優渥些，至少他們在學校的時間就已經可以為自己將來進入市場做好準備，而早生十年的老師們，大學畢業之後的唯一機會就是當老師或供職畫院，才有繼續創作的可能。接觸五光十色社會面相和市場的種種資訊，對大陸的年輕人的創作提供可用的素材，在市場圈子成名的老師們也成為將來有跡可循的榜樣，或者直接受到前輩的提攜，引介進入商業畫廊。

　　做為背景考察，兩岸學院派的創作者應該都是當作藝術市場的主力。在這個背景之下，大陸的八大美院，佔據絕大數額，加上其他大陸地區的重點美術院校，這些學校畢業的學生或老師都成為市場主力。其次，具有官方背景的畫院、協會是另一股頗具規模的藝術生產來源，他們具有在政府專職藝術生產的特性，是社會主義制度所獨有的專職單位，原先承擔政府的任務，在當今市場化和商業化的浪潮之下，畫院和協會所發揮作用在於專職畫家多數有豐富的創作、官方展覽、政府交際活動、人脈關係等資歷，他們的名氣在藝術市場尚未發達之前即已經建立，並且有效掌握政府資源，因此，商業化過程中他們的實力可以促進加分效果。

　　在台灣，協會組織幾乎是業餘的代名詞，無法在藝術市場達成實質效用，收藏者和投資者關注創作者的創作和作品行情，而不是他們的畢業院校或隸屬的單位；當一個創作者進入市場，被關注的是展覽、成交的紀錄和行情而不再是他的學習背景。而大陸要先知道創作者是哪個美院畢業的，似乎這樣才有保障。這是台灣和大陸很大的不同。在台灣

非主流藝術的台灣本土樸素藝術在收藏界富有盛名。此為1976年，素人畫家洪通於自宅門前與作品合影。圖片為藝術家出版社提供。（上圖）
大陸學院系統作者的展覽佔商業畫廊展出的大多數份額。圖為上海市莫干山路50號的畫廊群聚地。（右頁圖）

【3】70後、80後是指1970與1980年後兩個不同年代出生的年輕人。以十年為一個階段，大陸對於年輕人的看法和台灣的「草莓世代」有相類似的觀點。

【4】台灣的「藝術家雜誌社」有系統地出版台灣前輩畫家的系列叢書，由林保堯、顏娟英、蕭瓊瑞等資深學者執筆的論述有助於社會大眾對前輩畫家的藝術風格、歷史以及定位的了解。

【5】1960年代台灣由五月、東方兩個畫會帶動的現代藝術潮流，直接指向反叛傳統水墨畫以及傳統繪畫的論戰。因此，在藝術界的討論中，習慣劃分為傳統水墨與現代水墨兩大脈絡。

的畫廊經營的創作者有許多是非學院的背景，例如，具有市場二十年資歷的「阿塗伯的三個兒子」李鎮成一家三兄弟，高中畢業後，在藝術創作執著地耕耘努力，也能受到畫廊的青睞舉辦個展、聯展，他們長時期在初級市場活動，也能有很好的收藏成績。台灣畫壇熟知的素人畫家洪通大概是最典型的代表，這位台灣本土樸素程度最高的繪畫者，從單純地繪畫活動到舉辦盛大展覽，爾後在收藏市場具有良好價值等一連串的商業化過程，表明在台灣可以讓藝術形象走在學歷、學識背景之前，藝術創作與商業的價值判斷不取決於學院身分和職務、職稱的對等。

　　從商業宣傳的角度和策略而言，過去台灣初級市場的業者和操盤者擅長包裝這些非正規學院的創作者，對於生活中富有傳奇味道的故事，反而成為市場運作的切入點和製造新聞話題的焦點。

兩岸藝術生產的特性

　　在商業操作中的宣傳策略以及如何鎖定創作者個人魅力議題，展開市場攻勢，這些方面大陸畫廊業者顯然單調許多，展覽宣傳單上宣揚作者的獲獎、展覽以及某些官銜、職稱幾乎成為一種固定模式，當代藝術的展覽則反客為主地宣傳策展人的身分與背景，創作者的名字加上學院的頭銜，似乎就是市場保證。彷彿是藝術社會學家豪澤爾理論的翻版：藝術批評、畫商等中介者成為這類創作者的「神話製造者」，媒體的廣告和短評以得獎紀錄和官方身分做為宣傳主軸，也形成一股潮流。大陸的生產來源取決在單一的學院（和官方）系統，這使得畫廊業者只能以「搶佔貨源」的態度和行動，儘快搶得先機。從院校的院長、教授為首要目標，緊跟著年輕教師、研究生到剛踏出本科校門的社會新鮮人；如果院長和教授沒有門路和機會能取得作品，畫商便從「70後」到80後的「果凍時代」【3】，爭先恐後地挖掘市場可造之材。

　　相較之下，台灣的生產來源十分多元，其中淵源其來有自。台灣早期市場以本土前輩畫家和光復初期大陸來台書畫家支撐初級市場，其後有中堅輩畫家跟隨而上。這些畫家有許多均未受過正式的學院教育，市場對日據時期留日畫家的認識在他們晚期成名之後的作品與價值，而他們的學習過程都在學術圈子裡探討得很詳盡【4】。換句話說，市場認同的是「名家」之作，以及與本土意識相關聯的整體社會氣氛。

　　當畫廊尋找可以進入市場的生產者時，他們所要包裝的是創作者的個人特質，突顯其個人的藝術魅力所在，即便如傳統水墨畫那樣講究師承關係的生態之下，往往也都儘量顯現與某個大師的聯繫，而非某所院校系所。更何況，台灣的現代水墨畫在上世紀50年代就公開地向傳統開戰，對毛筆進行革命，更要拒絕迴避繪畫師承上的任何關係【5】。許多現代藝術創作者帶著自我放逐的意味，往往以「非主流」的弱勢自居，他們希望切割身上帶著學院派的「壞因素」在展覽的內容和宣傳中更見著墨。

　　台灣的藝術生產是多源性的，非出自於學院體制之內和集體的血緣證明（有些甚至刻意迴避），更讓市場空間加大，過於強調學院背景，有時候成為市場運作的負擔。台灣的藝術生產突顯生產者的產品特性或個人品牌塑造，他們用擺脫學院的集體性和重疊性框架束縛，才能獲得更多自由。對於從事當代藝術的創作者深知這種「藝術市場學術意義」的竅門——藝術愈遠離主流，就愈有發展的空間和可能。西方當代藝術的遊牧、反社會、叛逆性格使得他們與學院劃清界線，紐約與倫敦的藝術評論者、畫廊、收藏家，幾乎根據這些標準規畫他們的收藏目標。台灣的當代藝術創作者熟諳西方的學術語彙，也是按照這套標準操作，往往以弱勢或者非主流姿態現身，造成宣傳上的「傳奇觀感效應」。

輩分和世代

　　台灣的藝術市場用輩分來區分創作者在市場的資歷，大陸的藝術市場用出生的世代表示

大陸的藝術市場邁入資本主義運作之後，需要更客觀的市場參照系統。

創作者具有某種共同的時代特質。時代特質無法在市場上檢驗出價值的高低，因此，大陸的藝術市場出現「後發先至」的現象；果凍世代的作品在拍賣會上受到競相舉牌的榮寵，而老師輩的作品可能還在畫廊倉庫裡塵封。在台灣，如果沒有一定的市場和成交紀錄資歷的話，基本上就沒有辦法達到那個輩分，也就沒有辦法在兩級市場上通吃。

若是以市場資歷為前提的「輩分」區分，至少在成交紀錄和展覽紀錄上具有較為客觀的標準作為消費者的檢驗參照。用「市場時間」累積自己的輩分，幾乎毫無例外地創作者的年齡就是輩分的代表。有趣的是，這樣的區分只有在市場的運作中成立，對於學術界的研究，並沒有一致的觀點和論據上的約束力。台灣學術界在探討創作者的價值和學術議題時，並不採用藝術市場的輩分關係進行論述和評價，說明輩分確實僅作為市場經歷的指標，對收藏者是有效的參考，對學者有時反而會成為批判的衍伸。

事實上，大陸以出生世代為基準的區分，是從學界引發的議題，逐漸成為約定俗成的說法，沒有人深究這套說法是否具備藝術商品化和藝術性內容的普遍性。學院系統主導的藝術評價和論述，對這套說法未提出更客觀的理論架構，致使藝術市場撿現成地跟隨，在幾年實際運作之後，卻發現客觀基礎的參照條件闕如。在這樣的背景之下，所產生的問題在於，大陸學界和參與藝術市場的生產者也有其重疊性，除了個人具有雙重身分之外，互為同僚的所屬單位和行政層級的隸屬關係上都有重疊程度過高的疑慮。至為顯著的影響是市場參考機制

公正客觀。

　　大陸以美術院校為主力加上官方的畫院、協會組織性的生產機制，就個別生產者而言，其重疊性很高，換言之，同時具有美院和官方協會身分的生產者出現在藝術市場，使得生產來源益形狹窄。焦點集中在學院之內，使得非學院的生產者乏人問津，市場上有遺珠之憾的機率便會增高。

　　台灣的藝術市場以創作者在市場的資歷劃分為前輩、中堅輩、中壯輩、少壯輩、新生代等，不同輩分關係涉及交易行情紀錄，以及評論界的評價關係，早年台灣藝術市場引進大陸畫家的作品，也是以輩分關係論價；吳冠中在台灣的交易行情中屬於前輩等級，羅中立、陳逸飛等則屬於中堅輩，他們作品行情可以和台灣本土的同等級創作者具有參照效力。其後，大陸藝術市場蓬勃發展所建立的機制中，較沒有可以相互參照的創作者輩分關係，市場以二級市場主導行情，往往造成一些模糊的概念，容易讓消費者誤解，拍賣價錢可以參照為以畫廊為主的初級市場交易。綜合而論，如果兩岸藝術市場對於輩分和世代的區分能夠相互為用，或可讓未來走向較符合現實的藝術生產關係和結構。將「世代」表示對藝術創作內容的學術性探討，與「輩分」代表藝術市場資歷標示，兩者之間的層理關係作為藝術市場評價與參照系統的基礎。對於未來建構共同市場，才能搭建水平性、平衡性較高的平台。

第二節
受忽略的勢力──兩岸當代水墨畫的市場話題

　　2009年3月初，除了圓明園兔首、鼠首在法國佳士得曲折離奇拍賣的消息佔據兩岸藝術市場即時新聞最多版面之外，其實，從2009年初開始持續性最長的藝術市場話題，應該以水墨畫成為金融風暴影響之下的新投資收藏標的種種討論，其中連帶包含兩岸直航後的藝術市場後續觀察的議題也加入這波尋找新目標的範圍。當我們探索經濟衰弱周期之內，藝術市場將有何種因應措施或者變化，水墨畫顯然成為一個重新受到市場重視名列前茅的重要選項。然而，就兩岸的觀點而言，大陸的水墨畫市場與台灣水墨畫發展確實有明顯的差異，從創作的背景、水墨畫發展條件到目前的市場生態關係，反映兩岸水墨畫市場冷熱起伏的各自趨勢。

　　為了避免重蹈當代藝術受市場因素干擾過熱的覆轍，對這波收藏標的物進行深層的市場分析，或許是較為謹慎的方法，逐漸拓展水墨畫市場的格局和機制，讓市場不至於僅能因應短線需求，可以藉機完善長期條件，使這個話題成為具有建設性的議題。

兩岸現代水墨畫發展異同

　　中國水墨繪畫在近代激起一陣陣起伏的波瀾，這種躁動不安使得水墨繪畫翻攪出更多的活水，不只是在大陸或者台灣這兩大主力地區出現這些多元化的變化或轉換，而是全球華人世界直接或間接的串連行動。華人水墨畫家對傳統水墨繪畫的反省幾乎是齊步並進的，卻在

各個不同的地區因為文化背景的差異又有地域性的發展特質。大陸接續長安畫派、北京畫派等地區性的水墨團體，近二十年新的水墨畫團體如雨後春筍般到處林立，諸如「新浙派」、「新文人畫」、「新海派」、「新吳門畫派」等，在精神上，表現出他們所依循的傳統臍帶，同時標示屬於自己身處時代影響之下的觀點。

　　台灣現代水墨畫家不若大陸僅以「新」做為區別傳統的限定詞，他們自上世紀50年代開始，經過四十多年的論證過程中，對「現代」的界定較為清晰，也與傳統水墨畫的區隔較為明顯。大陸的標榜「新」的水墨畫團體，往往並不在創作方法和理念上與傳統劃清界線，反而，會更加強調源自於傳統的淵源。因此，台灣對現代水墨畫的觀念較為清晰，大陸在現代水墨、當代水墨的觀念界定中仍然莫衷一是。

　　從共同點而論，兩岸畫家都將新的表現媒材融入在水墨繪畫中；這幾乎是現代水墨畫家著重的焦點。混合媒材運用的目的，應是在於解決傳統筆墨在表現上的限制，同時，代表當代畫家視覺經驗的改變。在歷史的流變中，原本的平遠、深遠、高遠的透視法則，已經無法滿足現代的水墨創作者對於空間問題的處理。創作者為了表現符合時代性的視覺經驗，加上鹿膠、鹽或者拓墨、漬墨等技巧層出不窮。某些即興的繪畫性效果在傳統的宣紙或棉紙上出現了偶然效果的意趣，這些無可預期的結果看似是對傳統強調「胸有成竹」提出反面的見解，卻在宋迪追求天趣：「先求一敗牆張絹素迄，倚之敗牆之上，朝夕觀之。觀之既久，隔素見敗牆之上，高平曲折，皆成山水之像。」的繪畫觀念中尋到源頭。這種即興式的繪畫應驗了「神領意造，了然在目，隨意命筆，默以神會」的創作方法。

　　兩岸水墨畫的生態共通之處在於水墨畫本身的傳統基因相同，創作者接受訓練的方式也相同，因此，當現代的水墨畫家進入市場時，有幾處相似之處。由於接受傳統師徒相傳觀念、傳承中華文化的薰陶等影響，水墨畫家注重自己在商業性評價的社會觀感，不願意被冠上「市場派」的頭銜，以免有傷自己的知識分子形象。台灣經歷藝術市場的累積已經逐漸擺

在當代藝術熱潮中,大陸年輕水墨創作者的市場空間狹窄。（左頁左圖）
現代水墨畫運用新的媒材與寫生、變形等手法,表現當下生活的體裁。
（左頁右圖）
台灣水墨畫家李義弘1986年作品〈菩提與羅漢〉。圖片為藝術家出版社提供。
（右圖）

脫這層僵化概念式的限制,大陸的水墨畫家對這種意識依然較為強烈。市場的生態也由於傳統的文人採取隨興賣畫的態度,許多中堅輩以上的水墨畫家依然以自己直銷的方式賣畫,使得水墨畫市場的行情不容易全面掌握。

市場操作的差別

　　兩岸的主流水墨畫家在市場的運作方式稍有不同,促成畫家表現風格與面貌的差別。大陸水墨畫家並非完全透過中介者進入水墨畫的消費領域,直銷的方式有時候更勝過經由畫廊、畫商、經紀商之手轉向消費者,主流畫家自己累積的地方人脈足夠讓自己的作品順暢地在收藏消費市場流通,商業性展覽和拍賣會的成交紀錄,並不一定能反映出水墨畫家的實際狀況。有些地方性的前輩、中堅輩水墨創作者更具備特殊屬性的人脈關係,例如:軍方、政協、人大等淵源,更能表現上述的情況。

　　就個人的創作而言,台灣的中堅輩水墨畫家,除依循自身的表現風格之外,大多具有現階段的創作改變;從細膩走向更寫意的畫風;從客觀的描寫轉向主觀性的表現;從以花鳥為主的題材選擇擴大到人物風景的結合。中堅輩水墨畫家,他們多數為現任或曾在學院內擔任書畫教職,具有明確而穩定的創作定位,創作之外也擔任書畫教學與研究工作,在市場上具有一定程度的累積和影響力,因此,我們所得見台灣的美術院系內的水墨繪畫面貌,表示台灣現今水墨畫市場的主力之一。

　　他們所描繪的對象從台灣農村的質樸,遊歷世界的景觀提煉,也有對自己生命情感的反芻,他們自然又含蓄地將自我內在,隱喻暗示在畫面之中。這些中堅輩畫家多數在上一輩老師的傳授之下,具備傳統文學的基礎,書法與繪畫功底較深厚,他們並不完全放棄傳統書畫的元素。然就表現形式而言,卻又展現不同於傳統的視覺形式,強調個人性格的畫風和以自

我情境為中心的畫面營造是他們各自突顯的特色，在作品中融入了不同材質的可能，以客觀的觀察為基礎，使作品蘊含著既寫實亦超然的興味。

大陸中堅輩水墨畫家除學院派之外，另一股從中央到省市級書畫院的系統更是市場的主力；畫院組織屬於中央級「文聯」的官方機構，各省市均設有官方的分支機構。供職於畫院的畫家相當於公務員，他們出身專業的美術院校，作品以及理論的發表也代表當地的水墨畫官方立場，也是進入水墨市場最早的一批創作者，大陸在上世紀80年代首先受到港台收藏家、畫廊青睞的作者多以北京、江蘇、上海、廣東、西安等地的畫院畫家為主。

水墨市場在過去五年受到當代藝術（以油畫為首）的擠壓，卻在經濟低迷的階段準備負擔刺激消費的任務，由畫廊業者、投資者研判的這條投資管道似乎是說得通的，從同等級作品的價格和成交量做畫種的橫向比較，也可以得出水墨畫具有投資潛力的結論。若就市場操作面進一步分析，大陸的現、當代水墨畫的範圍與傳統水墨畫重疊性過高，則是需要關注的重點。如果水墨畫市場依然如同當代藝術「搶明星」的現象，除了將原本平穩的水墨市場擾亂一池春水之外，無助於提供推動藝術經濟低迷縮短周期的助力。台灣水墨市場目前並沒有明顯類似大陸的「找新投資話題」，如果，台灣水墨畫家將現代水墨畫的主題意識帶進大陸市場，有助於補充當代水墨畫的學術性缺口，對於收藏也具有輔助的參考作用。

主題意識應該抬頭

在台灣地區的水墨畫並不如大陸標榜著地域性的傳統，卻對於題材的選擇趨向台灣本土性的觀照，在表現形式上則更擴大了傳統水墨繪畫的媒材，加入了許多新的素材和發展出新的表現方法；不再是傳統的斧劈皴、披麻皴、馬牙皴、解索皴可以解決的表現性問題，而必須再創新的方法以詮釋台灣的特殊景觀或地文。在台灣當代水墨繪畫發展的同時，一般所謂的傳統或者強大的文人畫系統，已經不再是爭論的焦點，而是允許諸多不同的創作領域各自

發展出自我的樣貌，並在各自的領域中尋找出一條可能繼續往下的道路。由此，現代水墨繪畫的反省或開創已然無須從反叛傳統中思考出路，更不必墨守古代的成規。

台灣的水墨畫家在有意無意之間表現出台灣地區特有興味，卻也又是一種頗為含蓄的基調，這種含蓄的調子則植基於中國水墨的特質，在看似奔放的筆調之中仍有一股徐緩的墨韻，看似抽象的形式中表現出對週遭環境的體悟；他們從對自然景物的觀察、寫生與轉換中發現自己創作的理路。這使得我們有理由相信，在現代，無論水墨畫的形式、內容、題材或表現方法、創作觀照如何改變，屬於中國根源性的本質仍然存在於台灣地域性特殊的表現形式之中。

相對於台灣地區的景觀與創作的生態轉變，大陸水墨市場上的「當代水墨畫」主流，集中在市場資歷深的前輩級畫家身上，事實上，從創作風格分析，受市場歡迎的當代水墨畫，其表現形式依然在山水、花鳥、人物畫等傳統的題材上，標誌某一個地區的傳統畫風，例如，浙派、吳門、海派、嶺南、長安畫派等，則是收藏的保障條件之一。台灣的水墨畫在本地市場的運作較為穩定地以作者的展覽、成交等紀錄為依據，個人風格受市場肯定往往是收藏的重要選擇。換句話說，台灣水墨畫市場較為注重個人主義的風格條件，大陸則以地域性風格傳承條件為重要指標。如果，一種與傳統不同的現代水墨個人風格可成為收藏與投資的目標，並且能夠在保值與增值上發揮藝術品具備的必要條件，台灣現代水墨畫的多樣風格在過去二十年證明了它們各自的市場性。不只是中堅輩畫家，青壯、少壯輩水墨畫家的作品也都能佔有自己的市場份額。

大陸水墨畫家在創作上的集體意識較為強烈，在地域傳統的覆蓋之下，藝術消費者對個人風格的認知小於對團體的熟識度。大陸的收藏與投資在尋求新的標的物時，既然已經表現出對水墨畫的高度企圖，也期待能夠產生實質的促進作用，在準備發起一波搶進之前，避免受到既有市場現狀的限制，走短線忽略長線布局，使得效果不彰。

在台灣，創作經驗的轉變加諸於對傳統理論重新解釋，以使技法轉向符合現代視覺經驗

的體認，實際寫生、描寫對象的物理性與攝影、設計的綜合應用促發水墨畫一線生機，但科技性的藝術技巧仍然受制於視覺經驗的侷限，水墨繪畫在當代潮流影響下，滋生境界、形式的改變，卻無法摒棄屬於水墨的本質。尤其近二十年來藝術家的養成教育經常藉由西方技法作為改良水墨畫表現的構想，卻忽略了精神力量的加強，更助長形式的空洞化。至於以抽象符號為主的水墨技法，雖然具有時代性的現代繪畫語言，能將資訊上獲得的知識加在水墨畫創作內容，但在水墨畫本質的追求上，缺乏較具象徵性的文化內容，則也是值得省思的問題。這些深層次的理論性、藝術評價應該在這波的話題中同時受到市場的探討。

伴隨這波即時性的環境因素，台灣在現階段的水墨市場生態，有助於收藏者投入大陸水墨市場的參考，或可以做為市場未來性的一種前置模型，青壯、中堅、前輩等水墨畫家的階層寬，個人風格明顯，市場累積容易掌握等條件內容，可以讓資深的水墨畫家不躁進，試圖投入水墨收藏的消費者有跡可循。對業者而言，並非是結合兩岸水墨市場可以發揮雙倍效果的簡單邏輯，大陸對尋找新投資對象的呼聲遠遠高於台灣的聲音，引導收藏與投資的方向才是疏導及擴大水墨市場較優的方法。

第三節
老將與新生各有場面

2009年台北國際藝博會進入第十六個年頭，受到前一年不錯成績的激勵，2009年透過宣傳似乎依然對社會大眾拋出許多樂觀的訊號。從展覽的幾天觀察，大約可以從1989年開始算起到2009年為止，二十年間台灣畫廊界經營的脈絡中，歸納出至今未脫離的依循關係和新的變化。這場博覽會可謂是台灣畫廊界的一個小縮影，對於畫廊業在二十年前經營的成果，在今天依然可以運用在面對新情勢時，就營運策略層面見到這些累積成果的能量發揮。而今天新的情勢是甚麼呢？與二十年前大不相同，畫廊業者必須審慎評估本土消費市場的面積是否擴大，和市場的方位與趨勢在何方。

數字說話

「台北國際藝術博覽會將擴大舉辦，展場面積比去年大一倍，參展畫廊包括國內畫廊63家與國際畫廊48家，共111家，可謂盛況空前。」這是在2009台北藝博會開幕之前的官網宣傳文字。此外，網站也宣傳，針對收藏者推動的台北國際藝博會（Art Taipei）、上海國際藝博會（Shanghai Art Fair）、韓國國際藝博會（KIAF）三大主辦單位聯盟的 3 For VIP 計畫，「期許共用亞洲藝術交易平台的策略，能使亞洲藝術市場更聚焦。」這種聯盟除提供具有收藏背景的觀眾申請免費入場之外，對於收藏者沒有更多的實質性用，但是，類似問卷調查的申請表，要求申請者提供大量的收藏資訊，這種「司馬昭之心」的操作方式，不會達到更好的預期效果。

2009年的台北藝博會主要展區，共有約79家畫廊參加展出，展出作品來自北京、上海、台灣、香港、澳門、韓國、日本、新加坡、印尼、菲律賓、馬來西亞、芬蘭、波蘭等，

內容包含現代經典到當代多樣化的藝術作品，各類形式油畫、雕塑、錄像、攝影、裝置等，都在這次博覽會匯聚共呈，提供參觀者更多元豐富的藝術養分。2009年的藝術展區，共有29家畫廊為首次參展，國際首次參展則37家（含大陸地區）；亞洲地區佔35家，波蘭和芬蘭2家代表歐洲地區參展。與2008年9月2日落幕的「Art Taipei 2008台北國際藝術博覽會」共有111國內外畫廊，國外有48家畫廊參展的規模相比，2009年的會場顯然要寬敞許多，使參觀的品質提高。

　　稍晚於台北藝博會舉行的2009（第13屆）上海藝博會於9月9-13日在上海世貿商城舉行。此屆上海藝博會網站公布參展商的名錄，共有來自美國、法國、德國、韓國、日本、台灣、香港等十多個國地區的120多家畫廊機構參加。從規模上比較，上海藝博會比台北略大一些，如果，加上同時間的2009上海藝博會國際當代藝術展（簡稱上海當代SHC）約78家，上海秋季博覽會的規模相當於台北藝博會兩倍大。

　　「數字說話」並非以統計數據歸納2009年的台北藝博會規模縮小，其主因在於受金融風暴、經濟衰退等背景影響的結論；上海藝博會也同樣較先前規模縮小。即使在現場所觀察的實況，整體買氣確實與2008年頗有差距，成交的作品以價格低、小尺寸、複數性作品為多。從比較性的統計數字析釋，更重要的訊息是，兩岸當代藝術的消費市場無疑是鎖定在以大陸地區為主要目標，台灣本土的消費是基本盤的穩固。

台灣的畫廊界對待兩岸當代藝術的經營氣氛，同時也是買家兩岸觀望的態度，2007年主推大陸畫家的台灣本土畫廊在2009年的展會上已經減少，引介本土創作者或相互搭配兩岸作品的畫廊比例增加，之前將大陸當代藝術一股腦往台灣推廣的策略，在2009年調整為本土增加、大陸減少的折衷方案。至於國外的作品，由於畫廊數量減少作品的樣貌也跟著減少，與其說是由兩家歐洲畫廊點綴的「國際」，不如說亞洲地區更加貼切，亞洲地區的畫廊又以日本畫廊帶來以奈良美智、村上隆風格一類的作品為主流，日本畫廊業的「日式風格」在會場也最具有整體特色。無論哪個地區的業者，無論是哪裡舉辦的博覽會裡，依然充斥著日本漫畫、電腦遊戲人物造型與動漫場景趣味的作品，近乎乏善可陳的視覺疲乏，好像還在爭取最後脫手的機會。

藝博會會場上看到幾家畫廊都展出相同創作者的作品，顯示市場性取向頗高。圖為韓國李在孝立體作品。

韓旭東／DONALD HARN

市場老將重出江湖

我個人認為，2009年的台北藝博會最具有特色的是，十幾年前在台灣的畫廊界叱吒風雲的畫壇老將再度展現老辣的功力，對於台灣藝術市場圈的資深觀眾而言，一定會有觀賞由演技老練的資深演員擔綱懷舊經典老電影的感觸。二十年前在台灣畫廊界崛起的新生代如雕塑家彭光均、韓旭東、陳義郎，如今已經成為青壯派領軍人物，他們的作品既連繫著過去的創作風格，又有新的題材，在會場成為很顯眼的焦點。雕塑老將則有林良材的鑄鐵作品，王秀杞石雕作品在幾件稍顯混雜的作品一起陳列，展示效果削弱許多。楊英風的不鏽鋼作品和朱銘每年必展的銅塑作品，均在老將之列。當年油畫界紅人陳銀輝、黃銘昌、邱亞才、陳來興、林明哲、葉子奇、陳英德的作品也出現在會場，具有代表性的經典作品當場議價的景象好不熱鬧。現代水墨畫有劉國松、丁雄泉、袁金塔、胡念祖、李義弘等人各一件作品做代表，此外，余承堯的作品和周于棟的「會擺動的拼湊金屬」作品擠放在一起，在視覺上很受干擾。

老將作品零散地陳列在會場各角落，沒有主題也不成體系，會場這些畫廊老將除了少數的作品堪稱為新作之外，多數作品呈現兩種狀態，其一，是改換材質翻舊為新的作品，延續舊作題材與風格換成不鏽鋼、翻銅等可以複製的材質；其二，是以過去的舊藏作品展示，成

二十年前的新生代如今成為初級市場的要角。圖為韓旭東雕塑作品。（左頁左上圖）

中青輩創作者努力在市場經營，成為台北國際藝博會的挑樑要角。圖為彭光均的新作。（左頁右上圖）

以舊作撐場面並非台灣畫廊業者獨有的現象，背景牆面上為邵飛和羅中立的油畫作品。（左頁下圖）

初級市場的「二手市場」成為2009年藝博會的特色之一。圖為陳來興油畫作品。（左圖）

【6】此段談話為筆者不經意旁聽得知，為避免公開他人隱私，遵守職業道德，特隱去兩段對話中所指的作者與價格，僅做為例證輔助本文說明。

為初級市場中的「二手市場」循環。初級市場中的「二手市場」原先是十幾年前台灣的畫廊自行操作日據時期前輩油畫家作品形成的一種封閉性市場狀態。畫廊有取得作品的特殊管道，不透過拍賣而是自主找買家或受買家委託處理；它避開拍賣會主導的次級市場，在初級市場中經營過世前輩畫家的作品；通常都是畫廊另闢貴賓室讓買家賞畫的型態，沒有公開展覽紀錄；以議價為主的成交行情，又與拍賣會的競標結果不同。

如今，畫廊界興起一股二手市場小小波濤並不至於影響大局面，卻也看出經營的難處，一如羅中立和邵飛都以舊作參加2009年博覽會一般，並不是台灣所獨有的現象，而是兩岸的畫廊都面臨作品取得的滯塞，或者對取得新的代理和經紀產生遲疑，不願意增加成本負擔，才用二手作品試探當下市場。某甲說：「如果那張作品賣掉就解決問題了。」，某乙說：「我看那麼高的價格很難賣掉」【6】，會場上兩個畫商談論一件「老作品」的對話，可以略見這樣景況的端倪。

依照目前的情況而言，畫廊業者參加博覽會主要的目的在於對自身品牌的行銷，獲利的想像空間很狹窄，所以，只要能賣出一兩件價錢不錯的作品，可以平衡參展的花費大多能接受這種結果。問題是，要撙節成本開銷，才能與獲利短少相互平衡，採用二手作品操作方式，一來可能是為自己的收藏家處理作品，二來，可能是畫廊拿出自己的收藏準備獲利了結，找更好的接手。二十年前的二手市場以本土前輩油畫家為主力，現今的二手市場主力作者，將時間往後推移到70到60歲年齡段的現役創作者，可謂是對畫廊經營的最佳見證。遙想當年，畫廊若是沒有自己獨到眼光的典藏，也無法應付當下的局面。

新生代的理想境界

畫廊業者尋求新面孔生產者是初級市場的必然規律，這規律在當年使然，如今依然未

變。近幾年在各地的藝博會上更特別強調這個規律，其用意自然是因應當代藝術市場擴大的需求。台灣對於這方面的思考是由官方文建會擔任推薦單位，此舉突顯非營利的公正中立屬性，甄選商業氣息尚未過重的新人旨在充分顯示新人的創作實力。然而，這畢竟是一場年度商業的藝術盛會，獲選新人進入博覽會的商業性場域之後，我們看到其中還是會衍生出衝突的問題，也值得思考。

行政院文化建設委員會規畫「Made In Taiwan 新人推薦特區」，推廣青年藝術家展出作品。2008年，文建會從參與甄選的108位年輕創作者，評選出8位年輕創作者，2009年的官方宣傳中，僅說明選出李思慧、徐睿甫、劉文瑄、陶美羽、許盛泓、盧之筠、黃薇珉、洪湘茹等八位，為年輕藝術工作者提供進入市場的平台。根據「民間版本」的說法，實際參與甄選的僅有二十餘位，多數年輕創作者都宣稱不知道今年甄選的訊息，與2008年不同，2009年沒有公布評審名單，使得「民間版本」的傳述者更感奇怪，顯然，是主辦單位沒有處理周延這項具有競賽性質的爭議。

文建會推薦新生代的條件是不能有經紀合約，許多創作者在本年度、當下沒有合約關係也就可以參加推薦甄選，弔詭的是，如果參選者在參賽之前早就是畫廊的簽約畫家，恰好在本年度沒有合約在身，那麼只要年紀適當也可算是「新人」參賽。我們姑且不要在評選、資格和年紀上挑剔主辦單位的缺失，藝術市場的操作原先就有很多商業性因素，單從入選的八位新人現場的買氣觀察，可以看出依然傾向平面繪畫較具有賣相受到收藏的青睞。

會場上新生代創作者熱情地回答他們自己創作的理念，也解釋自己作品的價格和如何訂定價格，尷尬的是，受限於不可以有經紀合約的限制，他們採用「自製自銷」方式在專業初級市場的場域中，更顯交易的原始和突兀。有的是同學朋友幫忙，有的找了「展覽這幾天的經紀人」代言，努力和認真的表現很是可愛。畫廊開始邀約新人辦展覽，年輕的創作者開始擔心無法應付迅速的商業展覽節奏，堅持須要更多創作的時間完成滿意作品。八位新人都有

完整的展覽和創作資歷，他們在臨場的簡單純樸反應，顯示年輕創作者面對市場的純真態度，自然是好事情。

2009年12月10-14日，第14屆廣州國際藝博會在廣州白雲國際會議中心舉行。廣州藝博會以「突破、投資、亞洲」為主題，並以「推新人、推新品、打造當代大師」為口號，看來台北、上海、廣州不約而同地企圖發展具有潛力的新生代創作者。發掘新人已經不是新鮮事，它代表更多的畫廊業需要突破過去五年以來，市場搶手創作者受到壟斷的窘境，然而，有了新的生產者和產品，消費者在哪裡呢？是否也有相應的新生代消費者需要甄選或培養？

當年的新生代在今天成為初級市場領軍的創作者，在於他們對創作的執著與努力不懈的自我經營，無論在市場的成交行情與展覽紀錄都為自己的收藏者提出投資的保證。二十年後，我們在展覽會場所能得見的挑樑要角，都是當年綠嫩的新芽。中青輩創作者的作品在2009年與前輩、中間輩同台出現，擔任救援角色更值得我們注意他們的後勢。由此，我們知道新生代的發掘是初級市場重要的關鍵，毫無疑問的，初級市場培養新人將要比追逐拍賣會明星更加具有長效作用。

第五章 藝術中介

大陸的中介體系中以藝博會和拍賣會為兩級市場大宗藝術品交易的代表，上海每年秋季的兩場藝術博覽又堪稱初級市場中最為商業性的典型；相對而言，北京的藝博會還標榜著符合當代藝術論術的學術口號，減輕它們的商業目的。根據2007年兩季拍賣會的成交紀錄做為具有代表性的樣本進行分析，可以從台北拍賣會折射兩岸藝術生產者在次級市場的處境。由藝術生產在中介機制商業運作的變化，可以引發當代藝術的評論和策展論述的議題，同時也反映了市場運作與學術之間的現狀；大陸的當代藝術發展就是在這樣的狀態中讓人感到紊亂與迷濛。若從整體的意義看，介乎於兩級市場之間模糊地帶的「二手市場」最能說明藝術品長期收藏的意義與價值所在，也是過去的研究中為人所忽略的一層機制。

第一節
上海藝博會玄機

2007年9月初以「國際當代藝術展」（簡稱上海當代）為標題的國際畫廊聚會，為11月即將登場的「上海藝術博覽會」做了熱身的活動；據主辦單位新聞稿指出，「上海當代」是上海藝博會的延伸項目，其「宗旨和目的就是希望藝博會在保持主體活動所擁有的多元化格局和巨大包容性的展覽特點之外，更加強有力地突出國際化和專業化的品質特點，為當代藝術在上海藝術市場中的發展打造一個新的交流交易平台。」舉辦這場聚集歐亞、美國等地23個國家和地區的130餘家畫廊業者的盛會，獲得兩岸多數媒體的肯定和關注，同時也是觀察上海當代藝術市場的一個頗具代表性的事件。

2008第12屆上海藝博會，9月10-14日在上海世貿商城比往年提前兩個月舉行，與「第2屆上海藝術博覽會—國際當代藝術展」（即上海當代）前後差一天舉行開幕儀式，同時盛大開幕的還有第7屆上海雙年展。這三大藝術展覽的同時舉行，讓媒體的報導應接不暇，讓觀眾奔波遊走上海市區，讓社會大眾覺得究竟是「看展覽」還是「買作品」，弄得大家有點迷糊。

看不懂的公共議題

對上海做為大陸最具國際性的都市而言，藝博會裡

【7】摘錄自「經濟觀察網」：http://www.eeo.com.cn/Business_lifes/Art/2007/09/10/82600.html

由企業收藏的吳冠中「巨作」是2008年藝博會宣傳重點。（左頁圖）
打造國際藝術品交易平台的基調，在第2屆「上海當代」更加明確。（劉達攝）（右圖）

外的活動場面，反射兩種普遍的當代藝術生態現象。其一，是上海的當代藝術精英、主流和普遍社會大眾嚴重脫節，社會大眾對於當代藝術的活動僅止於好奇，卻無法透過更多的宣傳、教育管道對當代藝術進行了解。換言之，上海當代藝術尚未形成一股整體氣氛，可以在城市中自由活動，當代藝術仍然處於「貴族藝術」或「高蹈式藝術」的層面，幾乎與古典架上油畫同樣地只能在博物館的精緻空間中，以睥睨的姿態等著芸芸眾生的膜拜。這情況到2010年依然無法改觀。

其二，當代藝術的商業性高過於社會化，使得西方現代藝術移植到上海、北京等一線城市時，產生最大的性質轉變。其中關鍵的原因是上海支撐初級市場的展示空間數量太少，缺乏提供年輕創作者進行實驗性的創作機會。參加當代藝術展在大陸本地的畫廊僅佔有兩成多，其中包括5家台灣畫廊，若扣除北京等外地畫廊，上海本地畫廊的參與就更顯稀少。其他未參與這次展會，散落在上海市區的商業畫廊，雖然也有配合活動的展出，卻沒有帶動當代藝術活動在上海市區揚起波瀾。這種情況連續三年也未曾改變。

當代藝術初進入社會視野，面對社會大眾時，就已經是包裝精美、知名度高的主流藝術面貌。當代藝術活動的場域不是街頭、美術館或者改裝倉庫、廢棄防空洞，而是競標熱烈的拍賣會和氣氛柔美的商業畫廊裡。我們在宮殿風格的古典建築展覽館裡，看到創作者用粗獷的手法表現自我的吶喊、反省的作品。這樣的景況，總覺得像是在劇院裡看一齣舞台劇般，觀眾對氣質不凡的演員所扮演乞丐角色的隔閡，是顯而易見的。我們在當代藝術中沒有看到更多貼近創作者本身的成分，卻是商業包裝過度的高價位藝術商品。

擔任2008年博覽會創意總監的「巴塞爾藝術博覽會」（Art Basel）評選委員會委員，同時還是日內瓦 Art&Public 畫廊的老闆皮耶‧余貝爾（Pierre Huber）說：「我們這個博覽會的目標之一，就是想在五年內建立一個世界最好的藝術博覽會，這是一個需要一步一步來的工作。第1屆上海當代藝術展將是個開端，我們希望為更多的人提供更多的可能，把國外的藏家帶進這裡的藝術世界，也為這裡的藏家和潛在的藏家帶來了外面的藝術品。[7]」

「上海當代」展出
作品較為多元，參
展尺度也較藝博會
寬鬆。（劉達攝）
（左圖）
「上海當代」較多
畫廊挑選適合國外
買家胃口的作品。
（劉達攝）
（右頁圖）

　　規畫這次展銷會的日內瓦畫廊老闆希望用五年的時間，把上海營造為亞洲的當代藝術品
商業交易中心，展銷會將會吸引國際間的藏家、經紀商、畫商，甚至美術館、博物館藏品的
蒐購者。這麼明顯且直接的目的，更深層的意義是放棄帶動上海社會對當代藝術的認識，
對社會大眾推動普及當代藝術的收藏觀。這種「VIP會員俱樂部」形式的博覽會，不應該冠
上具有市政府推動文化政策議題的「上海藝術博覽會」的標題，它僅僅是一次商業性質濃厚
的藝術展銷會，也無法對上海本地的當代藝術創作者有任何的實質幫助。經過三年的展覽之
後，「上海當代藝博會」確實超越「上海藝博會」的品質與成績，卻無助於上海和周邊城市
對當代藝術的接受和認識也是事實。

爭取正名

　　上海雙年展屬於官方舉行的常設展覽，上海藝博會是由官方主辦的具有商業性質的集合
式展會，「上海當代」則是以「上海藝術博覽會」為名，實質以私人單位主辦的商業性藝術
品交易平台。三者之間的屬性和目的各有區隔，而以藝博會和上海當代兩項均以「上海藝術
博覽會」為主標題的展覽，兩者之間相互重疊性質較高。暫時撇開上海雙年展不論，以兩個
商業性展覽的內容和整體展出引申的思考，可以發現目前大陸當代藝術市場的幾種問題與趨
勢。

　　第12屆上海藝博會來自17個國家的120多家畫廊參加展覽，之所以提前兩個月應是策
略性調整結果。是接續2007年針對藝博會展畢後的一片檢討聲，多數認為上海當代的三個
策展人搶盡藝博會主辦單位的鋒頭，甚至讓社會誤認為由上海文化主官機構主辦的正牌藝博
會是附屬於私人主辦上海當代的展覽，因此2008年的調整是官方配合上海當代預定檔期而
提前。「上海當代」為何不願意配合傳統在11月舉行的藝博會呢？顯然和上海當代的展覽
目的有密切關係。

　　第2屆上海當代展主辦單位籌組一批貴賓級收藏家，以旅行社組團在大陸幾個城市參觀旅遊的形式，邀請美術館等級的收藏家團隊和參觀者；他們都是來自世界各地的美術館館長等重要人士。為這些藏家安排的藝術之旅，除了上海本地之外，還特別為貴賓們安排參觀廣州三年展和南京三年展的藝術之旅。國內買主似乎並不是上海當代的主要目標群體，根據此間媒體報導，「今年SHC（即2008上海當代）主辦方原打算不邀請國內媒體對其進行報導，而只接受海外媒體的報導。」這層意思即是說，籌組各國的蒐藏機構必須將新聞反饋到國際媒體，達成到大陸參觀展覽的目的和提升展覽本身位階的效果。一個題外話，這批「貴拼團」巡遊幾個大陸重要的官方展覽之後，是否也會給喜愛的作品下張訂單呢？

救市舉措

　　上海藝博會2008年新增「新筆墨中國畫大展」、「青年藝術家推介展」主題展區，以及以景德鎮陶瓷藝術為多數的「中國陶瓷藝術館」，此後每年都有陶瓷藝術的展覽。強調新筆墨似乎有提振水墨畫近幾年受當代藝術擠壓的意味，但是，除了老牌畫家陳佩秋20幾件展品全數貼上成交的紅點之外，其餘則依舊冷清；及至2009年水墨畫展區又回復到近現代的傳統水墨風格，也是市場容易接受的主流。從中國陶瓷藝術館的展品觀察，所謂的「中國陶瓷藝術」，依然傾向於傳統陶瓷的製作方向，以繪製和釉藥為主。若中國陶瓷藝術標榜著中國傳統，表現「中國風」的大會宣傳重點，是由許多以油畫媒材表現中國傳統山水畫意境、筆意、佈局的作品來完成的，這一類的油畫作品從2008年開始出現在各類大型展會，油畫創作者比水墨畫作者更積極的擷取「中國風」以迎合市場。

　　按照官方數據，藝博會的成交額每年都在遞增，2006年5000多萬元人民幣，2007年達到6700多萬元，而2008年受到整體經濟疲弱的影響衰退，參展單位對這個問題都三緘其口，口徑一致認為參展目的在於宣傳作者而不在成交。幾家畫廊推薦價格較低的攝影、版

畫、年輕創作者作品，主要希望開發新的買家和收藏入門。呼應開發新的收藏群的意圖，在展場三樓的「青年藝術家推介展」有每位參展作者的學經歷和創作理念的簡介文字，與樓上樓下的畫廊展區比較起來，增加一點學術味道之外，更在作品標牌上明碼標上作品價格，在5-8萬人民幣之間，作品幾乎都是60、70號以上的大尺幅作品。青年藝術家在70-80年代之間為多數，也間或出現60年代出生的資深青年創作者，明確表示價格表示在初級市場的定價將隨之成形；與「上海當代」的同年代作者比較，藝博會顯得較為「平價」。

上海當代同樣開闢「驚喜發現」主題展區，參展的藝術家從第1屆的二十位擴展到三十位，分別由大陸、台灣等地的10位策展人推薦來自亞太地區的年輕創作者的最新作品。上海當代雖然有半數畫廊來自西方，但中國作者的作品隨處可見。歐美畫廊在大陸發掘年輕創作者，在海外行銷一段時間，再回流大陸收藏市場，身價順勢提高。在會場，代理年輕創作者的國外畫廊業者正在和一位大陸的買主商談價格，一幅尺寸頗大的油畫正以13萬美金拉鋸中，對所謂的70年代創作者而言，國外畫廊做背景的提升價位策略，算是頗可觀的。

上海藝博會和上海當代都增設戶外公共藝術項目，展示中外創作者的大型戶外裝置作品。藝博會場門口一件韓國作者的「奔牛」銅雕，以280萬元人民幣成交，將成為上海商業大樓廣場的景觀雕塑。雕塑作品的數量在藝博會中增加許多，但是題材和媒材卻顯單調，翻銅胎外加色彩鮮豔的烤漆成為這兩年來最主流的表現材料，以人物為主的造型語彙，製造出極為雷同的視覺效果和質感；這種情況在2008年秋季的台北國際藝博會也同樣出現。兩岸的雕塑作者不約而同地都走進以買方市場為主流的思路。

需要調控的大陸兩季展會

2008年5月在香港舉辦的2008第1屆香港藝博會，主辦的宗旨與鎖定的客戶群體，是以「上海當代」、北京的「藝術北京」等這些國際性的藝博會為假想敵。如果，幾場博覽會

特別開闢的中國陶瓷藝術館,以表現傳統陶瓷藝術為主要基調。
(左頁圖)
上海藝博會以「中國風」為宣傳焦點,在許多油畫作品中體現。圖為推介青年藝術家作品局部。(左圖)
上海藝博會和上海當代兩檔展會同步展出,是否是明智之舉仍有待觀察。
(下圖)

的參展創作者重疊性很高,那麼不是分食消費市場的問題,而是讓消費市場受到瓜分太過零碎和發生排擠效應。

和2007年相比,2008年兩個展會上的英文作品標牌顯然增加。上海當代參展畫廊與之前的參展相比較,入選的127家畫廊中,來自亞洲太平洋地區的畫廊與來自世界其他地區的畫廊大致保持平衡。大陸地區的畫廊,尤其是上海畫廊調整較大,北京出現一些新面孔,香港也有新舊交換。國外參展畫廊減少許多:法國由2007年的14家減為9家;日本從11家減為6家;瑞士從8家減為2家。藝博會則增加烏拉圭、巴西、西班牙等國家的畫廊。巴黎的老牌畫廊 Greve、米蘭的 De Carlo 及美國的 Pace Wildenstein 等幾家與中國當代藝術關係密切的畫廊藉這次參與拓展在大陸的布局。

五光十色的展覽讓媒體很難下當日新聞的標題和焦點,2008年的上海雙年展所引發討論的學術和展覽技術層面的議題,由於太多訊息湧入媒體版面,反而使雙年展主辦單位對反對與討伐的聲音找不到解釋的管道,成為小道消息和耳語流傳。藝術圈子裡的街談巷議中,

也拿上海當代和藝博會比個高下。根據操作策略分析,上海當代和藝博會顯然是同床異夢,上海當代鎖定海外的機構類買主,藝博會訂下推介當代藝術,而非以交易為重的基調。大家都擔心經濟不景氣影響藝術品的買氣,整個展期中,3萬多人的參觀人數,在上海市並不算多,觀眾數量可能沒有增加太多,但是五花八門的展覽卻分散觀眾的群聚效果;媒體的報導深度同樣也分散在過多的新聞事件和焦點訊息。

上海秋季的大型展會過於集中舉行，影響媒體及觀眾深度介紹與欣賞。圖為緊鄰上海美術館的上海當代美術館（MOCA）的展覽開幕夜。

　　無論是北京或上海的藝博會都出現了相互比拼暗地互鬥的現象，從2007-2010年四年之間藝博會的品質和規模每況愈下，從一個側面可以了解首先產生的不良的影響即是，幾年來買票進場的觀眾少了許多，以貴賓卡輪流免費進場的觀眾增加。通常，四天之中同時參觀三個大型展覽，除了購買意志堅強的人和研究此類學問的學生之外，只選擇一個大型展覽參觀才是是合理的習慣。擅長以宏觀調控為手段引導經濟發展走向預期目標的大陸的政府機制，應該在每年春秋兩季也進行一次整合性的調控行動，避免同質性過高的大型藝術展覽，在相同時段同時出現，引發許多不良後遺症。

第二節
拍賣策略下創作者的自處之道

　　2009年香港蘇富比敲下春拍之槌，以降低預估價的「度小月」策略，看似能拉抬些買氣，香港佳士得也以平均成交率八成，比2008年秋拍成長三成。根據媒體針對春拍的報導指出：「一般預料，這波資金行情將持續延燒，台灣四大本土拍賣行可望受惠。」直觀上看，媒體意有所指地認為2009年的拍賣結果將會帶來一些美好的前景，然而，這種樂觀並非沒有隱憂或變數，即便看似面對著陽光燦爛的明媚春光，市場的預測還是應該要審慎一些。

　　在拍賣操作策略的指引之下，我們看到許多受到市場復甦號角激勵的創作者，在投入拍

拍賣公司	主題	拍賣日期	結果
羅芙奧	亞洲現代與當代藝術	6月7日 2:30 PM~7:30PM	拍品總175件；成交136件；成交率77.71%，成交總額台幣212,804,000元（USD 6,507,768）
中誠國際	華人當代藝術	6月14日 14:30～18:30	創作者80位、117組拍品，總計成交97件，成交率83.6%，成交總額台幣146,837,000元〈含服務費〉
景薰樓	世紀華人現代&當代藝術	6月21日 15:00pm	拍品82件；成交71件；成交率86.59%；金額成交率：90.18%，成交總額台幣97,666,400元
金仕發	現代與當代藝術	7月5日 2:30pm	拍品145件；成交率78.62%；成交金額台幣127,101,900元。

賣戰場一輪的廝殺之後各有斬獲與失利。如果，市場復甦或者持續看淡的話題都嫌過於躁進，那麼，我們繼續關心兩級市場需要導入正常運作的軌道運行，以便能長治久安，才是眼前的重點議題。因此，創作者在該如何進入藝術市場，在市場如何自處的前提之下，才能讓市場往正常方向循序漸進。拍賣會所運用的各種策略，都可以簡化為是因應市場需求與爭取最大獲利的初衷，創作者和他們的作品則是完成拍賣業者初衷的最重要籌碼，創作者面對市場的詭譎局面，究竟該抱持甚麼心態參與市場，他們能主導自己的方向，建構自己的「處世之道」嗎？這是值得探討的課題。

時間的風險與本土策略

2009年6月，台北的天氣已進入夏季氣候，濕度大也顯悶熱，夏至之前最早的一個颱風也路過台灣海峽，總共四場春季拍賣會有三場會在6月見真章，遲至炎炎炙熱的7月初，四場春季拍賣方得以告終（見表1）。從過去的規律比較，春季拍賣延遲、集中到夏季舉行的例子並不多，一般而言從4月開始拍賣會陸續舉行，最晚在6月中旬結束整個春拍，然而2009年的拍賣集中對於市場操作的現實效果並不是十分有利。受到大環境制約，台灣的拍賣會交易市場區隔並不大，多數集中在中部與北部，尤以台北市為主要的交易市場，從四場春拍均在台北市內的場地可見一斑。

拍賣業者甘冒在台北重疊、密集、消化速度不易的風險，選在6月自然有其原因，其一，也是最關鍵的原因是必須等待香港、大陸兩地春季拍賣結束。台灣拍賣業者從2007年恢復較好的市場生機之後，都跟隨著大陸拍賣的步伐前進，一方面是當代藝術拍品重疊，使得爭搶貨源更為棘手，在尋求與大陸拍賣公司較為不同的大陸當代藝術的拍品情況之下，台灣本土拍賣公司必須等候大陸拍品確定之後，才能知道自己的選件策略是否可行；其中也包括選件時，事前對兩地拍賣公司選件的猜測和預估。另一方面是希望能吸引參加大陸拍賣卻

【表2】2009年台灣4家春季拍賣會參拍作者略表

公司	類別	作者	備註
羅芙奧	台灣前輩	廖繼春、楊三郎	
	華人畫家	趙無極	
	兩岸當代	王懷慶、曾梵志、蔡國強、王廣義、周春芽、俸正傑、鄭在東、曾清淦、陸先銘、郭偉、張小濤、洪浩、姜川、熊宇、鄭德龍、薛松、李山、侯慶、趙剛、劉國樞、戴澤、盧昊、谷文達、蔡新平、祁志龍、何多苓、王晉、蔣朔	
	亞洲	天野喜孝、山本麻友香、日野之彥、六角彩子、飯田桐子、平久彌；權奇秀、尹鍾錫、李皓埭	日韓
		的清滕·屋帕玳伊、米斯尼亞迪、普爾諾莫、阿格斯·蘇瓦吉、布迪·庫斯塔托	印度、印尼、菲律賓、馬來西亞
中誠	前輩	林風眠、楊三郎、林玉山、李仲生、楊英風、陳庭詩、朱銘、朱德群、王守英、潘朝森、龐均	
	兩岸當代	李爽、周春芽、葉永青、張念、洪磊、薛松、朱毅勇、劉國松、楊識宏、郭振昌、陸先銘、洪易、張杰、趙能智、鄧箭今、薛松、張志成、石立峰、許文融	
景薰樓	中國前輩	林風眠、余本、沙耆、費以復	
	台灣前輩	廖繼春、李石樵、李梅樹、楊三郎、朱銘、席德進、陳庭詩、蔡雲程	
	海外華人	趙無極、朱德群、蔡雲程、朱沅芷	
	兩岸當代	葉永青、黃鋼、黃銘昌、黃銘哲、郭振昌、楊茂林、林文強、洪東祿、陳流	
	日本	草間彌生	
金仕發	大陸	尹坤、尹俊、薛松、龐均、黃鋼、陳蔭羆、任哲、李繼開、張小濤、閔希文、涂克、劉虹、劉國樞、袁曉舫、夏郡娜、古千、康小華、王沂東、冷軍、王懷慶	
	海外華人	趙無極、朱德群、魏樂唐、蔡國強、蔡雲程、李曉峰、丁雄泉	
	台灣前輩	黃鷗波、沈哲哉、蕭如松、林淵、劉其偉、李澤藩、楊英風、洪瑞麟、葉火城、李梅樹、楊三郎、石川欽一郎、林玉山、藍蔭鼎、廖繼春、陳澄波、陳德旺、廖德政、張萬傳、張義雄	
	台灣	李昆霖、黃致陽、張立曄、黃瑞芳、侯俊明、林文強、陸先銘、陳來興、陳淑嬌、夏勳、楊識宏、郭東榮、莊喆、蕭勤、王守英、陳輝東、梁平正、洪易、陳義郎、許藝籫、彭光均、陳銀輝、陳景容、陳錦芳、郭文嵐、王秀杞、朱銘、連建興、楊茂林、郭振昌、蘇旺伸、邱亞才、黃銘哲、李真、洪通、吳昊、吳秋波、李元亨、陳庭詩、賴傳鑑、吳炫三、席德進、趙春翔、焦興濤、彭自強	
	日韓	申英美、松浦浩之、草間彌生、山本麻友香、門倉直子	

沒有達到收藏理想的買家，繼續在台北舉牌，幾家公司在北京、香港等重要城市舉行預展，也可得知他們採取吸引第二波買氣的策略。因此選件和徵集，拍賣公司需要耗費更多的時間，被動地讓拍賣時間延遲到6月才能登場。

其次是收件不易。拍品收集的數量、質量關係著一場拍賣會業績的成敗，過去雜貨店式的拍賣形式轉型為突顯拍賣公司業務能力和經營風格的主題式拍賣，使得拍賣會更像一場有主題、有內容的展覽。金融風暴影響下的藝術市場使藏家和買家都採取保守觀望態度，如果，在一場拍賣會中無法突顯特色和具有獨家性質的拍品，集中在6月的三場拍賣將會更加不利。台灣的藝術市場情況略具兩級區隔的規模，選擇本土初級市場的作品進入拍賣會還必須要與畫廊能有所分別，才能達到吸引買家的目地，因此，也加深了選件的難度。

其三，在藏家惜售精品，拍賣公司必須尋找能夠退而求其次、又能充場面的拍品，是延遲拍賣時間的原因之一。每一家拍賣公司都遭遇收件難相同的困擾，只能放棄過於密集造成買家消化不及的不利因素，轉而在宣傳策略和拍品方面儘量做出區隔。從羅芙奧推出的亞洲拍品可以看到這樣的跡象，雖然各家拍賣公司選擇作者重疊的現象依然高於區隔，但是，也能極力找到幾個「獨家」支撐場面。（見表2）

就不完全的拍賣結果分析，羅芙奧和中誠國際兩場拍賣中，最高成交價未有作者的重疊，顯示出他們的選件策略奏效。以市場老將主導的六件高價拍品，羅芙奧推出的廖繼春不敵王懷慶似乎說明當代藝術的國際性市場流通因素，高於本土藝術的學術意義。以王懷慶、周春芽、蔡國強、楊識宏等人都屬於當代藝術範疇、也在國際市場具有相當累積的背景之下，取得好成績自不在話下。然而，對台灣的區域市場而言，僅有楊識宏的創作背景與台灣有所淵源，蔡國強與電視主持人蔡康永合作的玩票作品能取得的佳績，當然還是蔡國強的名氣為優先。若以廖繼春〈渡船〉曾發表於1975年第30屆台灣省美展，為廖繼春生前參加的最後一次畫展，這樣流傳有序的作品依然無法讓藏家熱烈競標，使王懷慶〈飛天〉擊敗廖繼春取得第一，這將使得中國當代藝術成為日後台灣次級市場的指標性訊號。（見表3）

【表3】2009台北春拍前三高價成交略表　　　　　　　　　　　　　　　　　　單位：台幣

拍賣公司	作者	拍品名稱	預估價	成交價
羅芙奧	王懷慶	飛天	29,000,000－42,000,000	43,760,000
	廖繼春	渡船	18,000,000－28,000,000	24,160,000
	蔡國強、蔡康永	電視購畫	16,000,000－24,000,000	16,520,000
中誠國際	周春芽	樹枝的變化	—	9,500,000
		桃花	6,800,000－8,800,000	7,000,000
	楊識宏	畫中有畫	1,800,000	3,700,000
景薰樓	廖繼春	春秋閣	9,000,000－13,000,000	12,060,000
	趙春翔	重逢	—	10,940,000
	林風眠	寶蓮燈之仙女群像	8,000,000－10,000,000	9,820,000
金仕發	趙無極	無題	7,000,000－10,000,000	15,540,000
	廖繼春	東港	14,000,000－20,000,000	15,540,000
	朱德群	宇宙之片面	7,500,000－10,000,000	9,592,800

一念之間論成敗

　　此外，〈電視購畫〉這件拍品顯然是國際市場流通性和兩個媒體名人效應之下獲得「勉強」的佳績，〈電視購畫〉預估價在台幣1600-2400萬元。現場競標至1300萬元時未達賣家要求的底價，拍賣會結束後方以1400萬元撮合了這筆高價紀錄。對其它地區藏家極為陌生的蔡康永參一腳，恰好符合台灣藏家的本土宣傳胃口，這件拍品應該會是台灣本土買家出手的目標，而非來自其它地區買家感到興趣的對象。顯而易見，羅芙奧和中誠國際在預估價位就已經有明顯的段位差距，因此，周春芽未敵蔡國強主要是選件策略的結果，是否能符合某個階層買家味口，或者說，為某些買家「量身打造」主要目標拍品，將是一場拍賣會成果是否「好看」的導因。

　　中誠國際、景薰樓、金仕發在推動拍賣市場的新人、新作著墨較多，卻也犯了次級市場操作的忌諱。二十多年前，台灣拍賣會正值第一次旺盛階段，本土拍賣會大量引進當時在初級市場具有頗佳展售紀錄的創作者的作品，畫廊也爭搶原本應該屬於拍賣市場的日據時期前輩畫家作品，進行二手交易，使得兩級市場出現作者過於相互重疊的現象。這種現象是日後本土拍賣公司與畫廊逐漸被市場淘汰的導因。中誠國際和景薰樓此次拍賣在初級市場不及五年資歷的創作者，以及近年（07-08）的新作品，又一次覆踏歷史的錯誤。試想，在商業畫廊能以8-7折的畫價，買到的年輕創作者的作品，為何要花五倍的價錢在拍賣會上競標呢？若是創作者沒有初級市場的展覽、銷售資歷又怎麼能為拍賣市場做出保障呢？

　　中誠國際和景薰樓推出的新人作品，需要在第一槌的時刻創下好的紀錄，卻不是市場運作的規律所能預示的合理前景，此中自有其不為人知的隱藏含意了。中誠讓楊英風雕塑〈龍賦〉、〈農夫立像〉，以及龐均、王守英、潘朝森、陸先銘、陳庭詩、張杰、趙能智、鄧箭今、薛松、張志成、石立峰、許文融等人作品流標，景薰樓拍賣也有楊茂林、林文強、黃鋼等兩岸頗具知名度的中堅輩創作者流標。依此大約可以知道拍品是否精良及具有代表性是成交能否成功的關鍵條件，拍賣公司對於選件、選人依然存在著舊思維的「試險心理」，容易將創作者置於險境。如今的藝術市場已經不再如同二十年前那樣單純，除了實體的拍賣與畫廊的運作機制之外，網路的交易的出現，增加更多的藝術品流通的管道，如果拍賣會上的拍品和網路商店裡的作品圖片竟然「十分相像」，還有什麼理由讓買家驅車走馬、揮汗如雨地到拍賣會上舉牌競標呢？

　　不同層次的市場區隔應該是藝術市場建立規模必需的條件之一，藝

王廣義的作品在拍賣會受海外收藏家的喜愛，近年大陸本土收藏家也加大收藏力度。

拍賣公司	年度	拍品件數	成交件數	成交率%	成交總金額(億元)NTD
金仕發	2007秋拍	—	—	—	5.1
	2008春拍	201	180	89.55	3.95
	2009春拍	145	114	78.62	1.27
	2009秋拍	161	116	72.04	1.63
羅芙奧	2007秋拍	—	—	—	7.2
	2008春拍	189	171	90	5.01
	2009春拍	175	136	77.71	2.12
	2009秋拍	227	192	85%	6.68084
中誠	2007秋拍	—	—	—	3.56
	2008春拍	176	142	80.86	1.93
	2008秋拍	148	99	66.89	0.67094
	2009春拍	117	97	83.6	1.468
	2009秋拍	128	110	85.94	1.54196
景薰樓	2007秋拍	—	—	—	2.64
	2008春拍	189	173	91.53	2.35
	2009春拍	82	71	86.59	0.97666
	2009秋拍	126	102	80.95	1.3

【表4】2007-2009台灣拍賣會成交取樣比較略表

術市場不在於規模大小而在於規模是否完整與完善，市場只有在完整的基礎上，才能開始討論永續經營和如何繼續升級等議題。拍賣公司沒有在事先的調研上做足功課，對於提供的拍品缺乏說服力，創作者一次的流標，形同賽事的「敗陣」般，成為市場資歷的負面紀錄，流標的原因不外乎，爭議品、價格不符預期、非精品、品相差等幾種因素，流標的拍品自然對作者和拍賣公司產生懷疑，當大家都在討論成交率時，我以為，流標率更是需要探討的重要話題。

市場溫度不是唯一的標準

從2007秋拍開始到2009年春拍，三年間的拍賣行情紀錄取樣分析，2009年兩場春拍的成績並不算亮麗，（見表4）這些數字自然無法成為市場回暖的有力證據，即使，香港兩場春拍的成果也有些造就新聞的題材，只要仔細深入分析，便知道文物和書畫市場的情況也和當代藝術所差無幾。號稱宋徽宗手筆的〈寫生珍禽圖〉成交價格不如2007年拍出7900萬人民幣的明代仇英〈赤壁賦〉，即可見其中奧祕所在。

羅芙奧春拍中，王廣義作品〈路易威登〉以75萬元台幣落槌、周春芽的〈瓶花〉130萬元、「紅石頭系列」230萬元都是低價成交。比較起來，2007年景薰樓春季中國現代油畫雕塑拍賣會中一件周春芽〈紅色山石〉以1094萬元台幣成交的差別頗大，很難讓人判斷此其中的尷尬成分。此外，趙無極的油畫作品〈28.4.75〉為1970年代創作，曾為盧森堡庫特畫

朱德群、趙無極等海外華人名家的作品是拍賣會上的常勝軍。圖為朱德群油畫作品。（左圖）
周春芽的油畫作品是拍賣會上的熟面孔，但是，成交價格卻不穩定。圖為周春芽參加2007年上海藝博會的油畫作品。（右頁左圖）
朱銘的雕塑作品在台灣本土藝術市場深耕許久，有穩固的收藏群體。圖為朱銘2007年的雕塑作品。（右頁右圖）

廊所有，三十多年來一直在瑞士收藏家手中，其預估價約台幣1000-2000萬元，最後以780萬元台幣成交，台灣媒體戲稱這些拍品是「超低價大放送、收藏家可說是大豐收」。仔細想想，既然是競拍場面，未達預估價下限，拍賣官也能夠落槌成交，我們不免懷疑拍賣圖錄上的預估數字參考價值何在，也讓佗摸不著頭腦，而收藏家真的是豐收了嗎？

2009年羅芙奧秋季拍賣會，趙無極油畫〈17.4.64〉以1億5840萬元台幣（含買方佣金）拍出，為原來預估價的3倍，成為台灣拍賣史上最高價的一幅繪畫，也是趙無極目前世界拍賣紀錄的第二高價，僅次於2008年在香港拍場趙無極〈向杜甫致敬〉創下的1億9500萬元台幣紀錄。趙無極1952年作品〈處處聞啼鳥〉亦以台幣6320萬元拍出，為全場拍賣第二高價的拍品，其他三幅趙無極的作品中，10號尺寸油畫〈小橋流水〉與〈30.11.74〉均以台幣1560萬元成交；〈蓮花〉600萬元成交價為預估價的兩倍，趙無極的作品帶動熱門的焦點。常玉油畫〈藍底瓶花〉也以將近兩倍於預估價的台幣5984萬元拍出，是拍賣會的第三高價拍品。此外，朱德群的四聯幅近作〈意志堅強〉以4416萬元成交，〈雪景——冬之回憶〉3520萬元台幣拍出；〈構圖No.166〉則是1680萬元台幣，三幅朱德群畫作均超過千萬元台幣的價格。而林風眠〈魚盤仙人掌靜物〉台幣1140萬元售出。朱沅芷的〈紐約中央公園〉以台幣624萬元成交。

與春拍相似情況，金仕發2009年的秋拍拖延到2010年的1月才舉行，成交價的前十名中趙無極的作品拿下三個席次，〈8.6.2003〉以3458萬元佔全場第一高價，另一幅〈25.2.69〉也以904萬元落槌。朱銘的木雕作品〈太極系列——對打〉及〈單鞭下勢〉分別以960及460萬元拍出；台灣日據時期本土前輩畫家陳植棋的〈汐止風景〉與陳德旺的〈觀音山〉，雙雙拍出708萬元台幣。與其它拍賣結果最大的不同是，金仕發秋拍有13件作品，成交價皆落在10萬元台幣以下（約2萬元人民幣），如陳浚豪的〈刺獸NO.1〉以3萬5400元成交、于彭的〈羅漢新解〉只有1萬7700元。這種策略看似在推廣藝術品的「親民性」，但是在二級市場操作親民性是需要選擇「對的作者」與「對的拍品」，金仕發將于彭這位水

藝術家書友卡

感謝您購買本書,這一小張回函卡將建立
您與本社間的橋樑。我們將參考您的意見
,出版更多好書,及提供您最新書訊和優
惠價格的依據,謝謝您填寫此卡並寄回。

1.您買的書名是: _____

2.您從何處得知本書:

☐藝術家雜誌　☐報章媒體　☐廣告書訊　☐逛書店　☐親友介紹

☐網站介紹　　☐讀書會　　☐其他

3.購買理由:

☐作者知名度　☐書名吸引　☐實用需要　☐親朋推薦　☐封面吸引

☐其他 _____

4.購買地點: _____ 市(縣) _____ 書店

☐劃撥　　　　☐書展　　　　☐網站線上

5.對本書意見: (請填代號1.滿意 2.尚可 3.再改進,請提供建議)

☐內容　　　☐封面　　　☐編排　　　☐價格　　　☐紙張

☐其他建議 _____

6.您希望本社未來出版? (可複選)

☐世界名畫家　　☐中國名畫家　　☐著名畫派畫論　　☐藝術欣賞

☐美術行政　　　☐建築藝術　　　☐公共藝術　　　　☐美術設計

☐繪畫技法　　　☐宗教美術　　　☐陶瓷藝術　　　　☐文物收藏

☐兒童美育　　　☐民間藝術　　　☐文化資產　　　　☐藝術評論

☐文化旅遊

您推薦 _____ 作者 或 _____ 類書籍

7.您對本社叢書　☐經常買　☐初次買　☐偶而買

藝術家雜誌社　收

100　台北市重慶南路一段147號6樓

6F, No.147, Sec.1, Chung-Ching S. Rd., Taipei, Taiwan, R.O.C.

姓　　名：＿＿＿＿＿＿＿　　性別：男□ 女□ 年齡：＿＿＿＿

現在地址：＿＿＿＿＿＿＿＿＿＿＿＿＿＿＿＿＿＿＿＿＿＿＿＿

永久地址：＿＿＿＿＿＿＿＿＿＿＿＿＿＿＿＿＿＿＿＿＿＿＿＿

電　　話：日／　　　　　　　　手機／

E-Mail：＿＿＿＿＿＿＿＿＿＿＿＿＿＿＿＿＿＿＿＿＿＿＿＿

在　　學：□ 學歷：＿＿＿＿＿＿　　職業：＿＿＿＿＿＿＿＿

您是藝術家雜誌：□今訂戶　□曾經訂戶　□零購者　□非讀者

客戶服務專線：(02)23886715　E-Mail：art.books@msa.hinet.ne

墨畫市場的老將用親民價做貢獻，不啻是把50多歲的于彭放進新生代群體裡獻祭。

　　中誠國際秋拍中，廖繼春1946年作的〈初秋〉以3400萬元成交，楊三郎的〈春日〉成交價460萬元。較為奇特的現象是，周春芽1994年的40號作品〈瓶花〉以542萬成交；周春芽的另一幅「桃花系列」則以成交價1593萬元拍出；兩幅作品的懸殊價格值得玩味兒。廖繼春的〈玉山日出〉在景薰樓秋拍中則以1890萬元落槌，也讓廖繼春成為景薰樓2009年春、秋拍最高拍價的畫家。

創作者的自處之道

　　綜觀台灣四個藝術品拍賣公司：羅芙奧、中誠、景薰樓和金仕發各自的2009年春秋兩場拍賣會，中誠、景薰樓拍品主力集中台灣和中國的華人當代藝術為主，羅芙奧和金仕發則包括東南亞、日、韓等亞洲的當代藝術作品。這種布局在拍會成交結果中分析，春季與秋季的變化並不大，秋季幾乎是以趙無極為首的華人大名家作品擅場，台灣前輩畫家在秋拍中沒有釋出更好的作品，表示春季華人大名家的「探路行動」在秋季得以收獲，以此可以判斷趙無極等華人畫家的拍品出自相同的來源。若繼續深究春秋拍賣的結果，約略可以歸納出市場資歷不足的創作者參與拍賣會總歸受到或多或少的傷害，這樣的結論不在於拍賣業者的操作，更重要的是沒有在初級市場深耕的創作者，為何要急躁地參與次級市場的廝殺。這個問題礙於篇幅，有待日後深論。

　　我們將論點回到主題，台灣本土拍賣公司的主力拍品無法脫離兩岸當代藝術和華人明星級畫家的範疇，選件受到頗多限制，加上大陸拍賣會的擠壓效應，台灣本土拍賣如果不能做出與大陸次級市場的有明顯的策略差異，往後也終將只能跟隨而無法並駕齊驅。我認為，台灣在其自身的區域市場中，應該將過去良好的基礎延續發展，畫廊發掘新的創作者，在初級市場培養創作者資歷，讓次級市場接手在初級市場有累積資歷的創作者，能在兩級市場延續

創作生命的創作者，才是藝術市場的支柱，新舊面孔在不同市場的層面上更替，才是良性循環的市場規律。在次級市場力推尚無學術論述基礎的新生代創作者無異是殺雞取卵。

　　兩岸的年輕創作者應該要認清一個事實，拍賣市場的溫度並非是自己選擇的唯一標準。要能在藝術市場長治久安、安身立命，初級市場的累積比拍賣會的成績更加重要。創作者幾乎無法掌握自己作品在拍賣會上進出的結果，這結果由買家和拍賣會主導的因素更大，在畫廊穩定的展覽和交易紀錄對自己未來創作生涯的的保障，多過於拍賣會的曇花一現。急於在拍賣會上成名的創作者，往往背負著落入「炒作」泥淖的困窘隱憂。

　　法國巴黎的德魯奧（Derout）國家藝術品拍賣行成立於1852年，是法國最大、最重要的本土拍賣行之一，2009年6月19日拍賣法國雕刻家羅丹在19世紀末與20世紀初所創作的〈沈思者〉21件系列作品之一，以超過300萬歐元（420萬美元）價格賣出。這不一定是羅丹最高價的作品，然而，幾乎國際間重要媒體都報導了這則新聞，亞洲地區對法國本土拍賣會卻本是陌生的而認識了巴黎的實力。這則新聞給我們的提示是，具有學術、歷史、藝術價值的作品將會是拍賣市場上的焦點，420萬美元說明，取得百年方得一見的拍品可以展現拍賣公司的實力。

　　如果，內行的藝術市場觀察者了解許多關於拍賣行情的潛在規則，那麼，多數人對於成交價、成交率，總要打點折扣也帶點懷疑。所以，該要關注的焦點並非在於拍賣之後的成交結果，而是從選件和結果兩者關係中探討拍賣公司是否在市場運作機制中，能夠引起長效發展的作用。我們不能將導致成交率、成交總金額的成敗原因，以外在環境因素一筆帶過；高成交率和總價表示市場榮景，低價則表示市場處於低谷。拍賣公司自身的內在因素同樣考驗是否能正確對應外在環境的變化，流標率所代表對作者及拍賣公司的信任危機，將促成雙輸的局面，長此以往，不是依靠媒體宣傳策略所能彌補缺憾的了。

　　對於創作者而言，他們並不能完全融入這些操作的策略和拍賣業內部機制，創作者在初級市場主導的力量較大，反之，他們在次級市場受擺弄的機會更高。無論市場是否景氣，創作者的持續創作，才是收藏者和兩級市場業者的保障，創作者爭取各種展出的機會，面向藝術消費人群。能夠讓在經濟緊縮情況之下，惜於出手的收藏者安心地保有自己的收藏，而不是因為市場衰退，創作者若是也無所表現，收藏者自然會做出立即要把手邊的收藏品「脫手求現」的反應。創作者要讓收藏自己作品的買家有信心，免得使自己作品陷入如同股票一般「短線進出」的危險，給收藏家一個能繼續觀察自己創作力的機會，也是給自己爭取在市場發展更大空間。

第三節
市場和學術的共生

　　2009年台北的春季拍賣進行的當下，國立台灣美術館、中國美術館以館際共同研擬主題、共同策畫方式，推出「講・述──2009海峽兩岸當代藝術展」，挑選兩岸58位當代的創作者，舉行一場頗具學術意涵的展覽，新聞稿表示以此展覽「呈現兩岸的多元文化；『講・

【表5】「講・述──2009 海峽兩岸當代藝術展」
　　　　參展作者名單

台灣創作者	大陸創作者
王俊傑、郭振昌、董振平、廖修平、盧明德、吳天章、洪易、吳鼎武‧瓦歷斯、范揚宗、袁旃、張乃文、莊凱宇、洪天宇、郭維國、陳擎耀、游本寬、趙世琛、蔡志榮、劉柏村、梁莉苓、邱建仁、楊紅國、陳敬元、周育正、許淑真、盧建銘、徐洵蔚、朱芳毅、邱昭財	羅中立、喻紅、邱黯雄、李天元、李天元、姜健、徐曉燕、楊少斌、馬堡中、何唯娜、陶艾民、楊劍平、崔岫聞、海波、呂山川、武明中、周滔、劉曼文、詩迪、閆博、于靜洋、劉韌、王之博、時硯亮、董媛、孫遜、劉鳴、裴世明

述』主要探討兩岸當代藝術在敘事面向的多元展現與特殊質地，規畫出『歷史與記憶』、『現實與反思』、『內溯與外延』等三大主題，雙方再各自挑選具代表性的藝術家及其作品」。台灣與大陸各29名藝術家，共58件組作品參展；創作者出生世代自上世紀30至80年代，作品涵蓋平面繪畫、雕塑、空間裝置、攝影、動態影像等不同的媒材。（見表5）

各自表述還是共同講述

　　可能讓觀眾最納悶和困惑的是在兩岸當代藝術生態與論述的內容大相逕庭之下（即所謂的兩岸多元文化），如何可以各自捏對地納入三個主題當中？三個主題同時可以說明兩岸的當代藝術的樣態嗎？從參展作者的結構上看，台灣老將多，大陸年輕化；台灣創作者以官方展覽資歷多，大陸創作者與藝術市場較緊密。這裡所顯示的端倪可以這樣理解，台灣的當代藝術創作者多數從官方美術館取得專業創作的資歷，其後轉戰商業畫廊，有相當資歷之後，出現在拍賣會的競標場上；此次參展的廖修平、董振平、郭振昌、盧明德、袁旃均屬這類的老將。

　　許多大陸的創作者沒有經歷官方具有學術背書的展覽資歷，即在當代藝術拍賣聲中竄起，對於當代藝術的學術性論述和寬闊的論證思辨十分陌生，他們的作品與身影普遍出現在大陸的拍賣會、畫廊甚至網路拍賣，卻讓許多藝術消費者弄不清楚，這些創作者究竟是屬於市場約定俗成的「當代藝術」還是「油畫」的類別。在大陸的藝術市場語境中，即使如何多苓、喻紅從事油畫創作的當代創作者，在市場分類中未必能劃入「當代藝術」的範疇，在當代藝術的旁邊緊貼著「油畫」這個怪異的鄰居。

　　就創作者背景的不完全統計，大陸參展的創作者超過八成具有網路、實體等不同形式的拍賣與銷售作品紀錄與行情，台灣參展作者則全數都有在官方與商業畫廊展出的紀錄，有市場成交紀錄的未及七成。這些數字未必能表示是策展單位的基本選人條件，但是，表示兩岸即使基於以「學術」論述為名的官方展覽，依然在不同生態環境之下，選出貼近市場或者保持距離的結果。我們可以從兩岸策畫威尼斯雙年展的選人與選件中，再度看到這樣的現象。

【表6】第53屆威尼斯雙年展台灣館參展作品簡表

作者	主題	形式	媒體簡介
謝英俊	互為主體，怎麼辦	影像	川震與邵族社區兩個主題。突破在地侷限，將建築化為行動，以身體力行的直接行動回應其他地區，實踐「外交」。
陳界仁	帝國邊界——1	影片	討論帝國如何藉由細膩的治理技術，將帝國意識植入其他區域。
張乾琦	中國城系列	黑白與彩色攝影影像	記錄中國福州偷渡到紐約唐人街的非法移民，讓移民者與家人於影像再現中，在不對稱的全球化現象和移動中人們不確定的未來。
余政達	附身「聲」者：梁美蘭與艾蜜莉蘇	紀錄影像	透過觸及外籍工作者背後的文化認同機制，受訪者的身體變為微型外交場域，具體而微展現全球化下混合性文化的建構。

學術之下的市場性

台北市立美術館「第53屆威尼斯雙年展台灣館」於2009年6月7日到11月22日在義大利威尼斯的普里奇歐尼官邸舉行，以「外交」為展覽主軸，由謝英俊、陳界仁、張乾琦、余政達等四位作者的作品參展，探討全球化下，政治、經濟、社會的運作邏輯，跨地區與跨領域的藝術實踐狀況，以及另一種溝通互動的可能性。（見表6）

威尼斯雙年展發展的態勢兩岸確實大不相同，大陸派出「國家隊」參展幾乎卯盡全力推銷「青城山‧中國當代美術館群」，然而，從策展人到選擇參展創作者造成大陸輿論爭議（甚至撻伐）的背景，絲絲縷縷都和當代藝術的市場因素脫離不了干係。大陸當代藝術一直處於模糊渾沌的狀態，到此刻為止，演變為，「大陸當代藝術為何要以西方品味與形式為標準」這樣充滿民族意識的公共議題上，任何人都很容易發現，幾個參展作者幾乎囊括當代藝術市場的翹楚，於是，輿論的批評針對這種學術和市場不分，以市場帶領學術的聲浪此起彼落。事實上，雙年展在上海召開的記者會時，記者當場提出葉放這位列入當代藝術，十分奇怪尷尬的作者

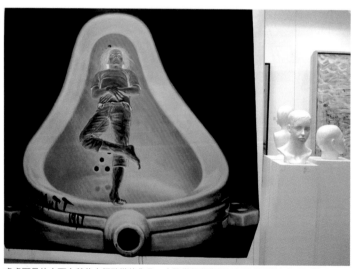

處處可見的向西方某位大師致敬的作品，大陸當代藝術界討論最熱烈的話題是「為何要符合西方標準」的當代藝術。

【表7】第53屆威尼斯雙年展中國館「給馬可波羅的禮物」參展作者

作者	主題	形式	媒體簡介
張曉剛	馬可波羅遊記	複合媒材	試圖撩開歷史和各種版本解讀的面紗與歷史對話,以尋找今天與過去之間的聯繫。書寫和圖像來自對歷史的閱讀和象徵性陳述。他借用那個被翻譯與詮釋了無數次的「遊記」內容試圖讓自己成為馬可波羅試圖與歷史對話。
周春芽	綠狗系列	雕塑、油畫	通過西方的材料以及材料所體現的文化象徵將人們熟悉的動物畫得那樣富於表現性和充滿生命。
何多苓	人體	油畫	兩幅人體油畫,表達了他對園林氣質的理解:既是陰柔的女性,又帶有隱私的色彩,還在暗示一種頹敗與感傷。
王廣義	圓明園	裝置	12幅郎世寧的圓明園設計圖放在類似廢墟的空間裡試圖通過營造一個象徵性的歷史現場讓馬可波羅的後人理解歷史與文化的複雜。
方力鈞	縮影人生	雕塑	美好的可能性似乎呈現在畫框裡,可是美好的東西也許就像畫中的煙雲般的不確定,生命力倒有些像那些細菌與昆蟲,他們恆定地存在著。
岳敏君	迷宮	水墨	岳敏君說「藝術家在傳統藝術創作中的迷惘和探索,他們似乎迷失在自己營造的迷宮空間中,由一個迷宮進入另一個迷宮,陷入囚徒般的困境,永遠走不出來。」
張培力	聖馬可廣場	裝置	充氣裝置融入世界各地模仿的圖像,給馬可波羅提供一個有趣的景觀。這同樣是一個交流的物證,卻是一個問題重重、讓人難堪的範例。
吳山專	買就是創造	影像裝置	他將「買就是創造」(To buy is to create)高高架在威尼斯國際大學校園的牆上,試圖告知馬可波羅先生,威尼斯商人的歷史足跡給中國人留下深刻的印象,現在,「商」已經成為全球的共識。
托斯朵蒂爾		影像裝置	
葉放	庭園	模型	蘇州園林模型

和把「園林模型」當成「作品」出現在參展名單,讓策展人無言以對。這個犀利的問話也突顯選人、選件弔詭的問題。問題是,幾乎找不到一個具有客觀基礎的標準去說服輿論,相信這份名單具有普遍的學術性,所以,「宣揚國威和民族意識」成為最後的低限,無論是「給馬可波羅的禮物」或「知微見著」只能以這個足以讓媒體當作是正面意義的宣傳口號,結束記者會上眾人的疑問。

　　從兩岸威尼斯雙年展的主題以及作品的內容比較,可以看出大陸的給馬可波羅的禮物,是以「禮物」為主,「馬可波羅」可以理解成「義大利」(或當代歐洲)的代名詞,所以,客人為主人挑選的禮物,自然種類、樣貌都沒有拘束;作者對主題的認知也分散得厲害(見表7)。相較之下,台灣參加威尼斯雙年展的「外交」更加整齊一致地集中在展覽主題之下訂製作品。無論台北藝術圈子怎麼爭論,四個參展者與藝術市場頗有距離,是源於台灣在長時間發展當代藝術之後的結果。大約在二十年前,台北的當代藝術氣氛已經形成結合市場和傾向官展線路兩種脈絡,後者以「台北畫派」為最成功操作典範,楊茂林一輩以官展、主流藝評為主線,與市場保持若即若離關係,到今天依然屹立不搖。

此外，威尼斯雙年展中國國家館的展覽由盧昊和趙力聯合策展。以「見微知著」的主題，由七位大陸創作者參加國家館展覽，分別是方力鈞、何晉渭、何森、劉鼎、邱志杰、曾梵志和曾浩。若說方力鈞、邱志杰、曾梵志加上青城山八位「館主」，在中國當代藝術市場涵蓋前十名絕不誇張，大陸一般的媒體在經過官方說法的解釋之後，多數能接受這樣的安排，最無法擺平的當屬藝術類入口網站的當代藝術論壇上的各路英雄好漢，多是創作者、評論者、藝術教師和研究所以上的學生所組成的網路大軍，在正負面評價的失衡比例和抨擊內容觀察，恰好說明當前大陸藝術市場以拍賣行情馬首是瞻的後遺症，拍賣價格掛帥製造的明星受到強烈質疑。

「青城山中國當代美術館群」的營運模式是當地政府、藝術家和投資商三方合作，由政府出面劃撥土地，由投資商投資建設，最後產權歸藝術家所有，8個以個別創作者為名的美術館加上中心的綜合性美術場館形成一個頗具規模美術館群。大陸的威尼斯雙年展集合產、官、學三方力量推動本土創作者走向國際舞台，而這些創作者在國際當代藝術市場的舞台取得豐碩的成果，做為降低風險的保障，是雙贏策略的第一步。下一步都江堰的美術館群將會是北京、上海之外，第三個即將要以重慶為中心打造的藝術區域市場。向來由官方主導之下的大陸的藝術發展，也將順著官方的意志，逐漸讓藝術區塊形成擴大與較為均衡的態勢。

對台灣而言，拍賣會受到大陸板塊的牽引，往後每年的兩季拍賣必將跟隨大陸的動向釐訂選件策略。台灣的當代藝術創作者受到過去積累的模式影響，比大陸創作者多兩道門檻，首先是接受官方展覽掌握的學術檢證，於此同時，還需要在初級市場為自己尋求專業定位，其後，或許受到拍賣會青睞，也可能在官展的主流學術場域中取得一席之地，登堂入室進入名利雙收的殿堂。在面對兩岸如此不同的氣氛中，台灣本土拍賣會若是依然存有短線操作的心態，不僅會受到大陸地利、人和之便的牽制，也對台灣本土年輕創作者傷害頗多。

由尚未建成的中國當代美術館群主導此次威尼斯雙年展，讓地方政府和籌備處負責人一躍而上國際舞台。范迪安挑選「講述」參展者頗像二軍球隊的友誼賽，而國美館對選人的考

威尼斯雙年展由F4代表大陸國家隊出征，引起許多話題。圖為今日美術館廣場上方力鈞戶外雕塑。（左頁圖）
台灣當代藝術創作者多經過長年累積的藝術歷程，才能在藝術市場嶄露頭角。圖為連建興油畫作品。（上圖）
市場與學術不斷地挑戰當代藝術的敏感神經。圖為邱志杰在尤倫斯美術館的作品。（下圖）

慮，則不如大陸那樣地在含混爭議中成軍，畢竟，台灣當代藝術各有區塊，井水不犯河水或相敬如賓的氣氛已經行之有年。

第四節
初級市場中的二手市場

　　初級市場和次級市場之間，存在著另一種藝術品的交易型態，它既非發生於畫廊界初級市場交易，也非屬於拍賣會的次級市場行情，這類交易模式潛行低調不易觀察與判斷分析。姑且稱之為藝術市場中「第三勢力」的二手作品交易型態，在周期性長、作品數量少、交易封閉的模態中，也形成小型的市場規模。二十多年以來，兩岸藝術市場咸少公開討論這股存在已久的勢力所具有的威力，然而2009年秋季的兩岸藝術活動中，確實顯現出它的調節功能和效用。

　　利用二手作品做為應對當前市場景況的策略，表明當代藝術市場存在一股濃重的尋尋覓覓的「定向障礙」不確定感，國際拍賣帶動當紅的作品成為遙不可及的天價，在初級市場熱門的作品價格也在飽和狀態，參與兩級市場交易的創作者面孔太過重疊與熟悉，作品風格僅幾種流行樣式就能涵蓋，這些困擾難題讓畫廊業者只好先找一個暫時喘口氣的方法緩解。

大陸當代藝術市場第三勢力緣由

　　大陸藝術市場在初期是由拍賣會次級市場領導之下先行建立，其後十年的時間，才逐漸由畫廊業將初級市場建構起來，這造成觀察者、評論者、消費者長期「習慣性」地以拍賣行情做為市場行情的參照指標，至今仍未有太大的改變。大陸學術界對當代藝術的發展普遍從「八五美術」開始談起，一般咸認八五美術進入市場的視野，是由北京一批外國人（以駐京外交人員為主）低價購買當時的作品而起。至少經過十多年以上的時間，當年這批低價作品以高價回賣大陸，是經過拍賣會的管道促成一波對大陸當代藝術的價值認識。幾乎是同時，二十年前港台的畫商與私人收藏（具畫廊業背景者居多）也在大陸蒐購當時已經具有盛名的作品，諸如，吳冠中、邵飛、羅中立、楊飛雲等人的作品，甚至是如董希文、費以復等第二代出國留學的油畫家作品也都是重要蒐購目標。

　　按照藝術市場的層級劃分規律而言，創作者在初級市場的展銷過程中，若前時期的風格或作品數量停止生產，則固定的數量或風格類型的作品即進入次級市場。大陸「八五美術」健將和資深的當代藝術創作者早期風格的作品，理應多數都在拍賣會出現，然而，事實卻是有許多在二手市場交易圈運作。二手市場之所以能夠在兩級市場夾層中存在，一是收藏家與畫商身分重疊對作品有「賣或留」的惜售情結，使得好作品得以在兩級市場之外流動時間較長；二是這些作品可以由收藏者自行約定價格走向，也能調節與控制藏品數量與種類的作用，兩級市場均對這些頂級貨源有所需求。

　　港台畫廊界普遍流行「二手市場」的經營模式，即在於畫商早年掌握住既非屬次級市場

亦與初級市場有所差異的貨源，畫商（或個人收藏）具有較大比例的主導力量，可以根據現實利益分配作品走向，而不需要透過第三者中介，以取得較大利潤。二手市場另一個形成的原因是畫廊業者的「售後服務」使然，他們協助收藏家轉售、代售或交換收藏品；畫商也自行回購藏家的收藏品，再另行轉手找新的藏家。此外，收藏家彼此之間自行交換或單獨商議價購的方式也屬於二手市場的營運範圍，在許多收藏家也兼具畫商的背景之下，在畫廊裡展示市場名家作品也顯現畫廊的經營實力。

　　二手市場的交易在初級市場中屬於封閉性交易，類似俱樂部會員制的條件登記效用，它有一定的門檻限制，對於現場展售的交易形式沒有明顯影響，卻往往牽引次級市場的拍賣行情。由於可以牽動市場行情，二手市場的交易有時候會出現類似聯合壟斷的狀況，由一個集體共同操作某幾位畫家的作品，使行情在公開市場上受到控制，可以說是二手市場的附加價值之一。

　　多年以來，兩岸當代藝術市場有些疲態，已經不是2009年的熱門話題了，即使當年春季顯出幾種「回春」的現象受到媒體和評論者的注意，卻也在爾後的藝術活動中看出後繼無力的軟勢。大陸當代藝術界認為今年秋季儘管依然沒有擺脫金融危機的影響，但是此屆上海藝博會有120家畫廊參展，總共168個展位的規模與之前基本持平，這是在維持主辦單位宣稱「領跑亞洲各大藝博會」所做的努力，卻無法避免各參展單位所顯露的另闢蹊徑的做法。

兩岸秋季二手市場謂為風氣

　　2009年上海藝博會的四大主題中，以「海派書畫聯展」堪稱為身價最高的一個，根據策展負責人余平對媒體表示，這個聯展的一百多件海派書畫大師之作總價值不低於1億人民幣。標出價格的作品如：唐雲〈祓除不祥圖〉在50萬元左右；鄭午昌〈山水〉80萬元；林風眠〈湖塘白鷺〉200萬元；吳昌碩〈清宮圖〉600萬元，而他創作於1915年的〈四君子圖〉（綾本四條屏）則是800萬元。由上海經營海派書畫的煌傑畫廊、怡琴畫廊、路畫廊三家聯手推出的展覽可謂精銳盡出，從民國時期到當代，蒐羅各歷史時期舉凡在上海活動的書畫家作品。如：晚清民初的趙之謙、虛谷、任伯年、蒲華、吳昌碩、王一亭、鄭午昌、吳湖帆；民國初年到1970年代的張大千、傅抱石、謝稚柳、黃賓虹、錢瘦鐵、陶冷月、劉海粟、林風眠、唐雲、朱屺瞻；在20世紀70年代對上海書畫界頗具影響的陳佩秋、程十發、劉旦宅、韓敏等人；當今海派畫壇的中堅力量施大畏、方增先、盧輔聖、張培成、馬小娟、蕭海春等人。

　　有當地的業內行家評價2009年的「海派書畫聯展」，是上海藝博會創辦以來，一次史無前例的海派書畫史的「夢幻組合」，其中所呈現的任何一件作品，都是書畫收藏家們夢寐以求的。實際上，這次上海藝博會的門檻限制極高，摒除一般沒有消費力的觀眾，從只針對具有收藏背景的買家開放參觀海派書畫展的用心，約略也能猜測這個展覽的意圖是以二手交易為主。根據上海媒體的分析，這些珍品中有不少處於「有價無市」的狀況，在藝博會上大多只是和觀眾打個照面而已，轉手可能性不大，以此歸因於展品太珍貴，藏家捨不得轉手。上海媒體分析另一個可能的原因，儘管水墨畫一直是金融危機下藝術市場的堅挺品項，但畢竟

多少還是受了影響，「比如那幅〈四君子圖〉如果在牛市，價格超過1000萬（人民幣）也不是沒有可能。於是藏家賣畫也就難免變得謹慎起來。[8]」藝博會出現陳逸飛創作於2002年的〈雪景〉是陳逸飛後期西藏題材中最後的一幅，「這個題材由於離陳逸飛逝世時間最近，所以大多為其家人或摯友珍藏，社會上極為罕見，這件巨作由畫家生前摯友提供，所以也絕不在可輕易出手之列。」

　　「惜售」確實是二手市場交易的特性之一，在這樣大費周章的展覽作品的情況之下，最終的目的是試探作品的目前行情和各方的接手意願。「度小月」是另一種策略性的盤算，在一片買方接手謹慎、意願不高的氣氛中，將手中高價作品「只要賣出一件」就能夠平衡一段期間的開銷，不失為度過疲軟階段的方法[9]；由藏家委由畫廊託售的情形，對賣方與受託方而言亦然有效用。以二手市場操作的方式，比起將藏品送進拍賣會的風險較小，最大的區別在於拍賣會有公開的成交紀錄，而二手市場是不為外人所知、封閉的成交價格，這是2009年秋季兩岸藝博會均出現二手市場參與情況的原因。

　　比較起來，台北藝博會的二手作品展示較為符合當代藝術的主題，上海藝博會則赤裸裸地無視於當代藝術主題的約制和範圍意義，無論策畫者如何解釋海派書畫史的精義，卻無可避免對藝博會造成衝突與矛盾。這樣的如意算盤看似如意，後遺症也容易顯現。

問題在哪裡？

　　2009年9月27日「首屆中國當代藝術收藏家年會暨收藏家藏品邀請展」在北京宋莊和靜園藝術館舉辦，由數十位大陸的收藏家和藝術家探討「中國當代藝術收藏的價值標準」的主題，十幾位收藏家提供的40餘幅當代藝術藏品同時在「和靜園藝術館」展出。這個會議引起許多議論，多數認為，不過又一次的當代藝術口水大拜拜。回憶2008年上海舉辦「華人收藏家大會」時，無論是站上講台發言，或坐在台上的資深收藏家均來自海外，宋莊的當代藝術

海派書畫家在上海畫壇地位顯著，也是市場追逐的重要目標。圖為謝稚柳水墨畫，上海美術館藏品。（左頁圖）

2008藝博會場兩個海派水墨畫展區，以傳統水墨畫為主。（上圖）

海派書畫展原本僅是上海藝術會的一個小展位，2009年卻擴大以獨立的展覽型態出現在以當代藝術為主題的會場上。圖為2008年上海藝博會海派書畫展區。（下圖）

【8】大陸股票市場流行以「牛市」形容一段全面上漲的行情，以「熊市」形容持續下跌無人接手的行情。「牛」與「熊」分別表示值得讚揚和令人厭惡的情況或對人的評價。

【9】這與骨董行業的俗諺「三年不開張，開張吃三年」的說法有異曲同工之妙。但是，這句從民國初年北平琉璃廠骨董行業流傳而來的行話中，也隱含著贗品販售的意思。

收藏家年會終於清一色是大陸本土收藏家參與。我們約略可以判斷，這批收藏家的資歷多數都在十年之內，甚至更短的在2003年當代藝術市場大紅大紫之時成為收藏家；那麼，我們也可以判斷他們的收藏品都集中在哪些創作者了。

　　同年的9月19日，北京798藝術節沒有例外地以青年藝術家推薦展為重頭戲，青年藝術家則以「實驗」為主題進行作品的探索。上海藝博會的推薦區已經已不如連兩年那樣熱絡，依然有新人參加展覽，加諸台北藝博會由官方主持推薦8位年輕創作者的做法，都是在積極地擴展藝術生產面積，避免過於集中在少數的市場紅人。而我們沒有看到學術性的評論體系對這些受到推薦創作者，有什麼具體學術論述的發言，僅從各自參展紀錄和作品任由市場做出不同的評斷。藝博會裡的新人推薦區，並不能阻擋二手作品也在現場試探市場溫度，或者更直接地在會場角落的耳語中完成現金交易。新人的力量沒有發揮作用，僅聊備一格地更加突顯生產與消費市場不均衡的問題而已。

　　眼前的問題看起來都是當代藝術的市場交易惹的禍，仔細分析似乎還有很多可以探討的空間與議題。從正面積極的意義而論，二手市場形成說明需要具有頗為長期的收藏歷程，才能讓畫商和藏家操作這個介乎於初級和次級市場之間的夾層，也可以更有彈性地當作是即時性策略應付市場起伏。北京當代藝術收藏界在目前混沌一片的狀態中，開始討論建立「中國當代藝術收藏的價值標準」，背景因素是因為「八五美術」受到外國人的操持，國外藝術市場規則主導大陸當代藝術市場發展，一路下來的結果，是大陸失去自主的市場控制權。說穿

兩岸藝博會都設推薦新人專題，2009年的數量和效果受到擠壓不如往年。圖為2008年上海藝博會新人展區，佔據一個樓面。

了，中國當代藝術收藏的價值標準，也就是交易價格的標準，山頭各立的藝術評論者在這場討論中缺席、失焦或失語，缺少前瞻性的共識，其實都不是首要探討的重點。真正的關鍵是，當代藝術價值從哪裡取得標準？誰來給出標準呢？是全憑消費者的購買意願，由買方市場決定，抑或由生產者、中介機制訂定參照數據？二手市場的操作應該可以為我們帶來一種提醒和啟發的作用。

　　試想，如果沒有收藏家群體長期持有市場熱門大名家作品，包括質與量兩種要素，讓特定時期已然停產的個人風格（無論在世或過世的創作者），具有針對創作者在藝術市場持續發展的檢驗作用，若沒有這些保有流通性較弱的作品，二手市場也無從在夾縫中順暢地運作。二手作品交易有部分是在初級市場中發生，轉而為是否進入次級市場之前的控制樞紐，它可以自主性較高地調節作品價格，因而在市場榮枯的起伏中，也具有投機的性質。我們要注意的重點是必須有相當長時間的購藏過程，才能形成二手作品的囤積，最後這些購藏者的用心是囤積居奇也好，奇貨可居也罷，畢竟要有一段經營收藏品數量的過程。所以，讓作品流通從短線進出延續為有計畫地長期持有，是回應建立「當代藝術價值標準」的最初步的答案。

　　儘管二手市場提供一些值得消費者、中介者參照的線索，我依然要大聲地檢討上海藝博會舉辦海派書畫展的用心不純正，短線操作手法擾亂了藝博會的主題意旨，讓看門道的觀眾更能猜透經營的困難與勉強。兩岸在藝博會上利用二手作品試探市場溫度與走向，成為個別收藏者的獨秀，無法代表整體業界的景象，更破壞博覽會該有的學術論述嚴肅性，在年度舞台大戲中，加入換現金、度小月的地攤戲碼實不足取，既然兩岸都推薦了年輕創作者進入市場，就更應該要圍繞著這批具有潛力的生產者提供較好的資源，不至於受到大名家二手作品擠壓，讓消費者清楚知道選擇這批新人的藝術標準何在，應該是最低限度要做的事情才對。

第六章 藝術消費

藝術消費處於藝術市場的最終端,對中介機制的業者而言,做大消費這塊大餅是最理想的狀態,同樣也對藝術生產有莫大的鼓舞作用。如果做大消費的面積讓市場有更多的消費者參與,也是許多業者汲汲營營要探索的重要課題。在藝術品到消費者之間供需的過程中,更複雜的因素介入業者對藝術產品的考慮,諸如,奢侈品融入藝術元素,又與許多當代藝術品長著十分相似的臉龐,許多消費者迷惘地徘徊在高價位商品與藝術品之間無所適從。更甚者,藝術市場的評論與觀察也逐漸受到這股力量的牽扯,準備將奢侈品納入藝術市場討論的範圍。

第一節
當代藝術的消費

多數人總是認為藝術消費僅止於買賣與交易的過程,造成作品的市場行情和成交紀錄的人,才是藝術市場的消費者。然而,當代藝術的多種樣態和形貌並非都能製造具體的成交紀錄,在既有的兩級市場之外,許多沒有市場紀錄的當代藝術創作者依然不斷生產作品,也受到藝術消費者的歡迎。看似簡單的藝術生產透過中介機制進入消費市場道理,放在當代藝術的範疇中,又感到有些彼此之間牽扯的複雜關係,原因是當代藝術的消費者並非都是直接參與交易買賣的收藏者和買家,佔更大比例影響力不容小覷的,還僅能稱之為「藝術欣賞者」的族群。當代藝術的消費人口和生產與消費關係應該如何認識,以便看清當代藝術發展的趨勢,應該是當前需要探討的重點之一。【10】

藝術消費人口在哪裡

藝術社會學理論認為,藝術市場機制包含了藝術生產、藝術中介、藝術消費三大機制,藝術中介機制中又含有藝術經紀、行銷、傳播、教育等部分,結合這些組織功能形成藝術市場規模,如若政府對藝術商品化特別訂立法規則形成藝術市場的管理規則,三種機制互動運作促成市場在常規中隨消費力增減而有旺盛和衰退的節奏。藝術市場的榮枯關鍵不在於規模大小,而在於彼此之間相互作用的對應關係的正常化,規模完備則市場可持續發展的穩定性增加,市場運作有足夠的穩定基礎,就可以延長「榮轉枯」的周期。理論上認為,具有完整規模的藝術市場在常態的機制互動交往之下,方能使藝術經濟健全和有效地隨總體經濟而發展。

【10】收藏者與買家、愛好者與消費者的兩組概念,建立在藝術社會學的基礎上。廣義的藝術消費者泛指普通的社會大眾而言,包括沒有直接以金錢交易的藝術品接觸者。為使觀念更加清晰,本文將消費者界定在具有實質消費行為的藝術品購買者,但其是因餽贈、裝飾等隨興隨機的購買動機,收藏觀念較弱的社會層面。而藝術品的愛好者則是指無購買藝術品行為的普遍的社會大眾,亦即廣義的藝術消費者。至於收藏家(者)則是指,具有一定資歷,有系統進行研究、收藏的嚴肅意義,以區別具有強大藝術消費能力,卻迷信市場知名度,並參雜著轉投資增值心態的買家。

台灣的藝術市場經過幾十年的調整運作已經有可與國際接軌的模式，從早期以畫廊業為主導的藝術商業模式，逐漸形成拍賣會、骨董經紀買賣、博覽會等有組織性的多元化運作。由藝術經銷多元化運作建立的規模，使台灣的藝術市場形成各類藝術品市場經營的模態。在市場區隔的原則之下，不同藝術品類吸引不同的消費人口，藝術市場規模的擴大理應和消費大眾發生互動的作用。然而，台灣藝術市場在經歷1990年代初期頂峰階段的五年間，即面臨藝術消費飽和的現實問題，當時的「飽和」狀態並非表示台灣藝術消費人口到達藝術品交易曲線的頂端，而是台灣藝術中介體制一直以來未能在有效地開拓新的消費人口，使既有的消費群無法吸收繼續成長的藝術產品。具體地說，拍賣市場和畫廊經營的「二手市場」（畫廊兼營過世畫家作品）都以大名家高檔作品吸引固定收藏族群，骨董、文物、雜項等品類更是以拍賣會馬首是瞻，動輒千百萬的成交價只有少數具備長期購藏背景的藏家參與市場運作。

　　重要的關鍵在於，畫廊業和拍賣會的市場定位必須有所差異，畫廊推出的創作者有許多是沒沒無聞的市場新鮮人，在未經過市場沈澱之前，有購藏習慣的買家對他們的作品興趣缺缺是可以理解。即使一些少壯創作者在藝術市場上有過三、五年的經歷，畫廊業要靠推動他們的作品來維持生計還是困難重重。在市場導向的前提下，自然會向拍賣市場傾斜，迫使畫廊業必須尋找讓有購藏能力買家感興趣的藝術品，造成原本應該區隔的市場，無論在選作品或找買家上又重疊起來。這種惡質循環的樣態，突顯出台灣在最高峰的時期藝術消費人口沒有增加的事實，也成為十多年的藝術市場蕭條的主因之一。

　　如今，台灣的畫廊業者擺脫傳統的店頭式經營，希望能走出台灣地界，帶領本土作品尋找更寬闊的消費市場。大陸的消費市場已經毫無疑問地成為多數畫廊業者首要開拓的消費疆土，除了在大陸開設實體畫廊之外，透過台陸雙向合作或者將台灣創作者先帶進歐美、亞洲等國家，以迂迴方式轉進大陸的畫廊、博覽會、官方美術館，為台灣的創作者布局。對於以當代藝術為主流的初級市場而言，兩岸結合的情勢愈來愈明顯，台灣業者的經營不再以本土開發消費人口面積為目標，將主力的消費市場瞄準海外的策略，是否讓台灣本土的當代藝術消費人口停滯和衰退呢？近兩年在台北舉辦的未來主義、龐畢度、安迪沃荷等官方展覽和兩岸當代藝術展覽的熱度都受到頗多好評看來，似乎也不是如此悲觀，因而使得我們對藝術消費的看法也有必要釐清。

　　長期以來，對於藝術消費人口未能成長，而藝術市場規模卻逐漸擴大這個現實問題，我們以畫廊界為主導的第一市場作為對象，深究它們問題的癥結線索，此外，藝術市場上一些根本的觀念也有必要相互討論得以整理出一個脈絡。首先要確立的觀念是，藝術消費大眾並非只指有商業交易行為的人而言，它還包括未來可能參與交易的潛藏人口，同時涉及提供藝術生產者資助的管道，藝術消費是支撐藝術生產重要的資源，因此，使藝術生產能夠持續不斷，才是我們需要開拓藝術消費的目的。在這個前提之下，當我們要討論如何增加藝術消費人口這個議題時，必須先討論究竟當代藝術消費與生產之間是怎樣的關係。

藝術消費的關係

　　商業畫廊和非營利性的公共美術館、博物館是藝術消費大眾最先進入的地方，也是使藝

術消費人口最可能增加的場所；美術館是大眾休閒、研究、欣賞的場所，畫廊則可能是準備進行收藏或消費實務操作的地方。民眾在以休閒為目的的藝術活動中，美術館與博物館提供具有深度的場地和知識，如果，觀眾不在意商業的屬性，畫廊同樣具備如同美術館的作用。

　　當代藝術多數由中產階層支撐著創作者的意識和創作的傾向甚至趣味，當代藝術多面相的視覺形式也由中產階層的知識分子取得優先的認識權利。儘管當代藝術創作者不斷宣稱他們的藝術行為不再是貴族的、傲慢的，更多當代藝術創作者以社會弱勢自居，他們儘量貼近社會的底層，親身的生活、體驗、經歷，以便從中獲得創作的內容。然而，不可諱言，當代藝術的消費者多數是由企業家、高級知識分子等精英組成的當代上層社會；雖然不算傲慢，卻也多少帶有貴族的架勢。這群消費者有很大一部分並不會掏錢以實際交易行為支持他們看好的創作者，他們願意撰寫評論文章用理論的內容表達自己的讚賞（或不滿），他們喜歡在買門票或免費的美術館、博物館觀看當代藝術的種種，即使是商業畫廊裡作品標牌上的價格，也不會阻止他們純粹的欣賞態度。

　　就目前的現狀來看，當代藝術作品除了具有「賣相」的能夠在拍賣會、畫廊獲得消費者的支持之外，還有一批生產者的作品無法在藝術市場取得更好的支持，原因是他們的作品不知道該怎麼賣，或者根本不會有人要買不知道該怎麼收藏保存的作品；有些作品連基本的訂價都成問題。有些公私立美術館願意購藏上述兩類的作品，因為，它們有足夠寬闊的庫房、展場和研究人員可以發現作品的價值所在，但多數私人消費者在欣賞之餘，從未設想要擁有這樣的作品。這使得「賣不掉」的當代藝術的作品，必須要依靠其它的模式支持生產者繼續創作。創作者尋求基金會、政府單位或企業的經費贊助，完成特定的作品，參加公開競賽、徵選以爭取將作品送進展場，甚至透過經紀商的推介將作品送進公私立美術館典藏等，這些方式讓無法在商業交易中流通的作品，同樣可以有消費者的支持。

　　二十多年前，台灣的畫廊業在整體經營意象上有些許的區隔，哪幾家畫廊是專門展出「現代繪畫」的（現在則改稱為當代藝術），哪幾家畫廊走水墨作品路線，甚至常逛畫廊的大眾可以立刻在記憶中搜尋到哪家畫廊可以看到某位特定創作者的作品。當時以經營現代繪畫的畫廊有誠品、臻品、阿普、首都、玄門、串門等；以水墨作品為主的有敦煌、清韻、長江、鴻展等；以具象寫實油畫作品為主的有印象、龍門、愛力根等；舉辦雕塑展較多的畫廊有彩田、杜象、玄門、漢雅軒等。在二十多年的市場淘汰規律下，目前依然經營得當的畫廊在風格上也有所調整，表面上看起來，不同型態的藝術似乎有其各自的消費者，然畫廊業者所不放心的是購買者的流失和不穩定，因此，追逐市場熱潮依然是畫廊業者避免不了的魔咒。在大陸初級市場興起之後，兩岸的畫廊業者過於看重直接購藏的消費者，均未有觀念上的調整，與過去最明顯的不同是，台灣的業者往大陸尋求消費市場，大陸業者卻和台灣業者爭食相同規模的消費人口。

　　以上說明了當代藝術消費至少有直接消費者和藝術欣賞者兩種層面的關係，直接消費者是畫廊業者追逐的目標，卻忽略了支撐當代藝術最有力的中產階層的知識分子族群，他們對藝術市場具有一定程度的影響和作用，許多的藝術欣賞者兼具評論、教育、宣傳的作用，近些年運用更有力量的網路通訊工具，要傳播創作者的名聲更加容易。更重要的，這群當代藝術的支持者成為舉辦各種國際展覽的動力來源。在台灣的當代藝術市場有二十年資歷的創

作者很多從這條管道和模式逐漸站穩自己的腳步，並在舞台上佔有重要的位置，直到現在為止，這些經常出沒在公私、國際展覽場合，也成為商業畫廊的主角，得意於藝術市場的創作者，依然宣稱自己不是當代藝術創作的主流，卻受官方機構、評論學者、資深經紀商等精英支持者鞏固更深的市場地位。

潛藏的消費趨勢

如果，將眼光放在創作者的身上，我們會發現幾年之後消失在市場的創作者，多數是當年僅在畫廊裡尋求購藏消費者的一批生產者，畫廊業者缺乏為他們培養藝術欣賞者的遠見，在不經意之處就喪失自己的舞台。如果我們需要把「藝術欣賞者」表示更明確的範圍，他們是那群願意從報章雜誌等各種媒體中尋求藝術流行資訊的中產階層人士；他們不見得會在畫廊購藏藝術品，卻是支持舉辦當代藝術展覽的重要基礎觀眾；他們既是藝術消費者，同時也是支撐當代藝術的重要資源；他們是屬於藝術消費金字塔底層面積，由他們鞏固了當代藝術的發展。

當我們把焦點放在金字塔下層時，一批潛藏著的消費族群應該受到重視，多數是屬於受薪的白領階級，他們從純粹的知識分子對藝術的認知入門，或許會漸漸轉而有興趣自己進入藝術消費的領域。原本只能在交際應酬的聚會回應對當代藝術的態度，媒體對當代藝術的宣傳和透過藝術投資理財資訊的鼓勵，他們可能會購藏自己屬意的作品；不完全從興趣出發，也不以主觀的審美經驗為依歸來選擇喜愛的創作者或作品，卻會受到精英階層資訊的引導，對藝術投資產生興趣。然而，他們的疑惑是，拍賣會或畫廊高檔的作品絕對讓人無福消受，價位適合的作品則考慮保值、增值或根本懷疑自己審美水準是否夠資格下決定。這些人有太多的疑惑不解，踏進畫廊又靦腆地難以啟齒，擔心會提出令自己難堪的問題。另一種則是屬於單純的藝術消費群，這些人的背景也不脫離各行各業的受薪階層；他們在審美上有一定的眼光，會考慮將藝術品帶進自己居家生活當中，諸如，買一幅複製畫掛在起居室或買個小瓷器妝點客廳的氣氛。

當代藝術的學術性論述成分越來越重，顯示出在爭取知識分子消費族群的眼光。圖為北京798藝術區的展覽看板。（上圖）
畫廊試圖推薦當代藝術多種樣貌的作品，消費者關注的重心不在於價格，而是對社會身分的認同。圖為北京地區畫廊的展品。（右頁圖）

我們依然要強調，當代藝術是靠知識分子的社會身分認同和生活內容的詮釋為重要動力，無論知識分子有多少種理由和觀點成為藝術的支持者或消費者，都能促進生產和中介環節的連動，各種性質的展覽不就是為這群人舉辦的嗎？無論是身分認同、投資或單純消費動機促使一些新的藝術受眾進入藝術市場，畫廊業者該如何款待這些具有影響力的新客人呢？

問題不在於當代藝術的明星有哪些，他們作品的價格漲多高，而是當代藝術的樣貌是什麼。台灣當代創作者的作品更傾向擺脫藝術市場的買方喜好，朝向獲得藝

術評論、經紀商、策展人、官方機構這些精英階層的認同為重，大陸則顯然以具有賣相的油畫媒材為主流，也就是傾向買方市場的認知。儘管兩岸對當代藝術的市場操作仍有差距，但是，創作者在市場以外取得市場的資歷已經成為一種趨勢，具有學術性、國際性的雙年展、文件展、博覽會，能增加國際視野的各種展會，是嗅覺敏銳的當代藝術創作者（或經紀商）未來爭取的機會。爭取官方展覽和學院為代表的學術圈，和更寬的國際當代藝術圈的認同，也就更加確立當代藝術需要知識分子對價值資訊傳播的詮釋，或許虛偽、矯情和傲慢了點，這對當代藝術的市場運作卻是長遠的核心價值。

　　眼前看來，市場資歷深淺影響作品價格高低，市場資歷累積不多的創作者一直是掌聲最奚落的一群，也有默默划水的創作者在市場之外累積自己的資本。企圖心旺盛的創作者應該隨著藝術消費結構成長而能換取更大的專業創作空間；年輕創作者接受消費人口贊助與支持專心從事藝術生產，也擴大消費的概念。由新興的購藏人口與新生代創作者相互累積時間資歷，才能使藝術市場持續發展。面對藝術生產、中介、消費互動的關係時，潛在觀眾與買家的勢力其實更大，但他們卻往往為藝術中介者所忽視。畫廊界應該將未來市場導向的著力點置於這股潛在勢力之上，才能開發出更多的欣賞或消費人口，而培養與鼓勵市場潛力高的創作者則是未來市場導向的籌碼。

第二節
藝術品與奢侈品的抗跌性

　　大陸媒體近期紛紛討論奢侈品市場在國際間一片經濟衰退聲中，在中國消費市場卻表現出抗跌的氣勢，台灣媒體也接續著報導與討論這種情勢，似乎在為藝術投資尋找其他管道的意味，也在亞洲這波受經濟衰退影響哀聲遍地之下，突顯大陸新富階層的驚人消費力。與藝

術品消費同時顯現疲弱的現象比較，是否意味其中有相互牽扯的關連，或者中國奢侈品市場確實具備抗跌的優勢呢？我以為還需要深入探究其中因素。

統計數據的迷思

尼爾森（Nielsen）2008年11月上旬在中國26個城市對曾經在境外購買奢侈品的人所做的調查顯示，3/4的受訪者認為，奢侈品在海外的售價比中國便宜，3/5的受訪者則表示，若想買到真品，在國外購買的放心程度比在中國高。此外，至少有約半數的受訪者認為，在國外購買有更多樣的選擇。另一項數據表示，中國遊客在境外購買奢侈品方面的平均花費是900美元，其中在歐洲的花費最高，平均每次接近1400美元。

與尼爾森幾乎同時，跨國性諮詢公司 Bain & Company 發布受義大利一家奢侈品行業協會委託的第七次「奢侈品全球市場調查」。此項年度調查對奢侈品行業在中國的前景保持樂觀，預計未來五年中國奢侈品市場年增幅將達到30%，支持這個樂觀預期的證據是，新

興崛起的「金磚四國」中，中國目前的富豪數量達到41萬5千人，已超過俄羅斯13萬6千人、印度12萬3千人，和巴西14萬3千人，三國合計的40萬2千人。

大陸媒體在這波這不景氣環境，卻對於中國奢侈品市場抱著樂觀心情的線索之一，出自於世界奢侈品協會（World

大陸當代藝術對於油畫媒材情有獨鍾，學院內的教學也以油畫為主調。圖為山東工藝美術學院師生作品展。（左頁上圖）

經過計畫經濟的時代，舶來品進入大陸成為奢侈品的象徵。圖為2008年藝博會展出作品。（左頁下圖）

大陸藝術類媒體在2008年藝術品交易逐漸和緩時，特別關注奢侈品具有抗跌性的動向。（左圖）

Luxury Association）的統計結果，該會認為，2008年美國在全球奢侈品銷售量下滑了25%，歐洲則下滑了20%，中國市場卻只下滑了5%。該協會並宣稱中國擁有百萬美元以上財產的新富階級多達34萬5千人，2008年到目前為止，在奢侈品的消費就已高達500億美元，而各大名牌也愈來愈重視中國市場。多數媒體並未檢證這則市場調查的數據來源，其中又出現許多疑點，該協會的中國代表處已經出現過捐善款毀約的糾紛，協會網站也受到曾參與網站設計的工作人員踢爆為虛設的質疑，而這次公布的數據又與尼爾森、《世界地理雜誌》的數據差距頗大，尤其是所指稱的500億美元消費數額更與高盛的估計相差太遠。

世界各大名牌重視中國市場可以視為一種避險、轉戰和佈局的三種措施與步驟，在全球經濟衰退的情勢中，開發中國（或金磚四國）市場將可以轉嫁在其他國家地區的業績下滑，尤其是美國消費市場衰退，更促成這些舉措短期內需要實踐的策略。然而，我們還需要注意上述這些數據背後其他的訊息。首先，境外旅遊及消費奢侈品並無助於擴大中國本身奢侈品市場的營業額，而擁有41萬會員的「百萬美金俱樂部」的中國新舊富豪究竟有多少消費是在中國本土市場完成呢？根據《國家地理雜誌》2008年11月號的統計，「100萬美元已不像過去那樣值錢；由於全球通貨膨脹，現在它只相當於1983年的45萬5千美元。」

下滑現象是事實

事實是這樣的，無論中國奢侈品市場下滑百分比的程度比起美國或歐洲要低多少，都顯示已在下滑的態勢；只是與國際間比較衰退程度高與低的問題而已。一項更有說服力的統計表示，2008年9到10月，中國經濟急劇放緩，經濟學家大幅調低了對明年經濟增長的預測，其原因是10月分發電量比上年同期下降4%；發電量通常代表著經濟活動的強弱。我所看到高盛經濟專家發布的進一步資料顯示，目前中國奢侈品市場價值約20億美金，佔全球總額的3%，並預測未來十年中國奢侈品市場規模將位居世界第一。儘管仍有許多相關組織

社會大眾對於奢侈品的界定仍
然存在許多歧見與模糊地帶。
（右頁圖）

【11】經常帳戶（即「經常項目」），和資本與金融帳戶相對，指在國際收支平衡表中貿易和服務而產生的資金流動。這一部分所以被看成是一種更加合理的資金流動。國際收支中的經常帳戶是指貿易收支的總和（商品和服務的出口減去進口），減去生產要素收入（例如利息和股息），然後減去轉移支付（例如外國援助）。經常項目順差（盈餘）增加了一個國家相應金額的外國資本淨額；經常項目逆差（赤字）則恰好相反。貿易收支是經常帳戶下典型的最重要的部分。也就是說貿易狀況的變化是經常帳戶的主要影響因素。然而，對於那些少數擁有大量海外資產和負債的國家，生產要素支付淨額可能作用顯著。經常帳戶，資本帳戶，金融帳戶及官方儲備的變化一起，總和為零構成帳戶的定義。這個總和被稱為國際收支。通常來說，官方儲備的變化非常小。http://zh.wikipedia.org/w/index.php?title=%E7%BB%8F%E5%B8%B8%E9%A1%B9%E7%9B%AE&variant=zh-tw

【12】外匯儲備台灣翻譯為「外匯存底」；為一國政府所持有的國際儲備資產中的外匯部分，即一國政府保有的以外幣表示的債權。為了應付國際支付的需要，各國的中央銀行及其他政府機構所集中掌握的外匯即外匯儲備。同黃金儲備、特別提款權以及在國際貨幣基金組織中可隨時動用的款項一起，構成一國的官方儲備（儲備資產）總額。外匯儲備的主要用途是支付清償國際收支逆差，還經常被用來干預外匯市場，以維持本國貨幣的匯率。

【13】Stephen Roach，〈後泡沫經濟〉（"Uncomfortable truths about our world after the bubble"），《金融時報》，2008.12.5

預期，中國將在未來十年形成世界第二的奢侈品市場規模，而這個未來的世界第二或者世界第一並不能說明2009年大陸奢侈品依然能處在最佳的狀態，將來的增長速度也不一定會有如2007年的榮景。大陸2007年的經常帳戶盈餘（順差）【11】超過GDP的10%，而近年來藝術消費在經濟中發揮的實質作用卻愈來愈小。

中國和其他製造國加大了出口對經濟增長的拉動作用。到2007年，亞洲發展中國家出口佔國內生產總值（GDP）的比重超過45%──比20世紀90年代末亞洲金融危機時期的普遍水準足足高出10%。此外，中國帶頭將其巨額外匯儲備（Foreign Reserves）【12】中不成比例的一部分重新轉換成美元資產。正如所有出口拉動型經濟體都希望看到的，這令人民幣非常有競爭力，同時又避免了美國利率上調──讓依賴泡沫的美國消費者一直生活在虛幻世界裡。實際上，全球的泡沫是在互相滋生。摩根士丹利亞洲董事長斯蒂芬‧羅奇（Stephen Roach）指出在未來幾年，後泡沫震盪（post-bubble shake out）可能會是全球經濟前景的基本特徵。有三個最顯而易見的結論，其中兩個和中國有直接關係：

在需求方面，要重點關注美國消費者──全球消費水準最高、入不敷出程度最嚴重的消費群體。鑑於個人儲蓄率仍接近於零，而債務負擔維持在歷史高點，美國消費正趨向日本式的多年調整。在美國實際消費者支出連續十四年平均增長近4%後，在未來三至五年，增幅可能會跌至1-2%。而且，世界上沒有別的消費者群體可能挺身而出，填補空白。在供給方面，將焦點放在中國。中國工業產出增長業已減半：10月分同比增長僅8%，而前五年平均增幅約為16.5%。隨著全球經濟步入衰退，對中國經濟而言，這一結果並不出人意料──過去七年內，中國出口佔國內生產總值的比例約從20%升至40%。中國正在為自己的失衡；尤其是缺乏來自國內個人消費的支持付出代價。【13】

關鍵即在於「在未來三至五年，增幅可能會跌至1-2%。而且，世界上沒有別的消費者群體可能挺身而出，填補空白。」這句話的意思是認為，美國實際消費的衰退連帶使得國際間持有美元資產的國家也隨之受到實質影響；而中國就是包括在過去幾年內，帶頭將外匯存底

轉換成美元資產的國家之一。

　　由於對「奢侈品」在品類、等級、價格等條件界定範圍模糊，例如，我們很難認定購買一座古堡是否為奢侈品的消費行為；媒體出現幾組不同的統計數字中，不容易看出要討論的有效範圍何在。奢侈品本身的消費門檻雖已屬於「高單價」或「超高價位」，然仍有明確的市場區隔，因此，消費總額的計算也不足以說明銷售種類及數量的成績。就總體而言，奢侈品消費市場依然處於下滑的態勢，市場規模也將萎縮。大陸國內旅遊業正值寒冬時期的訊息，同時也牽動境外消費的趨勢，我想，尼爾森提供的統計在很短的時間之內，必然要重新調整。

　　在全面不景氣的氣氛中投資者尋求各種管道，更需要審慎的判斷與分析，藝術品近年來亮麗的表現也讓大陸的投資者抱持頗多的期待，多金的藝術品投資者給予社會大眾的印象總是出入有高級轎車代步，企業大老闆的身分也與服裝、豪宅、名酒等奢侈品緊密連接。當藝術投資同樣出現下滑的現象，與藝術品看似有相當性質的奢侈品消費進入投資者與媒體的眼界，希望能夠在有利的條件支撐之下，找到一個投資性資金的出口。然而，我們所不知道的是，這其中又有多少因素是媒體為刺激消費以及為消費市場注入強心劑，以求穩定社會經濟所做的宣傳呢？在觀念上，大陸地區對「藝術品是否為奢侈品？」依然是十分熱絡的議題，連帶使藝術類媒體對奢侈品顯得特別地關注，我們從兩種消費是否具有明顯的同質性或者區隔，或許可以看出其中端倪。

藝術品是奢侈品嗎？

　　許多大陸的媒體在 2009 年底開始關心奢侈品可以抗跌在逆勢中成長的議題，它們關注的焦點之一是將藝術品投資和奢侈品的消費進行試探性的比較。這個比較緣起於 2008 年大陸春拍顯露疲態，秋拍開始有慘澹的跡象，畫廊業也提前進入寒冬，據大陸網路媒體報導，北京 798 在 11 月份許多畫廊的業績掛零，若再持續三個月這種樣態，將有 1/3 的畫廊將要歇業。擔心 798 將會榮景不再的疑慮，並非僅有畫廊業績垂直落地，議論的人認為，798 終將讓高價位的精品行業入侵，可以承受不斷提高租金的業者所營造的「精品大街」將逐漸取代畫廊、創作者工作室；這些原初將農莊、廢棄工廠擘劃為當代藝術樂園的 798。由奢侈品行業組成的精品大街在 798 逐漸擴大規模，體現高價位商品業者嗅覺的靈敏度，藝術品消費者的消費力成為奢侈品業者嗜血的基礎。奢侈品的性質和某些內容，與當代藝術的模糊性十分近似，甚至可以藉由業者的構思使彼此重疊、互利共構成一個謀利的機制，創造個美其名曰創意商品、普及藝術之類的流行詞。

　　張曉剛、方力鈞、周春芽都已經加入這個行列，讓業者更有理由將藝術的質素注入奢侈品的形式，但是，實質上依然無法擺脫消費性商品的內在特質。限量的奢侈品往往讓人與獨特、單一的藝術品聯成一個等同的價值線，如果是這樣的邏輯，我們將可以期待未來蘇富比或佳士得拍賣會上，可望出現周春芽綠狗系列公仔。真的可能如此嗎？我們需要先確定周春芽的綠狗公仔究竟是藝術品，還是奢侈品，抑或是高價的限量商品。這場因樂觀想像而受到期待的拍賣會至少十年之內應該不會出現。

　　如同高價位的限量鋼筆、骨董手錶這些定位較為準確的奢侈品一般，它們出現在拍賣會上的時機是經過收藏家的拉鋸（或哄抬）、業者和市場機制幾個週期的運作之後，才會登上拍賣的舞台。奢侈品依然存有等級的區別，是最關鍵的道理。藝術品的消費（收藏）與投資往往連繫緊密，甚至是一體兩面的觀念相互作用的結果，當前選對藝術的標的物則可以保障未來

大陸社會對奢侈品抱持著新奇與諸多的疑問。圖為上海博物館的外國銀器展覽。（左頁圖）
收藏珠寶等奢侈品最終需要在次級市場的交易中完成投資與升值之目的。（左圖）
大陸創作者在作品上表達當前奢華現象的反應。圖為2008年藝博會展出作品。（下圖）

投資的升值收益，而這種操作模式主要體現在兩級藝術市場的範圍裡並產生實質效果，而非取決藝術品的價格高低。奢侈品消費在這種運作層次上比藝術品要狹窄一些，消費性的奢侈品排除在投資與升值的觀念之外，例如名牌香水、汽車、皮包、服裝。能夠達到投資收藏等級的奢侈品，最終要實現升值獲利的作用，往往也交由藝術品的次級市場運作，出現在蘇富比與佳士得國際兩大拍賣公司，不定期所舉辦的主題拍賣中。

　　奢侈品與藝術品的保值性並不是可以等同對待，藝術品投資在遭遇經濟衰退時，投資者趨於理性的判斷慎重選擇收藏投資的目標，對於具有潛力的藝術品仍然會受到消費者關注；收藏家會轉向市場價格仍低，具有升值空間的藝術品為標的。對高消費力的富豪而言，他們在高價位、低保值的消費性奢侈品的消費動向，並不一定能和外在景氣因素掛鉤，尤其是大陸的新富階層，他們攀比、彰顯財富、身分的個人心理因素可能更加重要。這些新富單純的奢侈消費行為，與投資、保值等考慮並無太大關係。而較具有保值價值的奢侈品，例如，頂級鑽石、珠寶，停產有年分的紅酒和手錶等，仍然會如同抗跌性高的藝術品一般，較不受短期經濟波動影響。

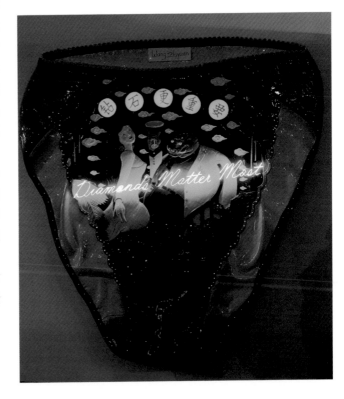

佳士得香港2008年秋季拍賣會於11月29日在香港會展中心進行傳統工藝品、古代繪畫、當代藝術品、珠寶、名酒等16類收藏珍品約2500件，名酒佳釀共計245組，鐘錶、首飾珠寶的拍賣目錄厚達400頁。300餘件中國歷代瓷器、工藝品、古董家具和服飾，其中包括一把原為乾隆御用的紫檀雕夔龍紋飾寶座，翠玉透雕盤龍頭簪由整塊翡翠製成，點綴著珍珠和紅寶石，以及乾隆御製粉紅地粉彩軋道蝴蝶瓶；這些「古代奢侈品」也加入這波抵抗衰退的行列之中。這個訊息或可以得見所謂的奢侈品具有保值與增值的效用，也能讓我們較為確定哪些品類的奢侈品才具有保值的範圍。

第三節
消費檔案與趨勢的判斷

　　美國藝術媒體 Artfacts.net 網站公布了2006年的藝術家排名[14]。Artfacts.net 運用尚稱嚴謹的計分運算程式，將各項展覽的重要性和國際性數量化以作為計分標準；計分資料來自於全世界102個國家、超過6100個美術機構（包括非營利的美術館及商業性畫廊）所舉辦的5萬5000個以上的個展或聯展，共有超過9萬個藝術家列入排行計分。Artfacts.net 並再細分在世藝術家及過世藝術家兩種排行，使得比較得以更加明確區隔[15]。就區域劃分觀察，在世藝術家的排名近五年來保持穩定未有大幅度變動，以美國佔35%、德國20%、英國10%、法國5%為大宗，亞洲國家僅有日本的第82、83名的草間彌生、杉本博司和第93名的小野洋子等三人進榜。

　　過世的畫家中，六年來一直以畢卡索為全球藝術家排名第一，2006年依然未改變這個事實，第2名則是在現代藝術史定位明確的普普大師安迪‧沃荷；其他名列前十名耳熟能詳的創作者還有排名第5的波依斯（Joseph Beuys）、排名第6的克利，以及第7的馬諦斯等。在所有藝術家排名中當代藝術家的前進較為明顯，也顯示了全世界展覽的趨勢，朝向操作當代藝術家的獲利空間將大於過世藝術家的飽和狀態。在 MOMA 展覽受到好評的Douglas Gordan 及在國際博覽會備受關注的當代藝術家們的作品持續攀升的趨勢，也激勵藝術中介機制的前進動機。此外，因作品失竊後追回的孟克則以第89名首次進榜，我們相信失竊事件受媒體傳播，提醒消費市場他的重要性，是讓孟克進榜的關鍵因素之一。總體而言，美國以29%的比例依舊是進榜最多的國家，德國則佔有20%。

　　從另一項統計數據看，Artprice 網站公布2009年度當代藝術家拍賣價格500強名單，前50人中，中國藝術家佔16席，八位躋身前20名。這項統計標準是各國1945年之後出生的藝術家，包括藝術家的拍賣銷售總額、拍品數量、最高拍賣價格等條件，年長的與過世藝術家的作品拍賣行情則不在統計範圍之內。2009年前5名分別為：達敏‧赫斯特（Damien Hirst）、尚-米歇爾‧巴斯奇亞（Jean-Michel Basquiat）、理查‧普林斯（Richard Prince）、傑夫‧孔斯（Jeff Koons）、彼得‧多伊格（Peter Doig）。與2008年相比，彼得‧多伊格上升最快，由第19名升至第5，其他幾人只是排名稍有調換[16]，前五十名單大陸的藝術家從18人減為16人，曾梵志以拍賣銷售總額1107萬歐元位列世界第六位，也是大陸第1名[17]。張曉

【14】詳見：http://www.artfacts.net/index.php/pageType/newsInfo/newsID/3055/lang/1

【15】除上述來源外，也包含拍賣結果、傳記、展覽目錄以及統計圖表，排名的計分將展覽地點的知名度作為重要依據。詳見http://www.artfacts.net/index.php/pageType/artistInfo/artist/11426/lang/1

【16】英國藝術家達敏‧赫斯特的拍賣銷售總額達1.3億多歐元。他製作的名為〈獻給上帝之愛〉的白金鑽石骷髏用2156公克白金鑄造而成，上面鑲嵌有8601顆重達1106.18克拉的VVS級高純度鑽石，以1億美元的價格賣給了一家投資集團。

【17】2010香港佳士得春季拍賣會曾梵志的〈面具系列1996 No.6〉以7536萬港幣成交，打破2009年蔡國強〈APEC景觀焰火表演十四幅草圖〉的7425萬元紀錄。

【18】2010年3月9日，胡潤百富發佈「2010胡潤藝術榜」。89歲的趙無極名列首位。91歲的吳冠中位列第二，其作品2009年拍賣成交總額為2.2億元人民幣，1995年作品〈柳蔭沐牛圖鏡心〉以1456萬元的成交價成為2009年價格最高的水墨作品。72歲的范曾排名第三，其作品2009年拍賣成交總額為1.5億元人民幣。還有很多無法逐一詳列的統計，但不影響本文的論述。

【19】參見畫廊協會電子報第06023期 2006年09月26日。

剛則跌出前5名，2009年排名第7，周春芽上升三位，名列14，同樣來自成都的羅中立排名38。2008年上榜的尹朝陽、劉偉、潘德海、郭海，2009年未能繼續進入前500強，嚴培明、展望進入前50名之列。

回顧2008年英國《獨立報》以〈世界震驚中國藝術復興〉為題所發佈的「全球市場份額排名前20名」的當代藝術家榜單，中國的藝術家佔11席，其中5人名列前10。對此，《獨立報》認為，中國藝術在世界範圍內正在實現令人震驚的偉大復興。這份被外界稱為「最賺錢」的當代藝術家榜單是根據全球最大的拍賣數據網 Artprice 和法國安盛保險集團對2007年7月至2008年6月總計2900場拍賣會結果的統計之後得出的。其最主要的標準就是各藝術家的藝術品拍賣成交總額。前四位分別為西方藝術家傑夫‧孔斯、巴斯奇亞、達敏‧赫斯特和理查‧普林斯，而在這前20名藝術家中，有十三位來自亞洲，其中十一位來自中國，分別是張曉剛（第5）、曾梵志（第6）、岳敏君（第7）、王廣義（第9）、劉曉東（第10）、蔡國強（第11）、嚴培明（第12）、陳逸飛（第13）、方力鈞（第14）、劉野（第15）及周春芽（第17）。其中排名最高的張曉剛2007-2008年度總成交額達到了3230萬英鎊。【18】

從這些令人眼花撩亂的數據中，我們只是看見耳熟能詳的名人與天價，排名究竟能說明什麼問題，又該怎麼判讀出有條理和規律的結論呢？不同機構根據公開的價格數據所做的統計，很明顯會引導讀者驚嘆這些作品與作者、買家所創造的種種奇蹟。參與、觀察大陸藝術市場的人，普遍無法同意英國《獨立報》宣稱的「中國藝術在世界範圍內正在實現令人震驚的偉大復興」，更讓這個標題顯得聳動但很外行。

Artfacts.net 所做的藝術家排名是以策展人、經紀人觀點反映學術性、參考性的指標，以此評價一位藝術家在區域發展和藝術生態中的角色和定位，「儘管排名和市場性無直接關係，但是排名的升降可看出年輕藝術家的活動力及其未來性—很多原本未進入拍賣市場的新興藝術家往往在其排名持續上升同時開始受到拍賣市場的注意……【19】」這樣排名除可作為收藏家建立個人收藏時的參考資訊之外，也透露更多的關於市場結構性的關鍵問題。年輕藝術家需要經過展覽的歷練（其中包含被淘汰的風險）就其為藝術消費者的接受程度而被動地成為進入次級市場的門票。取得進入次級市場的資格，與市場銷售紀錄並無直接關係，因而使展覽

【20】參見ARTnews Summer 2006（Volume 105/Number 7）：http://www.artnewsonline.com/issues/article.asp?art_id=2088
【21】大陸新起買家太晚注意中國當代藝術品的收藏，也涉及個人對藝術的品味差異問題。

的地點成為重要的排名參數；展覽地點的營運歷史、專業度、知名度愈高，愈能保障參展者的排名提升，也愈能受到收藏家、經紀人、拍賣公司的注意。當代藝術家藉由參加展覽達到與社會受眾溝通的目的，在畫廊、美術館等展覽會中，逐漸累積創作資歷和成交紀錄。具有成交紀錄的創作者成為藝術市場中的生產者，作品和他自己也有了各自的檔案。

就國際藝術市場觀察，不少收藏家開始注意如中國、印度、波蘭等非收藏主流的藝術品，甚至在美國、大陸地區，連學生的作品都成為蒐藏的目標。這種現象說明投入戰場的買家必然是未曾經歷 1989 年開始兩年之間藝術市場迅速出現泡沫化危機的初生之犢一類，也表示藝術市場全球化的步伐加劇。

藝術市場持續全球化是必然發生的事實，但問題是這並不能保證整體市場的穩定成長，難道每一個收藏家都會「只進不出」收藏作品建立自己的美術館嗎？我們將追問這個更具有社會責任與藝術保存的問題。顯然，這個問題的思考方向並不是單純地收藏家為提升社會地位，以及追求個人藝術品味可以解釋的。根據ARTnews公布2006年全球兩百位收藏家排行，有20名新進榜的收藏家，而相較於1996年的排行，則有61%（122位）的收藏家已不在這年的排行當中，收藏家在購藏的新陳代謝速度遠遠大過我們的想像。ARTnews的排行經過4名觀察家的推測，全球約有1500-3000位的收藏家願意每年花費100萬美金在藝術品上，而有10-20位收藏家每年約花費1億美金。在200名排行中，亞洲有3位收藏家入榜，其中包括日本直島美術館的創辦人福武總一郎（印象派作品、當代藝術），韓國阿拉里奧畫廊創辦人金昌一（當代藝術），以及台灣收藏家黃崇仁（中國瓷器、印象派作品、現代藝術）【20】。

就這個觀察分析，亞洲地區目前藝術品交易最火熱的中國大陸沒有收藏家進榜，顯示出兩個癥結問題，第一，除了大陸出手闊綽的買家多數集中在古文物、中國古代藝術品市場之外，新興崛起的買家視野未曾關注歐美當代藝術收藏；第二，中國當代藝術品長期由國外買家所購藏，大陸新進的收藏者也開始收藏本土的當代藝術品，但是步伐雜亂緩慢，失去先機【21】。可是，我們看不到大陸的初級市場有任何資料可資證明，當代藝術的蓬勃發展其來有自，我們也不只一次地懷疑大陸各種藝博會公布的成交紀錄，若沒有展覽紀錄和可信的初級市場的歷年成交行情，又怎麼會受到歐美收藏家的青睞，願意承擔悖反藝術投資規律的風險？試想，如果按照十年內平均每年約6%收藏家的汰換比例，導致歐美頂級收藏家漸次退出或轉換投資標的，如中國、印度等新興國家的收藏家能夠接替並帶動這全球龐大的藝術市場，不致使它停滯嗎？

投入藝術市場的新興買家究竟是炒作短線的投機者，還是具有藝術眼光的收藏家，在短暫的幾個月之內不容易做出正確觀察與判斷，唯一可以確定的是，新興買家的藝術投資與個人理財和企業整體經濟效益的動向有直接關係。新興的藝術消費者的眼光投向正處於混亂草莽的亞洲地區，以獲得未有完善法令規章限制，而能取得超出合理收益，似乎成為「同理心」的必然趨勢。

許多當代藝術作品已不是在市場概念之下操作的方式。圖為2009年北京藝術博覽會的表演藝術作品。（上圖）
2009上海藝博會趨於朝向大眾文化的賣點。圖為達利複製品和創意商品展區的熱鬧景象。（下圖）

動態篇 [兩岸視野 ——大陸當代藝術市場態勢]

就正在發生的局勢而言，城市中的藝術生產與中介業者的集聚，與該城市的文化政策和文化性格有關，城市的集聚效應逐漸擴展出一種具有區域性特質的藝術市場規模；對幅員廣袤的大陸而言，更能突顯這種區域性的發展態勢。以上海為中心的長江三角洲的地區、以廣州為中心的珠江三角洲地區以及西南地區的重慶與成都，是目前較為明顯的三個區域，北京則是居於首都的特殊地位自成一個頗具魅力的市場區塊，加諸距離台灣最近的閩南地區。區域市場發展將是大陸的藝術市場主要的動勢。

以loft為藝術創作、中介集聚的風潮，面臨一次本身體質的考驗。圖為深圳OCT-LOFT。（上圖）

第七章 三個一線的城市藝術市場評介

上海、北京、廣州三座一線城市是大陸目前經濟發展的焦點，雖然,福建的廈門泉州和北方的天津和環渤海的城市是這一波集中開發的現在積極進行式，卻還是不敵成果累積豐厚的三個一線城市。1990年之後，大陸的藝術市場從這三座城市發軔，十幾年時間形成的海內外吸引力不容小覷，當然，也有它們自身的限制和隱憂。透過三個城市的分析，可以觀察彼此之間的差異以及牽連，也能夠透析當代藝術重鎮的市場走勢。

第一節
上海畫廊業評析

2008年初大陸南方經過一個太過讓人驚訝的冰雪嚴冬之後，3月15日上海氣象局宣布經過連續5天日均溫在攝氏10度以上，3月10日上海正式進入春季的氣候。上海市花「白玉蘭」開始陸續綻放，春意在仍有寒意的上海初露，畫廊界也紛紛推出各自的展覽，為一個冬天的折騰開動一波春季的動勢。3-5月的春季是大陸各種當代藝術展覽的旺季，營利與非營利機構的展覽密集活躍，對於觀察與分析初級市場是很好的樣本，以下則由2008年上海春季展覽的內容分析上海畫廊業的現狀與動勢。

根據上海媒體刊登3月展覽訊息統計，在3月分開幕的展覽有41個，佔春季總數量54個的3/4強，顯示畫廊業普遍在春節、寒假之後展開新一波的動作。18檔油畫展加上不同程度

上海當代藝術展在古典宮殿風格展覽中心舉行，雖然2008年初的新聞發布宣稱是官方在11月舉辦「上海藝術博覽會」的熱身，但是，實際上卻是由國外畫商策畫的一場當代藝術品展銷會。

【表一】2008年春季上海商業畫廊展覽數量統計略表　　　**【表二】**2008年春季上海商業畫廊展期統計略表

類別	展覽形式	數量	備註
平面	油畫	18	均為國外創作者
	水墨	5	
	攝影	3	
	複合媒材	3	
	水彩	2	
	版畫	1	
立體	雕塑	3	
	多媒體	7	多媒體與裝置聯展
	綜合	8	平面與立體多人聯展
	文物	4	陶瓷、古瑟
合計	10種形式	54項展覽	個展21項、聯展33項

展期	數量	備註
2008年3月結束	25	4月初換展
2008年3月~4月	13	
2008年3月~5月	1	
2008年3月~12月	2	
常設展	15	長年不換展品

【1】從學術的角度看，當代藝術指涉為時間範圍時，在近二十年之內的藝術創作均屬之，中國的藝術形態自然應該包括水墨畫。然而，學術界根據藝術市場的發展傾向，未將水墨畫置於當代藝術範圍討論，不利於評價體系的建置。

都有油畫作品參展的聯展，超過1/2的比例仍然是強大的主流，各畫廊針對消費者的胃口，尋找各種曾經在市場發光閃亮過的作者或者有關係、能連結的脈絡，包裝新的展覽，例如，市場知名度高的老師帶學生舉辦師生展，以及八大美院系統的學生作品展。無論由老師包裹學生或者培養「儲備幹部」式的推薦展，雖然了無新意卻是屬於符合主流消費意志的穩當做法；這樣的展覽型態已經持續幾年沒有太大的變化。（見表1）

春季的動勢

　　然若從創作媒材的運用觀察，油畫、複合媒材、多媒體和雕塑混搭的展覽形式出現頗多，用「超級市場」（super market）的規畫方式有意讓觀眾能有更寬的選擇空間，相較之下，單一媒材的水墨展覽依然處於弱勢的狀態，就大陸藝術市場的約定俗成的語意、語境中，水墨幾乎被排除在「當代藝術」之外，與「傳統書畫」畫上等號；無論它的視覺形式、內容、創作者是否都在「當代」的範疇之內；現代水墨在大陸藝術市場的邊緣化情況，快要達到連學術研究也無可挽回它所應有地位的程度了【1】。

　　外國及女性創作者數量增加或許是畫廊業者在尋求產品來源開拓的一個新嘗試，包括美國、法國、韓國等外國創作者的專場展有12個，其中攝影展全數為國外作者，較2007年的展出少量增加，卻可以看出上海的影像市場逐漸有升溫的態勢。與台灣畫廊業比較，上海畫廊更有意願引進外國創作者，2007年秋季當代藝博會日本、韓國創作者踴躍參加，甚至還有私人畫廊低調引進北韓國家畫院級畫家的作品在藝博會期間同步展出，也可以嗅出業者極力試探市場的氣息。韓國創作者近年大舉進入中國藝術品市場，並且牽動台灣的跟進與試探，成為一種明顯的趨勢，在2008年春季更加明顯地是一個以韓國美術學院學生作品為主題的展覽也搶進商業畫廊地盤，更加突顯上海畫廊已經將觸角伸入鄰近東亞國家尋求貨源。

　　另一個值得觀察的現象是，不包括聯展形式，有6場屬於女性創作者的專場，以女性觀

點為主題的展覽在這次春季上海顯得躍躍欲試。從前輩級的李青萍、中堅輩李爽,到「80後」的女性作者的作品,將市場資歷和年齡段展延得很長,標榜女性觀點的展覽淵源,應該可以溯及2007年春、秋兩季大陸本土拍賣會中,幾位年輕女性作者的作品在成交紀錄上的不俗表現,畫廊業者也因此希望能培養具有潛力的市場寵兒。

「果凍時代」是伴隨著當代藝術新生代創作者受寵程度頗高而來的專屬名詞,多數年輕創作者對生活的觀點和自己生活的形態都包裹在果凍時代的行列,與他們自身的生活歷程的種種成為創作中關鍵的議題,哈日、哈韓、歐美時尚流行在這波春天的展覽中也時有所見,卻未見這股年輕的氣氛能帶動上海的活躍。相較北京而言,2008年3-4月總共有120檔展覽,僅798一個區域,即有21檔展覽,100多檔展覽中超過3/4集中在3、4個月,4月下旬到5月初換展的畫廊,超過2/3強以上。北京上海的市場規模大小在此立即可見,然而,從換檔的速度和頻率分析,更能看出北京在大環境的反應速度上更快,反觀上海的整體春季展期就沒有特別突出的亮點了。(見表2)

上海畫廊的春季保守心態

儘管有50幾場展覽在2008年春季的上海發動新一波動靜,畫廊業者卻顯得不甚樂觀,憂心忡忡的業者表示,上海初級市場的經營者並沒有將目標放在開拓消費群與區隔消費群,而是全力搶攻藝術品的生產來源,他們必須事先掌握市場搶手的作品或作者,才能在下一波的買氣中獲得更大的利潤。這其中的關鍵癥結在於業者對於「下一波買氣」的判斷,鎖定手中籌碼的經營者會認為,至少不是在本年度的當季他們能夠有即時的獲利,因此,大量囤積作品和掌握作品的動向與來源,成為資金調度和經營上最忙碌的一環,卻忽視更應重視的消費機制的整理。

事實上,上海畫廊業應該及早開始整理消費機制的區隔,才能有利於後續開展的利多與買氣。將收藏、投資與消費三種不同層次的藝術受眾合而為一對待,是目前大陸普遍存在的基本觀念,這個需要商榷和釐清的觀念偏差,卻在畫廊經營者之間未形成高度的重視。將消費機制中三種不同層次的族群作出有條理的區隔,可以直接影響畫廊屬性差異的分級和層理關係。換言之,收藏族群的目標在於對藝術嗜好的滿足;投資族群則著重在投放之間獲利的實現;一般消費性族群還游移在裝飾和追趕風潮的興頭上,與前兩個層次有明顯差距,屬於潛在和帶開發的群體。畫廊根據自己經營的目標鎖定不同消費層次開發客戶,既可分散過於集中的藝術生產爭搶,也能擴大經營面積和確立畫廊的定位。

相較於北京2008年5月分第11屆北京國際藝博會,上海大型藝術展會需要等到秋季才會熱絡起來,有上海當代藝術雙年展和藝博會支撐,2008年9月開幕的上海藝博會在3月24日已發出停止徵求畫廊參展的信函。也就是說,3月中旬之前,不僅上海當地,包括北京及上海周邊城市的各家畫廊都在爭取入選的機會;受邀的國外畫廊自然也都及早有了各自的盤算。從操作策略上評估,每年春季的展覽顯然離當年的9月輻射效應的熱度邊緣太遠,畫廊盤算即便是開春的第一檔展覽,也未必一定要放到最響。

從幾年來的總體形勢上看,上海總在北京之後受到注目或有所變化,5月的北京國際藝

「紅色經典」是拍賣會上中國當代藝術熱的重點標的物，國際間許多畫廊推出不同創作者的紅色經典作品參展。（左右頁圖）

博會，許多上海畫廊業者一定不會缺席，而北京也沒有比上海有更多的參展規格要求和條件限制。5月去北京參展更加具有遠征開拓的意圖，因此，春天在上海需要準備的是去北京打開一個窗口，或者喚醒北方藝術消費者的記憶，大陸畫廊業者在春季的主戰場似在北方。北京從2008年3月31日奧運聖火傳遞啟動開始，市場觀察者都預期會帶動一波買氣商機，直到2010年的5月上海世博會開幕，業者都從奧運會理解不需要過於期待這種「看得到吃不到」的商機。經過兩年的時間，上海畫廊業者原先希望能逐漸升溫的期待，在畫廊不斷地開業和謝幕中洗牌，消費階層也未見擴大，奧運會的啟示是讓畫廊業者發現，旅遊、運動的消費者與藝術消費的隔閡頗大，偶爾一些漏網之魚游到藝術圈子也不足以讓人欣喜。

若按照北京和上海兩地畫廊業5：1的數量比例比較，上海畫廊規模和北京差距仍然頗大，兩地均是春季的活動量不如秋季，春季總是在試探當年度秋天的溫度。若是按照畫廊業者的背景分析，北京更能吸引有經營歷史和有品牌定位的外資畫廊進駐（包括台灣的畫廊業者），上海則是新手畫廊的冒險樂園，這個規律無關於春秋的季節變化，即使是冒險天堂的上海，在春天總是保守的。

期待一個暖秋

嗅覺敏感和眼光銳利的資深畫廊業者，早就已經能從各畫廊動向中分析目前上海初級市場幾乎是境外資金的天下，大陸境內投注在初級市場的資金，幾乎只有囤積貨源和掌握藝術品的生產來源上著力。在初級市場的創作者有好的成交紀錄，顯然是種左手換右手的假象，業者不應期待2008年秋季的消費群依然只有外資，或者用批發、包裹式的銷售手法，企圖拿藝術品當股票炒作短線。上海初級市場如果在春天時節尋思如何盤整現有的消費機制，畫廊業者既然採取守勢積蓄能量等待秋季的發散，則更應該在這個階段將自身客戶群的基本盤詳加分析。

　　綜合評析，上海春季的守勢似乎是為了秋季的重頭戲作衝刺的準備，也有部分業者抱著消極的度小月心情，一動不如一靜，墊檔的展覽預計要拖到暑假檔期才會逐漸有更多的動作準備迎接熱鬧的秋季。

　　一個頗有深意的變動，大致可以說明初級市場的經營者對秋季的期待。自2008（第12屆）上海藝博會開始，從傳統的11月提前至9月中旬舉行，在營運模式上也不再接受畫廊報名，而改採邀請畫廊參加展出的方式參與，主辦單位採取主動的規畫，較能有效掌握展覽的品質掌握。主要是為了避免個人創作工作室參展，而改以畫廊業為主軸的「去蕪存菁」跡象，確實是一項好的舉措。多數的畫廊業者逐漸調整出一套適合自己營運的模式，以配合區域市場的需求，即使一些初級市場的亂象依然存在，至少，我們看到北京和上海在相互牽連之中也有自己的步伐，而不是單純的一種不等量比較而已。

第二節
北京藝術產業的動勢

　　北京的當代藝術產業在幾年間的發展吸引全球的目光，各國家、地區的業者投入大陸當代藝術市場經營，北京是資深畫廊業者首選的切入點，上海則以新興業者的冒險天堂而居次。北京兩級藝術市場規模較上海大五倍之多，畫廊、拍賣公司群聚在北京所創造的交易紀錄，大約是大陸全年度的一半以上份額。北京不僅是大陸政治的首善之區，當代藝術執牛耳的地位也不容懷疑，798、宋莊、草場地等幾處集聚區做為北京當代藝術的地標性區域，無論規模、數量、質量成為最具市場性、代表性的樣本。北京幾處與798相同的藝術集聚區分部在離市中心不算遠的區域，加諸公私美術館的建設，奧運之後的交通、文化等公共設施改善，是否能讓北京的當代藝術市場具備更佳的持續發展的條件，以此檢驗北京藝術產業的健

康程度，短期盤整與長期體質改善在這次是否能成為一個機遇，可從產業現況中略見端倪。

傳聞與事實的差距

2008年11月開始，傳說中的798畫廊關門潮在媒體和藝術網站評論、部落格討論聲中成為當代藝術界人士關注的焦點，商業畫廊在大環境的不景氣和當代藝術過度消費的氣氛裡，確實遭遇很大的衝擊，加諸產權的糾紛和不斷提高的房租，導致北京798藝術集聚區一批商業畫廊和創作者工作室歇業和出走。於此同時，文化創意產業、精品、奢侈品商店的入駐，讓798創設的初衷「當代藝術創作園地」的純度降低，這是藝術界人士憂心忡忡的關鍵所在。網路上傳聞是把精品店入駐和畫廊關門潮互為因果，形成798一次「換血」的銅臭氣風潮。事實上，精品店（含奢侈品、文化創意商品店）的開業是積極地商機發掘，畫廊歇業是屈服於自身的體質不良，這其間的直接因果關係不大，只是藝術界人士對798的改變使這裡是當代藝術的發軔，影響798的神聖化、標幟性的意義耿耿於懷。

　　2009年北京4月的春涼裡，一個陰雨的周末午後，十幾輛遊覽車停滿798入口的停車場，私家車川流不息，在大門等待回市區客人的無牌照營業車也熱絡地招攬生意。這是尋常的周末，798並沒有大型展覽的開幕，同時間市區裡正在舉行「CIGE畫廊博覽會」讓業者和「專業觀眾」穿梭兩個場地之間奔波，卻未讓遊人減少。從整體發展而論，798逐漸成為觀光景點是值得樂觀的好事情，多元、多樣的店舖在這個區域內開設，足以招徠更廣層面的大眾，不再是藝術受眾的專屬園地，卻也培養出更寬的藝術消費階層，我看不出有什麼不妥之處。讓人不安的地方，可能是忽略傳聞有一半的畫廊歇業的事實，在藝術區最氣派、很有型的中心廣場，緊接著林冠畫廊的佩斯（Pace）畫廊，空蕩蕩的展廳確實是在大門上掛一把鏈條鎖，走往佩斯背後的NIKE運動中心，正在舉行一場籃球比賽，熱鬧的現場讓人以為是「CBA」的季賽正在火拼。具有指標性的紐約老牌畫廊「佩斯」沒有展覽的動靜確實讓人有點懸著心，可是，街道上拍照留念的觀光客、拼買氣的紀念品商店，讓周末達到一股高潮，尤倫斯美術館超過10公尺挑高，極具氣派的主展場和需要15元人民幣的門票，邱志杰為尤倫斯量身打造的個展，依然有聚集參觀的人氣的作用。

　　距離798藝術區3公里的草場地藝術區，離北京市區更遠一點，面貌更顯得鄉村，正在建築的工地、道路比比皆是，圍籬框起來的範圍裡整齊方正排列的建築在寬闊的地平線上顯得低矮和擁擠，零星開設的幾家畫廊算是早期進駐的元老。草場地藝術區的面積不亞於798或者其它的藝術園區，有三影堂、藝門、三渚、月台中國、藝術通道、皮力畫廊、艾未未藝術工作室等幾家散落在不同的區域，如果要逛完目前幾家落戶的畫廊，走路的時間超過看展覽時間至少三倍以上。這是草場地目前的問題，面積寬廣但交通、餐飲等公共設施不足、畫廊分散，在周邊極不相襯的環境下，形同一座藝術孤島。從地方政府的公共建設速度和草場地管理單位集聚創作者、畫廊的能力而論，要能與798連接成整體的藝術區塊至少還要五到十年的時間，除了已經完成的區域，草場地所在的行政區內，各種以藝術為名的園區還在建設當中，「崔各莊文化創意園區」在雜草叢生的鐵路邊上矗立一個偌大的招牌，預告又一個

工地蓄勢待發，問題是，尚未完成的藝術區方興未艾之際，這裡還有能力可以建造和容納對未來的樂觀嗎？

鄉政府的當代藝術大夢

　　觀音堂畫廊街於2006年6月18日正式開街，總營業面積7萬平方公尺，不到半年的時間匯聚來自大陸及海外共53家以經營中國當代油畫為主的畫廊。「與之前其他以自發形式形成的藝術區不同，觀音堂畫廊街是第一個以經營中國當代高端、主流藝術品為明確市場定位的藝術聚集區。觀音堂文化大道的創建因應了國家關於文化創意產業發展的需要，因應了北京市做為國內文化創意產業先行城市的步伐。觀音堂文化大道的創建和國家關於文化創意產業的發展思維和行為幾乎同步。」【2】

　　這段宣傳文字在網路上廣為流傳並獲得很大的效應，多數首度到北京的藝術看客，會千辛萬苦地循線找到計程車司機口中的「農村鄉下地方」一探究竟。觀音堂文化大道實際的情況讓人更加擔心，並非是當前大環境造成的打擊，而是自身在機制和營運上的問題使然，鄉政府的產官合作藝術造街大夢只有短短兩年時間，面臨絕大的考驗。觀音堂藝術區是目前北京各類藝術園區經營與宣傳差距最大的一種樣態。

　　即便在行政區劃分已經屬於北京市區的範圍，觀音堂依然是北京市民眼中的農村鄉下，以外資、合資背景的畫廊為基礎，新加坡、香港、韓國較有規模的畫商支撐觀音堂畫廊街區，按照一般公司行號的營業習慣，下午5點各畫廊紛紛打烊，缺乏活動力是最關鍵的問題，幾家外資畫廊在北京設立一個接待客戶的窗口，而非以開拓消費群為目地。鄉政府和產業合作進行建設文化產業是當前各地方流行的模式，問題是，政府主管的公共建設和商業運作無法齊頭並進，商業走在政府爭取地方公共利益之前，由「觀音堂畫廊街管理中心」主導商鋪店面的租賃之外，街區的藝術活動並非經過整體規畫而來，多數都是由畫廊各自單打獨

草場地的方正整齊的建築，顯得低調冷峻，目前進駐的畫廊和創作者不多。（左頁圖）
觀音堂畫廊街的門面頗為華麗，背後卻依然是農村景象，公共設施不足影響發展。（右圖）

【2】原先「促使觀音堂文化大道成為中國文化產業一大亮點的有利因素。是京城惟一可以24小時營業並且集商住為一體的文化經營場所。」一段文字已經從官網上刪除，詳請參見觀音堂畫廊街官網：http://www.guanart.net/Galleryadd.htm

門。

　　觀音堂和草場地是開發北京市區周邊鄉鎮進行文化藝術造產的兩個實例，所不同的是草場地容納創作者與畫廊兩種機制在其中，觀音堂僅有中介機制的畫廊。商業模式的引入原應給農村鄉下更好的經濟效益和稅收，然而，這些「造街運動」建造一條孤零零的畫廊大道，鄰近的磚土瓦房、鄉村生活景象絲毫未受影響或改善。來到這裡參觀的大眾究竟應該看什麼？是脫離現實、千篇一律的當代藝術面貌，還是可以從當地村落原貌看到樸實的生活樣態？以藝術和市場為基礎的造街運動，對於當地的鄉村公所而言，確實有超出想像和經驗之外的難度，城裡來的專家學者和嗅覺敏銳的商人，對這些鄉鎮的想像也過於樂觀和理想化。如果忽略商品店鋪僅能吸引某類特定消費者的基礎規律，藝術產業如果沒有配套的附加的價值和評估所可能引發的周邊文化效應，將會比一般消費性商品的消費意願更為狹窄。我們可以想像，華燈初上正是城市文化活動開始的時間，草場地和觀音堂已經進入「日出而作，日落而息」農業社會的生活作息，一條畫廊街道的生態與當地的生活格格不入。

體質的調整勝於開拓

　　「觀音堂美術館」座落在畫廊街門面開始的一端，由管理中心直接管轄，展覽兼具販售作品缺乏典藏品的功能更接近畫廊的性質。以此反映出北京的私人美術館多數與畫廊功能重疊，今日美術館是大陸少數按照「民營非企業」規格經營成功的公益性美術館。自2002年由經營房地產事業的張寶全創建並首任館長，2004年底由張子康接任館長，張寶全退居董事席位，2006年7月，轉型為真正意義上的非營利機構。今日美術館旁邊一處佔地面積廣大的住商建築群正在興建，美術館背後的22院街藝術區幾家畫廊點綴在高樓兩旁，今日美術館的二、三館舉辦頗具水準的當代藝術展，結合餐飲、商品賣店的經營，初具公益美術館樣態。

798藝術區路邊上招租的布告顯示有一半區域是空置的（黃色區域），看似不景氣的關門潮聲中，798實際上還有支撐的力量可以繼續營運下去。（左圖）
2009年4月北京CIGE畫廊博覽會的規模與選件不如往年。（右圖）

【3】大陸多數的創作者仍然無法體會當代藝術具有「體制外」、「邊緣性」等特質，許多創作者秉持「先來後到」的秩序感和受商業擠兌的受害感而離開798，使得單純的商業營運問題成為藝術迫害的議題。
【4】僅以798所在的北京朝陽區即有12家文化創意產業聚集區，包括奧運現代體育文化中心、朝陽公園文化園、三里屯一工體時尚文化街區、CBD文化傳媒園區、潘家園文化園區、溫榆河綠色生態區、北京798藝術區、大環文化園、高井影視傳媒文化園、高碑店民俗文化園、三間房國際動漫文化園和北京歡樂谷。

和尤倫斯相比，今日美術館在營運上的企圖心更加明顯要擺脫創建之初的「企業家私人收藏」的印記，尤倫斯美術館幾檔大型展覽同時展開之外，在同一時段裡，保利集團氣派非凡的大廈裡，還有以尤倫斯夫婦為名的私人收藏展；尤倫斯更加強調企業家在藝術收藏上的實力。「今日」所代表的本土私人美術館調整經營策略，在於解決企業本體無法毫無節制地投入營運經費的癥結，美術館的積極目的在於提升房地產的附加價值，並逐漸以自負盈虧的方式運轉，北京私人美術館經營的層次感尚處於自我調整的階段，要達到純粹公益性的社會教化功能必須在體制上有所增強——強化館藏品、研究能力、自主策展、公益捐款機制等方面的建設，將是私人美術館未來的重要方向。

從周邊的配套措施以及口耳相傳的知名度觀察，798已經發展成一個有規模的成熟藝術園區，未來的途徑只是在園區裡依照商業運作的規律進行新陳代謝的作用。無論是商業味道濃厚削弱藝術的原創，還是奢侈品商店進駐的珠光寶氣讓藝術區顯得俗氣，都是在合理的商業市場機制範圍內運作。退出798的當代藝術創作者逐水草而居的遊牧性格，在租金較低的宋莊或草場地也可以成為過渡的處所，在北京的創作者表示，景氣好作品賣得好，可以在798租工作室，作品不好賣的時候，就搬到遠一點、便宜租金的園區，等待再回798的時機【3】。看起來，798有一半的空間正在招租，似乎印證「關門潮」的傳聞是真實的，另一半現役營業的空間吸引觀光的人潮也是事實，管理798的機構不一定會因此而虧本，這一大片廠區僅用五成的空間規模，也比上海莫干山路藝術區要大兩倍以上；眼前沒有即時的擔憂可言，只是內容會轉變成甚麼罷了。對北京的當代藝術環境而言，798還是一個重要的標誌。

在798、草場地、觀音堂等區域集聚的畫廊，他們處在不同的集聚生態中，都有幾乎相同的主張，他們更熱中在北京當地的業務開拓，不如上海的畫廊積極在上海以外地區或城市的布局，參與北京舉辦的藝博會則是初步的方法之一。南北兩地的藝術圈子互不相讓的批評總是不絕於耳，每年4月的北京CIGE畫廊博覽會正面對抗上海春季沙龍，中肯的觀察，從規模和展覽主題規畫、選件等幾個方面的評比，北京在2009年顯然屈居劣勢之外，其後的

幾年兩地都隨著大環境影響使得規模縮小，但北京始終都比上海要有學術味道。有氣無力的CIGE會場充滿著三年來不變的熟面孔，北京的多數畫廊將精力集中在「藝術北京」當代藝博會而捨CIGE，如同上海春季沙龍在經營上定位模糊所遭遇的尷尬一般，業者多將眼光鎖定在秋季的魅力，讓春天失色不少。

北京兩個同質性頗高的藝博會形成官私相互對抗的態勢，如何區隔兩個在時間、性質都如此相近的博覽會，避免畫廊業者疲於奔命和處於魚與熊掌的兩難選擇，應該不是件太困難的事情。在北京市文化基金設立專款「藝術北京基金」的資助下，畫廊能夠以較低的成本參加「藝術北京」，畫廊博覽會應該要讓位春季的時段，另尋不同季節和主題的著力點延續官辦博覽會的影響力。以北京目前相對集中的城市區域裡，不含古文物類的市場街區，至少有7處以當代藝術為主的集聚區正在發展，加上兩個大型博覽會和幾個公私美術館，北京的藝術產業規模可謂完整[4]。剩下的問題在不同的藝術園區能否將體質調整到具有「層次感」的各自經營特色，足以開發不同階層的受眾，經營目標不明確，重疊、同質的經營模式，容易讓社會大眾的眼光無法聚焦，失焦的觀眾也容易讓城市當代藝術各種地標的效力減弱。

第三節
自成生態的珠三角地區

就目前大陸藝術市場的地區性發展觀察，京畿地區、長三角地區屬於關注的焦點地區，對廣州和深圳的藝術市場現狀，則顯得陌生許多。在逐漸重視區域市場發展的同時，珠江三角洲的狀態，牽動南方區域的藝術市場情勢。眾所周知的嶺南畫派傳統，地方性的藝術形式特質，在中國近代美術史上具有舉足經輕重的地位，廣州延續脈絡具有歷史的條件。然而，廣州當代藝術發展與這個城市的歷史積澱有怎樣的互動？距離廣州一個小時車程的深圳，是

LOFT 345是廣州當代藝術創作的聚集地,類似早期上海與北京的創作者群聚的樣態,創作者以自我經營為主。圖為廣州美術學院教師胡赤駿的工作室。(左圖)

LOFT 345的創作者具有教師身分也不願意在學院圍牆內創作,避免過多的干擾。圖為廣州美術教師的工作室一角。(右頁上圖)

廣東美術館以酒商的包裝材質和標準色布置成展覽入口。(右頁下圖)

【5】2010年同樣的洋酒贊助商在上海美術館舉行相同主題的展覽,對美術館而言,像是租場地的二房東而已。

否受到廣州輻射影響也表現出相同的特性?總讓人感到在陌生中帶著一點神祕氣息。

無通路藝術生產

　　廣州城區高架道路林立,街道明顯比北方城市狹窄,濃密的樹蔭突顯這個城市的熱帶風情。廣州美術學院在廣東地區的能見度頗高,離廣州美院不遠的高架橋旁社區內一幢像是倉庫的建築裡,名為「LOFT 345」的創作者群聚地,可以感受到當代藝術生氣盎然。多數是廣州美院師生,總共四十多位創作者各有一間大小不一的工作室,較資深的7位創作者自行組成評議委員會,共同篩選進駐者的條件。除此之外,他們都是平等的專業創作者(即使有師生關係),各自發展自己的創作形式。偶爾聚在建築三樓一間由外國人經營的小酒吧,或者相互串門子聊天是重要的交流活動,作品進入收藏市場要靠自己經營,各有管道也各不相干。

　　「LOFT 345」的生態是廣東地區當代藝術生產的縮影和代表,在這裡幾乎看不到一點嶺南傳統的蹤影,全西式的樣態只有在眾人喝大陸產的白酒、泡茶才看到依然中國式的文化內容。更重要的,這些創作者的市場幾乎都在廣東以外的北京或上海。即使已經是最南方邊緣地帶的廣東,還是脫離不了大陸當代藝術市場的生產機制特質,以學院為主的藝術生產來源,廣州美院控制著廣州地區的當代藝術的走向和樣態,美院教師帶著學生以及外地來廣州發展的美術學院畢業生自立門戶,都圍繞著學院系統,像是避免不了的宿命一般,美術院校的集體生產在廣州不意外地再次出現。然而,在這個普遍性之下,廣州所保持的個性是這些生產者必須要自己經營消費市場,缺乏中介機制的介入,創作者必須機動式地安排自己的銷售管道,又不同於上海、北京、重慶的創作者。

　　當代藝術的生產者似乎對在當地的官方美術館舉行展覽毫無企圖可言,他們和官方美術館分軌行進,各有自己的規律而互不相關;即使動見觀瞻的廣東美術館在大陸的當代藝術上

已經頗有成就，對當地的創作者的關心卻很少。對於在南方城市執牛耳的廣東美術館依然收取7元人民幣學生票的措施，讓熟悉大陸這兩年文化產業發展策略的人有些不解。北京、上海等城市相繼對公立博物館、美術館實施的免費政策，在南方具有指標作用的廣州市似乎沒有產生響應的作用。究其實，廣州畢竟離北京和上海輻射遠了些，現階段的廣州在文化政策的發展上，並沒有必要配合著中央或者一線城市的主旋律起舞，增加財政負擔又無法促進藝術的效果，不如維持現狀較為符合現實利益。

但是，廣東美術館卻在展覽的安排上顯露出結合商業和藝術的意圖。2008年6月中旬，國際知名酒商贊助的藝術創作者聯展在美術館積極地布置，入口及會場以酒商的標準色為基調，寶藍色絨布搭配金黃色的流蘇，很容易讓人聯想著醇酒名畫的歐洲上流社會氣氛；大陸的非營利事業在處理這類展覽時，總是很模糊地忘記自身的定位【5】。大陸普遍的飲酒習慣均以中國傳統酒類為主，廣東人愛喝洋酒可說是特立獨行的飲酒風格。這或可以解釋為何酒商贊助的當代藝術展覽首要選擇廣州舉行，即使這幾位年輕精英在南方並沒有很大的知名度，廣州人對當代藝術的興趣缺缺，嶺南傳統水墨的魅力超越抽象畫。然對酒品銷售而言，附加了藝術品味的洋酒，希望吸引酒客的藝術沾邊購買慾。

看起來有點衝突，愛喝洋

酒的廣州人對文物喜好要高於當代藝術品，文物市場中的骨董家具更深獲普遍的青睞。只要稍微關心收藏的人，幾乎都能談論幾句骨董家具的故事，甚至深知骨董家具的門道和對珍貴木材的認識。廣東的文物收藏可以在本地形成供需均衡的市場機制，和藝術品的市場區隔十分明顯。更具體地說，書畫、家具等消費投資可以在廣州地區透過中介機制運作，但是，當代藝術品卻無法成為與書畫同等的運作目標。如同廣州市區總讓人感到老舊一般，這裡保持著過去歷史的痕跡，對文物和當代藝術品的態度，廣州也顯得老舊保守一些。

年輕城市的老成態度

深圳市政府對於這個只有30歲的年輕城市顯得很焦慮，領導階層委託學術單位尋找深圳的古歷史，希望能在市區裡發掘出史前的化石、陶片或石器、遺址，以證明深圳有足夠久遠的歷史。如果仔細想想，就會知道這是在「無根焦慮症候群」以及傳統歷史觀之下的舉措，在深圳發掘出土的史前化石，唯一可以證明的是深圳有一大塊的歷史空白，直到近三十年才開始具備真正的生命型態和最高的繁榮。因此，深圳為何不捨去尋找歷史而徒勞的困擾，乾脆就從三十年前算起又何妨呢？然而，這個號稱大陸最年輕、最有經濟力的城市，處處顯得朝氣十足，卻在藝術發展方面表現得十分老成。

深圳對年輕的當代藝術似乎沒有太多的著力，以關山月美術館、何香凝美術館為藝術的標誌，傾向遵循傳統的色彩較濃。關山月美術館展出傳統水墨畫和關山月的作品，何香凝美術館負擔推展當代藝術的責任，曾經策畫過幾次以當代藝術為主題的展覽，引進大陸各地知名創作者，對當地觀眾而言，並沒有明顯的影響。在深圳發展的創作者多數是外地到深圳尋找發展機會的，與廣州不同的是，這些外地來的創作者必須帶著既有的成果到深圳展示，而不是在深圳逐步累積自己的成果。

與廣州「LOFT 345」呼應的「OCT-LOFT」倉庫區年輕的程度在深圳並不具有知名度，

廣州文物市場的消費與供需規模較大,骨董家具市場熱絡。(左頁圖)
深圳OCT-LOFT以文創產業為主,畫廊僅是點綴。(右圖)

卻對廣州的創作者具有頗大的吸引力,何香凝美術館在這裡管理一個新籌建的當代藝術中心,不定期地自主策畫展覽,檔期並不連續銜接,沒有展覽則閉館休息,此處並沒有實質的畫廊或創作工作室,多數是供應家庭裝潢用的周邊設備。如果「LOFT 345」是當代藝術生產基地,以當代藝術創作為主要的目的,它的型態更接近最早期上海蘇州河邊的莫干山路50號,和北京的宋莊群聚創作。而「OCT」則是以裝潢設計、燈飾設計、餐飲等文化創意產業為主要經營項目,畫廊和藝術生產只是其中提供觀光的點綴而已。這裡直接跳過藝術市場中介機制的佈建,改以房地產銷售結合文化創意產業附加價值,「房地產藝術化加值」在深圳體現了實際的趨勢,使得「LOFT」這個名詞過於細緻和雕琢得像精品大街,而失去樸素的語意。

以文化產業型態的經營,對深圳的官方或企業都較具有吸引力。深圳郊區的「觀瀾版畫村」是剛成立的在地文化產業,以百年歷史的客家村落為載體,引進八個省級美術協會的版畫創作者,不定期輪流在當地進行創作。版畫村提供食宿及版畫製作的硬體設備,管理機構也有自己的典藏品和展覽空間,以一套文化產業結合土地開發的構想,成為頗具在地特色的文化產業。由觀瀾村委會自行規畫的地方造產獲得區級政府的經費和政策支持,下個階段將要尋求企業支撐,朝向自主開發和經營轉型。這個有百年以上歷史的村落和「OCT」同樣地是為人作嫁的平台,主要企圖是周邊土地的地產開發,藝術依然是房地產的附加價值。

深圳的文物市場不如廣州完善,古玩城僅僅具有廟會式的地攤集散模式,茶葉市場更勝過古玩的規模,福建、廣東、雲南的茶葉在這裡更有誠意地開設固定的店舖,提供各地的特色茶業及相關的瓷器、陶器、紫砂等茶具買賣,以茶葉為中心的紫砂等材質茶具更與地攤上的古玩區隔明顯。就收藏而言,深圳的收藏族群對茶葉和古玩的興趣高過於藝術品,業餘的藝術愛好者又多過於專業創作者,深圳沒有專業的美術院校,無法建立學院的創作生產規模,可能是其中的原因之一,而年輕的深圳靠著最早的經濟特區起家,引進文化藝術的人才並非政策的考慮之中,更是關鍵因素。

　　與上海等幾個大城市相同都屬於移民城市，深圳的移民超過九成，年輕人口超過五成以上，平均年齡在26-30歲之間的外來人口，從事商業、經濟、科技等活動為主，少有參與文化藝術的工作機會。富有的族群以最早生活在深圳的村民為主體，目前多是以收租過著晚年生活，缺少文化藝術背景，即便有富裕的經濟條件，對藝術品收藏也缺乏背景條件支持他們參與其中。

珠三角藝術生態是否需要調整？

　　以目前廣州與深圳的現狀而言，他們是否會延續這種狀態成為長期的樣態，或者，目前這樣的市場生態已經處於穩定的狀態中，將來是否也不會有太大幅度的變化，是值得觀察的重要環節。廣州的當代藝術創作具相當成熟度，生產者積極培養自己在藝術市場的資歷，卻在廣州以外製造自己的收藏紀錄。廣州與深圳沒有初級市場規模，商業畫廊難覓蹤跡，官方美術館也未將目光投向在地的藝術狀態，而伸向已經具備成果的國際或全國知名創作者。

　　深圳、廣州的官方美術館各自有定位和特色，卻不約而同地表現出掙脫地域範圍的意

圖，其中以廣東美術館最具代表。廣東美術館籌辦當代藝術展覽以及在學術研究方面的成果在大陸地區頗負盛名，卻少有「發現」本地當代藝術創作的舉動，使得在地的創作者只能走出廣州到北京、上海尋求機會。由此觀之，廣州與深圳既非如上海一般企圖成為藝術交易的平台，也非如四川美術學院所在的重慶，成為藝術生產的基地，吸引中介者進入建立銷售管道。

　　相對而言，深圳和廣州對於大陸控管嚴格的戶口政策，都比其他大型城市要寬鬆許多，尤其是深圳在引進大學以上的專業人才方面，實施頗多的利多政策。然而，缺少文化與藝術方面的就業機會，這類的人才不容易進入深圳參與開發的工作。深圳跳脫由政府支持與規畫的文化藝術產業，商業運作的範圍又傾向以房地產開發為核心的文化創意產業，對藝術市場而言，只是外圍周邊的接觸，無法有效建立可以運作的規模。如果這兩個南方重鎮保持這種態勢，「藝術移民」將不斷地來來往往於北京、上海，從事跑單幫式的活動，也未嘗不是一種特色。若就長期發展分析，這種態勢的穩定，則顯示珠三角城市將逐漸被排除在大陸整體藝術市場運作與觀察的範圍，這種最具在地性格的體質，會在未來強調橫向協作的趨勢中，無法適應大陸整體藝術市場的潮流。最後留一個問題，讓大家都有思考的空間。

深圳觀瀾版畫村將客家村落改造為版畫創作的基地，提供大陸八個省份的美術協會版畫家創作與生活。（左頁圖）
深圳文物市場規模不大，茶葉收藏成為主要經營項目。圖為深圳古玩城週末的交易情形。（上圖）

第八章

霧鎖西南：
重慶與成都的藝術產業生態

重慶的四川美術學院是培養藝術生產者的重要基地，加上成都的四川音樂學院美術學院，成為供應大陸各地區藝術品的重要來源。西南地區的藝術生產受到特別的關注，原因是早期的重要油畫創作者有很多從這裡走進當代藝術市場的舞台中央，受到國際的矚目。重慶和成都的在相同的巴蜀文化淵源中，又有著不同的現代城市文化性格，也使得藝術生態有所差異，「城市文化」將成為後續藝術發展的觀察重點。

第一節
穿過塵霧看重慶的當代藝術

一直以來，人們對霧都重慶麻辣火鍋的刺激口感，多過於對這個霧氣很重的山城印象，或許說，麻辣火鍋成為重慶的代名詞，而麻辣火鍋又是重慶「碼頭文化」之下，有著相當長久歷史的產物。重慶在大陸當代藝術的整體印象中，也像這城市一樣，給人一點霧霧的、迷離的感受，在眾多的創作群體中，位於重慶的四川美術學院（以下簡稱川美）也幾乎是當代藝術創作者重要來源的代名詞。和火鍋比起來，川美的歷史並不悠久，躍上藝術市場舞台的時間卻夠早、夠長，也夠著名。代表碼頭文化的麻辣火鍋和當代藝術生產來源的川美，在重慶有沒有交會之處，川美處在這個以「碼頭文化」著稱的城市裡是如何的際遇呢？我們從文化面向對重慶的當代藝術進行一次瀏覽觀察，似乎像是鑽進塵霧裡看個究竟。

碼頭文化

曾經有人在大陸媒體上發表「碼頭文化是重慶文化精髓」的議論[6]，但引來了一些人的質疑，議論者認為，所謂碼頭文化，說到底就是幫會文化，幫會文化能成為城市的精髓，當然會引起質疑。香港文匯報社長張國良在2006年曾經說：「重慶與香港有許多相似之處，都是移民城市，同屬碼頭文化，城市地貌也相似。」[7]重慶的城市面貌確實有很多處頗有香港的味道，但是不一樣的是，香港是依靠著海洋的商務碼頭，重慶是依附著長江的生活碼頭。重慶是有自身明顯性格的城市，一大部分也來自於它的地理和碼頭，長江、嘉陵江在重慶市的朝天門交匯，順流而下。重慶這個以碼頭文化著稱的城市，在以工業立市幾十年

【6】詳見「重慶形象大討論（三）：重慶碼頭文化大家談」：http://www.cqliuke.com/article.asp?id=563
【7】《重慶晨報》2006年3月25日04版報導。
【8】詳見「維基百科」重慶市：http://zh.wikipedia.org/zh-tw/%E9%87%8D%E5%BA%86%E5%B8%82

之後，聽說最近也決定要跟隨時代的潮流，準備轉身成為長江上游的金融中心。

由於湖廣人崇拜擅長治水，三過家門不入的大禹，所以湖廣會館又稱「禹王宮」。早年的重慶城（現今的渝中區，為當時重慶府府治和巴縣縣治所在地）先後建有「八省會館」、齊安公所和雲貴公所。八省會館包括湖廣會館、江西會館、廣東會館、福建會館、山西會館、陝西會館、浙江會館、江南會館。重慶的八大會館和後來修建的雲貴公所，實際上包括了12個省。湖廣會館包括湖南、湖北兩省，江南會館包括江蘇、安徽兩省，雲貴公所包括了雲南、貴州兩省。

1926-1935年，重慶在北伐已經取得成功，抗日戰爭尚未爆發這期間有比較快速的發展，也是當時「八省公益協進會」最為暢旺的時期。當時各省留寓重慶經商者，多以陝西、江南、江西、福建、浙江、山西、廣東、兩湖等八省為盛。原先由旅居重慶商人各自設立會館，「捐集資財，購買田房產業。歷年既久，資產日趨豐隆。」（《九年來之重慶市政》1936）每年收入的款項，多數做為各省會館的祭祀酒席消耗以及補助公益，也資助流落重慶同鄉之用，有所節餘的款項，往往讓輪值的會館負責人把持，經常造成財產上的糾紛。各省會館在地方上和碼頭各有地盤，逐漸形成茶館文化和袍哥文化，包括方言藝術在內，構成重慶的碼頭文化。

重慶方言融合客家話、吳語，一般的語言溝通交流易懂，特有的方言詞彙具有感染力，例如：「要得」、「對頭」、「安逸」這些拖著長長音調的語彙，在其他地方成為模仿的流行語。方言評書詼諧幽默，而很多碼頭邊都有供商旅人歇腳飲食的茶館，兼以欣賞評書和川劇、諧劇。「袍哥文化」原是清末時期的哥老會、天地會、袍哥會等民間祕密社團，現在的重慶人對於具有的「江湖義氣」的袍哥文化既是帶著禁忌的隱晦，又明顯有種特殊的光榮感，獨特的在地文化內容對現代城市依然有股難言的影響。碼頭文化在重慶最明顯，也是最有特色的「棒棒」群體，棒棒就是過去在碼頭拿著扁擔等著替人挑貨物的搬運工人，直到現在的重慶街頭依然有這種行業的人，成群地聚集等待顧客，他們不再是碼頭邊的苦力，轉進市區街道謀生，方能延續碼頭文化的遺存。

迷霧中川美的華麗外衣

一般人對重慶的碼頭文化認為有兩個最值得注意的地方，一個是吸納意識，另一個則是過客心態。吸納意識在香港、上海、廈門這類的靠海城市，或者長江沿岸的城市幾乎都有其共同性，「過客意識」在重慶卻受到更多的重視和討論。我以為，重慶人有著自身的固執，並不一定能吸納各種的外來因素，對麻辣飲食氣味的執著就是一個明顯的例證（只有麻辣的才叫做火鍋，不辣的叫湯鍋），然而重慶人特別強調的過客意識，是怎樣的內容呢？我們可以從藝術的層面觀察切入主題來探討。

維基百科（Wikipedia）網站編寫關於重慶藝術概況的介紹這樣說：「重慶最著名的藝術家是羅中立，現任四川美術學院院長，最著名的作品是油畫〈父親〉。……重慶擁有四川美術學院這樣的全國著名藝術類高等院校，其所在地九龍坡區黃桷坪是重慶的創意藝術聚集區。」[8]圍繞著四川美院周邊有創作者的工作室、藝術品商店和為投考川美的考生設立

的為數頗多的繪畫補習班，川美老校區周邊有501藝術中心、「坦克庫」藝術園區等藝術集市，黃桷坪塗鴉藝術街也是川美校區附近特殊的街道景觀。顯然，編寫者（群）對於重慶的藝術介紹與社會大眾的印象相當一致，語意中也充滿了驕傲。

對於每年從大陸各地到重慶投考川美的學子而言，他們確實是個過客，能考上的外省市學生約佔1/3，重慶本地和四川省籍入學的總數共佔2/3，多數的考生尚未成為川美一員之前即遭到淘汰，成為最短暫的過客。有些還會堅持在川美附近的補習班繼續來年的考試，這些人也是過客之一；開設繪畫補習班的老師多數都是川美畢業生，選擇留在重慶繼續依靠繪畫技藝為生的美術生涯。這是校園圍牆之外的真實景象。

2009年12月18日川美校園裡的「重慶美術館」展出「羅中立獎學金創作展」，共有大陸35所大學、藝術院校的240多名應屆畢業生報名參與，申報人數較2008年增加了12%。2009年申報的作品類別計有，油畫、國畫、雕塑、版畫、裝置、影像、攝影及綜合材料等。最後由中央美術學院、中國美術學院、四川美術學院、廣州美術學院、湖北美術學院、魯迅美術學院、雲南藝術學院、清華大學藝美術學院等八所藝術院校的25位在校學生入選。

2009屆「羅中立獎學金」的初審評委計有：中央美術學院國畫系王冠軍和雕塑系蔡志松、魯迅美術學院油畫系李大方、廣州美術學院版畫系宋光智、中國美術學院油畫系崔小冬、湖北美術學院油畫系魏光慶，四川美術學院的評審有美術學系何桂彥、雕塑系焦興濤、油畫系鐘飆。複審的評委由羅中立選定湖北美術學院院長徐勇民、中央美術學院藝術市場研中心趙力、四川美術學院油畫系教授葉永青，以及獨立藝評家及策展人、巴塞爾藝博會中國顧問田菲宇（Philip Tinari）擔任。

這些評審名單都是目前大陸當代藝術市場的一時之選，也隱約有著針對獎學金捐贈人仇浩然收藏喜好的痕跡。不意外地，挑選出來的作者也都在「八大美院」的範疇中，儘管有裝置和複合媒材的作品得獎，但整體入選作品仍以平面油畫居多，這些結果可以從評審委員的

在老師們參與藝術市場的氛圍之下，在校的美術學院學生究竟會受到什麼程度的影響，在探討當代藝術的創作風格和表現力時，是值得觀察的重點。圖為羅中立獎學金創作展的入選學生作品。（左頁圖）

四川美院新校區裡，用醃製泡菜和釀酒的瓦罈裝點校園，彰顯四川的文化特色。校園裡以大面積種植蘿蔔等蔬菜，同時保留了農舍。（左圖）

背景中，看出作品獲選的傾向。25位入選的在校學生將在不久的將來進入市場的機會大增，有這些高度參與市場的老師們加持，畫廊業者會認為這是指示選秀方向的重要原則。

川美在本地的尷尬

在黃桷坪，與四川美院有關聯的各種行業、公私設施，最終都可以歸納到與川美的油畫系的絲縷關聯，對雕塑、版畫、中國畫等科系而言，油畫系毫無疑問地以羅中立領銜「子以父為貴」的姿態，站在執牛耳的地位。對四川美院全體而言，油畫系的老師群體除自己以外，為當代藝術市場引入的生產者和產品，建立了他們相當高的名氣，川美對於油畫系的配套扶持和發展也遠遠超越其它的科系。在離市區老校園一個小時車程，抵達重慶郊區仍舊是荒煙蔓草的大學城，川美正在建設一個全新的校區。除了油畫系和設計系依然留在老校區之外，多數的科系搬遷到景色宜人、一片農村景象的新校區裡，全新的工作室、設備和建築並未讓雕塑系的師生領情，原因是，離開市區太遠，對材料來源和後製加工、運輸均造成很大的不便，也喪失很多能與商業性活動結合的機會。

回到市區裡，川美校園外的「黃桷坪塗鴉藝術街」是一道有關當代藝術命題的街景，由區政府和川美主導的居民公寓外牆彩繪，形成一片具有藝術氣息的君民生活景觀。然而，公寓窗外和牆上依然掛著晾曬的衣服、空調的機器、竹竿，加上縱橫其間的電線、店家招牌，讓一片交通繁忙的街區，在視覺上更加紊亂。說起來，在十幾層的高樓有計畫的設計圖案和規整的平塗技巧，只能說是外牆彩繪卻不構成自由塗鴉的特點，但能夠標誌著川美在重慶的地位，並且受到政府的重視。從塗鴉街轉進一條小路，原本轟動一時的坦克庫工作室集聚區，兩個平日供人進出的大門都深鎖著，據說，很多創作者因為租金增加和無法賣畫而離開，這裡幾乎處於關門歇業的狀態。川美校門對面的「501藝術園區」裡平日僅有一家畫廊正在營業，一個剛閉幕的聯展將作品運還給作者，卻未有下一檔展覽的預告，在園區外面的

TANK LOFT ARTS CENTER

大門緊鎖的坦克庫藝術園
區，能繼續在重慶生活的
創作者，轉移到附近租金
較便宜的廠房或大樓開設
工作室。

馬路上，幾位「棒棒」聚在一起玩牌，打發沒有生意上門的時間，形成頗為陪襯的景色。

原以為在「坦克庫」能看到許多創作工作室，沒想到幾處具有「指標性」的園區裡渺無人煙，倒是在一個熟門熟路的年輕創作者帶領之下，在名為「十一間」的路邊大樓裡和一個物流倉儲的分租廠房裡，看到幾位正在忙碌工作的創作者。這幾位創作者多是川美的老師或畢業生，以油畫系的背景居多，他們在北京、上海有簽約的畫廊支持，手邊上正忙著趕製作品準備舉辦展覽。從他們帶著助手幫忙處理作品的景象，可以察覺確實有著不錯的市場現況（其中還有使用三名助手同時製作四件大幅油畫的）。一位油畫系的老師在工作室正忙著對著電腦合成照片很細緻的描繪著時尚的女郎的畫面，他說：「在教學的時候會告訴學生創作不可以追隨市場的潮流，訓練學生自己要能分辨是非。」而我的疑問是，從院長以下都高度參與市場的同時，看在學生眼裡的「是與非」將會形成怎樣的價值觀呢？

碼頭文化在市民階層形成了強烈的飲食取向和屬於庶民的種種，對於視覺藝術而言，當代藝術的外來因素並沒有被有歷史感的重慶社會吸納（帶著頗重的固執成分），重慶社會大眾更能接受傳統的水墨畫和文物骨董之類，有歷史感的文化藝術形式，而傳統水墨畫的交易自有本地的一套規則，也無所謂能以正規的市場的機制去議論的。重慶確實沒有形成具有規模的藝術中介機制，缺少畫廊業和兩級市場的層次，當代藝術的生產處於向北京、上海輸出的狀態，無法在本地落實。

「過客意識」對當代藝術而言，從四川美院的教育為源頭，也能看出些端倪，重慶的當代藝術發展離不開川美的勢力範圍，又以油畫系為大宗，不免讓我想到當年湖廣會館裡的景象。羅中立獎學金設立的另一層意義，是吸引各地的過客到重慶準備發跡的誘因，其他的獎學金，就沒有這樣的特質。許多畫廊業者到重慶拜訪創作者，他們也以過客的心態在川美附近挑選中意的產品，帶回能有銷售機會的市場地帶，並不會賣給重慶本地人。

許多的過客在重慶來來往往，在嘉陵江和長江交會處，朝天門的碼頭不再由棒棒們上下貨物，重慶有著和香港頗為相似的現代城市夜景，重慶的當代藝術發展似乎缺乏白領階層

著名的四川美院坦克庫工作室，受到外在環境的影響之下，顯得很冷清。（上圖）
舊廠房牆上的標語依稀可見，旁邊掛幅顯示著一場展覽與拍賣的聯展剛結束。圖為501藝術區。（左下圖）
川美畢業的創作者，如有畫廊簽約支持，就能留在川美附近繼續創作。（右下圖）

的支持。整體看來，重慶有廣大的市民階層，卻很難發現白領階層在社會裡的力量。不是嗎？碼頭文化裡有哪一點點是由知識分子或白領階層承繼的內容呢？學術界廣泛討論的碼頭文化的當代意義裡，歷史上的各省移民是一個重要的議題，顯然本土化的重慶移民也沒有接受當代藝術的意思。那問題會出在哪裡？肩負著教育和社會推廣責任的川美，並沒有在當地讓更多的受眾了解，為何油畫系的師生這麼受外地市場歡迎。

即使「十一間」裡市場行情不錯的創作者，依然對這兩年外地來的畫廊業主對待他們的冷遇態度和付款拖杳做法有些微詞，也全都可以歸納為經濟不景氣，和金融危機對畫廊業者和市場的影響。林林總總看來，重慶的當代藝術現況確實有點冷清，這一切有點令人沮喪的光景似乎還是要和川美的油畫系關聯在一起，但是否公平呢？我看，還算是公平的評價。

第二節
成都的藝術生產與產業矛盾

並不如重慶的碼頭文化那樣具有較為鮮明的性格特徵可以歸納，成都的城市文化性格很不容易用簡單的文句概括，卻也讓人能很快地聯想到安逸的休閒城市印象。早年台灣人在成都旅行，對於路邊上打麻將和到處都是茶館印象深刻，近年來，旅行的人在成都尋找更時髦的休閒玩樂場合，已經不太在意搓麻將的意象。

在成都旅行多數會以四川特色的小吃為優先，而今的成都小吃也都融合在幾個文化產業聚集的街區，讓人更容易吃得完整。文化產業是四川盆地幾個城市力求發展的目標，重慶和成都又是兩座具以指標性的區域，成都以休閒、小吃帶動文化旅遊和產業之外，藝術產業也在盆地內佔有重要地位。雖然沒有嚴格意義上的藝術產業完整規模，表面夾帶著藝

與香港有點相似的嘉陵江和長江會合的重慶朝天門夜景。碼頭文化讓這個城市更具有庶民性格,對當代藝術的接受程度不高。
(左頁圖)
茶館文化是成都人引以為傲的城市性格之一。圖為青羊宮內的茶棚。
(右圖)

術、文化元素的休閒活動區域卻比重慶還多。處於四川盆地中央地帶的成都,有時候大霧來得很急,影響交通出行等生活的秩序,電視新聞卻輕描淡寫地報導班機延誤、市區擁擠、上班遲到景象,受訪市民依然一付坦然應對的表現。

成都的文化性格

80年代末,成都的知識界和傳媒界就在討論所謂「盆地意識」,將安逸的、霧氣迷濛的蜀地四川省以成都為代表。近幾年,成都文化人不太能接受將保守、封閉,還帶有點夜郎自大心態,歸納為是所謂「盆地意識」的這個說法,他們認為這在當時幾乎是所有中國城市都有的共性,並非四川盆地才特有的;他們也認為,如果說成都的市場經濟水準和社會改革步伐要落後於沿海的幾座城市,那也僅僅與「盆地」的地理環境限制有關,卻與城市百姓的「意識」無關。極力為成都盆地意識翻案的知識分子覺得,就意識而言,成都人思變、圖新、躁動、焦慮等心態與別的城市也是沒有兩樣的。

成都在地的文化人對外地文化人誤解成都的文化性格耿耿於懷,在他們看來,外地的文化人看成都的視角都只能視為觀光客的觀點。按照大陸的習慣,出差或者屬於私人的旅行,都會有相應的單位或朋友接待,在成都的普遍接待行程就會去公園、茶館、酒吧,並相陪著飲酒、喝茶、打麻將。飲酒、喝茶、打麻將的景觀似乎成了外地人對成都日常生活的概括,於是,讓成都人的悠閒和會過日子的印象成為定格;語意裡反而透露著,成都人喜好安逸,對生活沒有什麼追求和企圖的酸味兒。成都本地的文化人認為,熱情好客的成都人是為了讓短時間停留的客人能玩得輕鬆和開心一些,總是將自己的忙碌隱藏在笑臉之後,主人會一邊陪著客人玩樂,一邊見機行事去處理一兩件生意或生活上的事情,再回到玩樂的場合中來。而外地人所見的那些在大白天喝茶、聊天、打麻將的所謂閒人,有的是退休或失業的人,以小賭混時間;有的則是生意人,借茶館談些生意和做買賣是極為普遍的方式。

以清代傳統建築為號召的成都文化休閒商業街，隱埋在晚間熱鬧的燈紅酒綠的酒吧生意裡。圖為寬窄巷子古街區一景。（左圖）
西南地區的文化產業區注重飲食、休閒娛樂行業發展，在古街區的傳統建築中應用傳統的元素，經營的卻都是現代熱門的內容。圖為成都寬窄巷子。（右頁上圖）
大陸發展文化產業的同時，對於中西文化衝突、適應、平衡等議題總見於學術的思辨，產業界反而在實踐中有積極的態度。圖為寬巷子中的跨國咖啡連鎖店。（右頁下圖）

　　對於成都最在地的市井文化，一直以來有「三多」之說：閒人多，茶館多，廁所多。每條街都有自己的茶館和老茶客，茶館裡散放著小方桌和用四川斑竹和「硬頭黃」製成的小椅子，自有一套斟茶招式的夥計手提銅壺滿堂穿梭，全套動作兩秒鐘之內一氣呵成。百年來，老成都這類庭院茶館最有代表性的悅來茶館，在90年代成了房地產商嘴裡商議後的肥肉，終於拆掉改建大樓。兩年多前，成都開設幾處富麗堂皇的茶館，成為本地時尚、商務人士以及外地觀光客領略成都茶文化的地方，卻不是成都真實的面貌了。

　　當然，觀光化的茶館能領略到文化與商業結合的休閒消費模式，對成都本地的老茶客來說，喝茶並不是一種消費或休閒，它就是本地生活的本身。從在地文化人對成都的文化性格的分析中得知，成都生活文化的代表是與幾種不同性質的茶館，以及幾種社會階層在茶館從事不同性質活動的場域分不開。說得更明白，成都的茶館文化有本地與外地之分，對於成都這座城市的文化性格，也至少有本地人和外地人兩種不同的認知。

藝術產業缺乏藝術內涵

　　從產業的角度觀察，近年成都有幾處頗具知名度的傳統建築改造的文化產業街區，以休閒生活和旅遊為定位，在鬧區裡聚集飲食、生活、文創等產者，趕上大陸這波試圖以文化產業創造財富的浪潮。顯然，成都鬧區的休閒街區與老成都人熟悉的茶館文化有很大的區別，加入更多樣的流行文化元素，同時成為外地人和本地人消費取向的區隔界線，也是年齡層、社會階層的分隔帶。

　　錦里是最早打響知名度的街區，範圍較其它的休閒商業街區寬闊，休閒的意味也更濃，錦里是標榜西蜀歷史上最古老、最具商業氣息的街道之一，與三國聖地成都武侯祠僅有一牆之隔，將參觀與休憩兩處景點結合，增加延伸遊覽的範圍。蜿蜒曲折的巷道約有400公尺，街道不寬，商鋪接踵，街區內還有小橋流水、亭臺樓閣，以「明清版清明上河圖」為宣傳，

　　似乎有意讓錦里成為一處可遊可居之處；建築面積6520平方公尺，錦里古街的川西古鎮建築風格在雜沓的宣傳和實際商家經營之下，幾乎無法分辨川西和其他地區古鎮的特色。旅遊購物、休閒娛樂為一體的經營思維，使得茶坊、餐廳、酒吧、旅遊工藝品、四川特色產品等商鋪攤販遍佈街區，加上一條「好吃街」，網羅具有四川特色的各種小吃，多數遊客將錦里與上海新天地、北京王府井夜市相互比較高下。

　　比錦里古鎮要年輕的「寬窄巷子」歷史文化區，由寬巷子、窄巷子和井巷子三條平行排列的老式街道及四合院落群組成，寬窄巷子是成都遺留下來的較具規模的清代古街道，與大慈寺、文殊院一起並稱為成都三大歷史文化名城保護街區。成都「寬窄巷子」在原有的老街道基礎上，重新改造為飲食、服裝兼或有少許文創業的聚集地。若說入夜後的寬窄巷子燈紅酒綠也不為過，在這裡的消費群體最主要的目標是酒吧，星巴克同時在錦里和寬巷子的傳統建築裡經營美式休閒，依然敵不過本地酒吧的吸引力。無論是如何地以四川的傳統為號召，幾個古街區在10月的復活節和12月的聖誕節都要有應景的布置和活動，招攬更多年輕族群和外地遊客。

　　在錦里規畫整齊的小面積店鋪裡，有專門販售四川美術學院老師量產製作的簡筆彩墨畫，除此之外，皮影、葫蘆烙畫等傳統手工藝的攤子只是在小吃和酒吧之間的一種點綴而已。

藝術生產的聚落效應

　　成都的藝術產業和市區裡的文化產業沒有重疊之處，少數的畫廊和文物商城裡的數量較多的骨董店也涇渭分明。從藝術產業的關係觀察，數量和面積最大的在藝術生產而非中介機制。四川音樂學院（以下簡稱「川音」）有70餘年的歷史，2000年四川音樂學院為準備籌建藝術大學，而創辦「四川音樂學院成都美術學院」（以下簡稱「川音美院」），在兩岸教育體制的差異

【9】詳見四川音樂學院美術學院網站：http://www.cycdmy.edu.cn/index.html

儘管在傳統建築林立古街區，12月底依然要有應景的聖誕節裝飾以招攬年輕
遊客。圖為成都錦里古街區一景。（左頁圖）

中，台灣的藝術院校師生難以理解這個「大餅包小餅」奇怪的名稱。即使在大陸，音樂學院
下設美術學院也是頗為稀有的事情，加上舞蹈系、歌劇與藝術管理系、戲劇系、戲劇影視文
學系、傳播藝術系等系所，這所「音樂學院」大概只是無法正名為「藝術大學」，而已經有
藝術大學之實；難怪川音要用「以超常規的方式起步，走一條跨越式發展的新路」[9]做為
宣傳口號了。

　　川音美院下設中國畫系、油畫系、雕塑系、視覺傳達藝術系（含包裝、廣告、招貼、VI策畫、
書籍裝幀等）、環境藝術系（含室內設計、園林景觀造型及旅遊產品設計專業）、工業設計系（含產品造型及展
示），加上目前熱門的數碼媒體藝術系、卡通藝術系，幾乎囊括所有視覺藝術學科，也可以
說幾乎涵蓋了全數的視覺藝術行業。目前當代藝術市場最熱門的油畫系、雕塑系、國畫系的
副教授以上的老師，以北京的中央美術學院和重慶的四川美術學院為班底，佔有1/2以上的
比例，油畫系7名講師也有4人是四川美術學院大學部或研究所的畢業生，四川美術學院提供
成都藝術生產最大的來源。

　　從川音美院畢業的創作者多數以留在成都為首選，最重要的理由是，成都的生活條件優
於重慶或四川省其他城市，若是深入分析箇中深意，成都具有的藝術創作聚集區確實比重慶
和周邊城市為多，也提供較優的創作條件。

　　成都有老藍頂、新藍頂、北村、西村等藝術工作者的聚集區，2003年，周春芽、郭
偉、趙能智、楊冕四位成都藝術家找到機場路旁一排閒置廠房，將其作為自己的工作室，因
廠房是鐵皮藍頂所以命名「藍頂藝術中心」。至2009年初，藍頂1950到1980之後的「四
代」創作者共計109位，在北京宋莊舉行過一場大型展覽，從上世紀50年代的代表周春芽、
何多苓；60年代的郭偉、郭晉、許牧原、蔡黎明、李熙；70年代的屠洪濤、吉磊、符曦、
陳秋林；80年代的郭典、白東亮、謝正莉、耿波等人，為藍頂聚集創作者群打響名號。然
而，老藍頂被周邊林立的家具廠包圍，運送木材的貨車高分貝的喇叭聲、鋸木頭的噪音，空
氣中瀰漫著刺鼻的甲醛氣味，加諸河道容易在大雨時淹水等環境條件缺失，也由於五年之間
創作者依照市場的行情高低的區別，老藍頂的群聚逐漸分散。

　　據說，由周春芽、何多苓、趙能智、郭偉、郭晉、楊千、羅發輝、楊冕、阿龍、吉磊、
屠洪濤、李胤、唐可等14位在老藍頂發展豐收的創作者自籌1100萬元人民幣，在成都市區
附近的三聖鄉修建「藍頂藝術中心2號坡地」號稱「新藍頂」，吸引長期居住在北京的創作
者郭晉、趙能智、楊冕、楊千等人也來到這裡。

　　兩處藍頂的創作者多以四川美院為班底，而鄰近川音美院的「北村藝術區」則由馬一
平、何多苓、劉勇、劉虹、王承雲、王龍生、陳默等川音美院的老師發起，以川音成都美術

學院為基礎，與藍頂有較明顯的區隔。北村藝術區一期總面積8000平方公尺，由6間超大型廠房及周圍的38間平房組成。目前有40多位藝術家在此創作。北村藝術區內的「北村獨立工廠」是開放型工作室，可供5-7名創作者同時工作使用。獨立工廠由川音成都美術學院油畫系教師魏言創立，工作室初創人員，包括院校教師、廣告公司策畫總監、設計事務所執行總監、職業藝術家、自由工作者和在讀的大學生共同組成。場區的改建和裝修由香港中環藝術基金會、香港中環美術館提供先期的贊助資金。

藝術創作的產業鏈模式

　　「新藍頂」總面積達50畝，園區內16幢風格各異的建築據說是根據每位創作者個人需求量身打造的。園區內有小型美術館，創作與居家合一，這種模式在目前大陸的藝術家群落中是罕見的高等級配備。「新藍頂」進駐錦江區是該區政府以「文化產業示範基地」為號召的政策性規畫。錦江區文化廣播電視局認為，引入高規格的藝術區，對豐富當地文化資源、打造當地品牌大有裨益。2010年，區政府已提供相關扶持政策，其中涉及土地、人才引進、稅收、補貼等幾方面，希望在往後形成產業鏈。2009年6月開始，30多位青年創作者，在新藍頂附近的梔子街69號住宅套房當作工作室，新藍頂的周邊也出現集聚效應。目前新藍頂已在籌備二期工程，想吸引更多創作者在「荷塘月色」落腳；周春芽接受當地記者訪問時，他所提出的憧憬是：「我們要做成『成都798』」。

　　「西村」的全稱是西村 Lifestyle Center，意取與紐約現代藝術發源重鎮的「東村」相對。由成都本地企業開發，原先設有別墅區、越野車俱樂部、高爾夫練習場、游泳池等休閒設施，2009年2月重新改造為文化產業園區的經營型態，別墅成為文創餐飲等複合經營，游泳館改為「當代藝術平價超市」，是成都唯一沒有創作者工作室的藝術區。成都「高地藝術區」以四川大學藝術學院教授何工為領軍人物，期望這裡成為教學與創作互動的基地。糧倉

藝術區位於成都市東面約20公里的龍泉驛區洛帶古鎮老街上，該鎮以客家文化著稱。原址是上世紀60、70年代洛帶鎮的商品糧集散地，由龍泉驛區政府與四川本地企業合作的糧倉藝術區，變身為時下頗為流行的「LOFT」藝術區，園區內有藝術館、學術交流中心、藝術家工作室群共同組成。

　　成都的藝術區概略有三種發展模式，其一是以老藍頂為代表的自發性創作者聚集，也是最原初的聚集型態；其二是如同新藍頂、高地、糧倉等園區，由政府和企業合作的經營模式，類似公辦民營的型態，地方政府提供的較優厚條件，其目的在於促銷、提升偏僻地區的房價。第三種模式嚴格說並不以藝術創作（生產）為目的，更傾向文化產業的集聚型態，兼融入創作者工作室、畫廊等行業以符合藝術之名；長期目的也在於後期的房地產開發，以文化產業帶動房地產的附加價值。

　　「北村」聚了來自大陸各地的70、80位創作者，「藍頂」也有50多人，加上其他幾處藝術區聚集的創作者，成都對藝術生產的聚集力確實可觀。然而，近兩年當代藝術市場的衰落未見起色，這類的聚集僅是提供創作空間而無法提供銷售管道，當初老藍頂即使地處成都市區邊陲地帶，依然能夠讓創作者群聚擴大的最主要原因，並非是工作室租金便宜，而是外地的畫商會以到這裡尋覓作品為首選，經過幾年的起伏，新藍頂的成立則標誌以市場行情為標準的創作者「等級」也形成。

　　目前除了新藍頂的「頂級創作者」沒有後顧之憂地可以在別墅裡工作之外，其他幾處的創作者面臨市場不景氣的考驗更加明顯，遷徙到市區以外租金便宜的外圍地區，也是因應之道。因此，後期規畫的藝術區往往無法單純以藝術創作為定位，融入設計、畫廊、文創產業，甚至是創作者兼營的型態，使得藝術創作也出現如同企業經營一般的「價值產業鏈」關聯。北村藝術區的獨立工廠即是在從藝術創作進而開發多樣態的經營型態，我們或許要問，這種讓創作者的身分模糊和定位搖擺的策略真的能對創作者有好處嗎？關鍵不在於社會的觀感評斷權衡得失，而在於創作者必須要有生存下去的條件和空間。

成都藝術區一覽表

名稱	成立時間	位置	租金(M²/月)	備註
老藍頂藝術區	2003年8月	機場路太平寺機場側	約6-9元	周春芽、郭偉、趙能智、楊冕、羅發輝、舒昊、何多苓、吉磊、阿龍、屠洪濤、唐可、徐牧原、黃明進、廉學洑、刁毅、肖克剛、夏羽、許力、李熙、符曦、郭燕、陳青、劉石、王勝強、曉野、大貓、吳娛、鄧先志、羅應龍等
濃園藝術區	2006年10月	簇橋鄉外環路側	約12-15元	程叢林、邱光平、孟濤、吳學均、梁平、李如碧、王念東、呂華、程碩、徐鵬、胡俊滌、辜靜、田豐、何敏、王毅、梅斌、蔣雨、張勇、楊寒梅、吳澤軍、高玉金、曹陽等
北村藝術區	2008年1月	新都區寶光寺側	約4元	馬一平、何多苓、劉勇、劉虹、王承雲、王龍生、陳默
新藍頂藝術區	2009年1月12日落成	三聖鄉荷塘月色2號坡地	約5-6元	周春芽、何多苓、趙能智、郭偉、郭晉、楊千、羅發輝、楊冕、阿龍、吉磊、屠洪濤、李胤、唐可
西村藝術區	2009年2月	青羊區貝森路	—	藝術品空間、藝術設計工作室，及其相關行業生活、辦公空間等
高地藝術區	2009年4月	雙流縣萬安鎮	約3元	何工、蘇聰、楊方偉、蘇素芬、王睿、曾妮、楊來雁、周欣、熊薇、李伯忠、馮翰平、史蘇堯、周韜、劉真、狄青、唐宇、姜勇、謝平、楊威、蔣鵬、曾輝等
糧倉藝術區	2009年9月改造完成	龍泉驛區洛帶古鎮	—	張小濤、邱光平、郭燕、曾妮、梁克剛、肖克剛、廉學洑、趙彌等

資料來源：藝術檔案網／陳默 2010.01.07：http://www.artda.cn/view.php?tid=2781&cid=30

　　成都的創作者等待外地畫商的接洽，或者群體往北京、上海做一次巡遊式的展覽再回到成都過著不一定符合城市性格的生活。他們的集聚並非是在地茶館文化那樣地夠鄉土，而更像是外地觀光客對成都的文化印象。成都本地沒有畫廊中介機制調合數量頗多的創作者，使得許多創作者需要身兼數職地去完成從生產到銷售的過程。雖然成都的魅力在於休閒，這些創作者並不清閒呢！

第三節
大陸西南地區藝術生產的特性

　　成都的集聚區規模逐漸從市區擴大到周邊的鄉鎮，吸引重慶和其他地方的創作者在「美食之都」落腳，在城市文化性格的引領之下，兩處城市的藝術產業相互拉扯和兼容。從城市文化性格到藝術生產的規模，從現狀到未來發展可能遭遇的問題，比較兩地的藝術市場發展內容，可以看到西南地區的特性和對未來發展的思考。

四川地區的日常生活融入了過去碼頭上的腳伕們的飲食、娛樂等內容。圖為三峽博物館展示早期碼頭生活的麻辣火鍋。

城市文化的定位

位於臨長江中游的重要城市重慶、武漢都宣稱自己是延續著碼頭文化的內涵；成都、南京、上海也都稱自已是歷史上有所依據的移民城市。似乎在說明這些積澱的城市文化內涵同時成為城市的代表，也帶著一點獨特的驕傲。然而，仔細觀察大陸的城市，只要沿著長江構築的城市幾乎都有碼頭文化的遺存，只要經歷過明朝朱元璋的大移民和清代幾次戰爭的城市，也都成為後來的移民城市。沒有一座城市可以獨自以移民城市或碼頭文化為唯一的代表，我們只能以不同地區的移民和碼頭孕育出有地域差異的文化性格，去理解成都的移民城市性格與上海的不同；重慶的碼頭文化自然也會和武漢有些許出入。

說穿了，重慶的碼頭文化是以長江水系為生命源頭的庶民社會底層的生活點滴累積，從麻辣飲食、喝粗茶到袍哥義氣的殘存。近些年，雖然當地人遮遮掩掩地都不願將「袍哥義氣」與黑道做成直接聯繫，卻也有著絲縷藕斷的關聯，而「袍哥義氣」的初衷和今天的理解，確實是不同黑道混江湖那樣膚淺。成都的移民和上海移民最大不同是，成都早在三國時代就讓居住在湖北隆中的諸葛亮，整治的都說著一口的四川話和吃川菜。20世紀以後的成都移民當然不如上海移民為多，少了重慶碼頭上討生活的汗水，成都一派悠閒的庶民飲食文化，比重慶更加注重吃喝飲食和麻將這些國粹娛樂，而今上海的景象呢？民國初年的「洋涇濱」和「海派」這些老上海的文化形容詞，早已經變味兒。我們可以這樣歸納，無論從語言、飲食、娛樂等庶民性的內容看，成都的移民城市性格早已經定格，而上海依然繼續著進進出出的移民滾動之中。

大陸許多城市往往使用相同的歷史與文化的概念，做為自身的城市標記，例如：移民城市、濱江、臨江城市等，似乎城市的性格有其複數性，許多相類似的歷史條件和背景的城市或許能歸整成一個大概念之下的文化名詞，然而，我們看長江從中游以下逐漸往北的流勢，許多沿江城市的整體印象，並非都屬於江南的文化，在下游同樣標榜經過明朝大移民換血的

成都的大霧來得急，成都人都
能悠然面對。圖為金沙遺址博
物館園區。（左圖）
重慶當地的當代藝術生產幾乎
都圍繞著四川美院。圖為501
當代藝術區內的畫廊，正在展
出當地的創作展。（右頁圖）

南京城，具有更明顯的北方語言特徵和飲食文化特性。南京的移民比之成都又複雜一些，畢竟他在中國近代史上有更多的遭遇，移民城市的文化性格比成都更加鮮明。

重慶和成都有各自城市文化性格，其所凸顯的庶民性和各自歷史的積澱內容，2010年2月28日，聯合國教科文組織和成都市政府在北京舉行記者會，聯合國教科文組織正式批准成都加入該組織的創意城市網路，並授予成都「美食之都」的頭銜。這標誌著成都成為亞洲第一個世界「美食之都」，這是聯合國教科文組織轄下建構的全球創意城市網路，也是世界創意產業領域最高的非政府組織，旨在提升已開發國家和發展中國家城市的社會、經濟和文化發展，共計設定了美食之都、文學之都、電影之都、音樂之都、設計之都、媒體藝術之都、民間藝術之都等七種榮譽稱號，每一種榮譽稱號都有相對應的國際評選標準。

成都與重慶的拉鋸

有趣的是，成都獲得「美食之都」的名號，是七種城市美名中唯一離「文藝」內涵最遠的頭銜，有中外馳名的川菜加持，成都的飲食有在地的純粹和歷史傳承的特質，在這場只有20個會員城市，國際性不夠普及的評選中勝出，也顯示成都缺少更深一層的文化建設支撐它的美食。然而，從城市文化的性格進一步分析，重慶即便具有西南地區最強大的藝術生產基地——四川美術學院，這些藝術生產者也敵不過成都更誘人的飲食為尚的適宜環境，即使沒有長江、嘉陵江的調節，更容易受霧鎖氣候的影響，但是，成都的安逸氣息卻是在重慶居住所沒有的。這說明了成都的藝術生產聚集地比重慶多幾倍的事實，從重慶學成之後移居或返鄉回成都繼續創作的人，似乎都不棧戀重慶這個直轄市具有的各種環境條件。

　　羅中立領銜的四川美術學院的名氣大過於年輕的四川音樂學院美術學院，但是，川音美院所在的成都卻吸引大批川美的師生到成都落戶。這中間形成一種拉鋸的效應，成都和附近的四川省城市將高中畢業的美術「學徒」輸出至重慶，一旦學藝完成，成都和附近城鎮的藝術集聚區又接納這些加工之後的「熟手」。成都的藝術生產集聚園區並不是坐享其成的投機份子，確實是因為重慶沒有夠大的基盤容納這些學成的生產者，讓他們在重慶有持續發展的空間。可以在重慶安身立命的，多數是川美的老師級生產者，老師級的生產者能夠充分地占有重慶與成都兩地的社會資源不說，連帶有北京和上海的中介與消費關係鏈，他們進退自如，不是學生們能望其項背的。

　　從兩地藝術中介的規模比較，約略可以看到為何成都較為吸引藝術生產者往成都聚集。其實，一級市場的主力——畫廊，兩地的數量與規模相差不多，均處於草創階段，沒有成熟的一級市場運作模式可以直接消化當地的藝術產品，兩地都端賴廢舊工廠區改造之後的藝術園區進行生產與中介的整合。藝術生產兼具中介銷售的藝術市場初始狀態，使得生產者往往也負擔著策展、評論、評選、行銷等複雜的工作。既然都如此，重慶與成都也就沒有高下之分，可是，當創作者像沙漏一樣逐漸從重慶往成都傾瀉時，成都的集聚規模也漸漸大過於重慶，世界各地（真的可以這樣說）的畫商到重慶只消去川美跑一趟就已經完成他們探路、洽展、採購等種種的任務，這時間可以很經濟而緊湊。接著若轉往成都總需要幾天的時間，擴大範圍跑遍成都周邊城鎮才完成他們的需要，可能是在茶館、餐館裡與在地的創作者聊出具體的合作計畫。

　　對畫廊和畫商而言，重慶與成都均沒有穩固的本地一級市場，當然是最好不過的事情，北京、上海、港台等地的中外畫商可以在西南地區洽談採購，轉回自己的根據地進行銷售工作，外地的畫廊或畫商都不認為他們需要在西南地區建立新的基地，只要做好與生產者的鏈結工作即可達到預期效果。

雙城藝術產業的比較

　　重慶與成都兩地的藝術生產狀態像是無形中築起一道水壩，阻隔了西南地區的藝術生產者沿著長江往下游長江三角洲的城市移動，或者從陸路往北方的北京發展。看似一道水壩，成都卻能蓄積的儲水量比重慶要大得多，重慶與成都同樣提供了四川本地（含重慶）的藝術教育資源，四川人留在本地成為最自然不過的結果，他們還可以隨機地在重慶與成都兩地之間移動，更增加了活動的範圍。對外省市到四川接受教育的學生而言，雖然，沒有本地人語言與文化的優勢，他們卻能在重慶或成都學習期間，得到彼此之間的認同，畢業之後能先佔一處靠近在地藝術生態核心的基盤，也能縮短融入在地的藝術生態的時間。我們不容易發現兩座城市的「排外現象」，這是兩座城市共有的文化性格，儘管，重慶和成都兩地的本地人有些齟齬，彼此總有些理由覺得自我的優點較多，對待外地人卻都一致地友善。

　　五年前，少量的西南地區創作者進入北京798這類藝術園區發展，近兩年由於成都的藝術集聚區迅速擴大，又出現去北京發展的川籍創作者回流西南現象。當年「北漂」的創作者多少都有自己在藝術市場的累積，帶著自己的資源回到成都之後，具有提升自己的等級的作用。我們從北漂回流的創作者進駐哪一個藝術集聚區可以知道端倪，他們的名字被開發商或主事者做為號召創作者入駐園區的招牌，受邀請的待遇不同於一般主動尋覓進入集聚區的創作者，由此可以體會實質的「升級作用」發揮效果。

　　如果，重慶和成都藝術圈子的主事者一直認為建設藝術生產園區，可以達到促進當地藝術產業發展和帶動周邊幾種相關產業共同發展，這種對未來的美好設想卻也有些冒險。換句話說，如果成都和重慶將自身定位於「藝術生產基地」，能安然地等待著世界各地的中介者與消費者到西南地區兩大藝術重鎮採購與消費，這種構想在藝術市場運作的規則中，有其

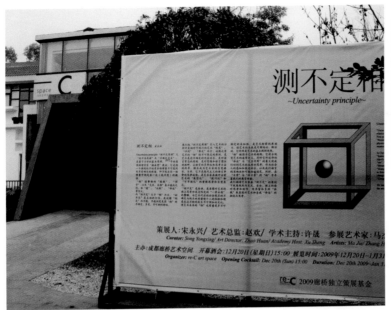

三峽大壩建成後，許多古蹟文物都沉入水位升高的江中，重慶這座碼頭文化城市也面臨與其它城市如何區隔城市性格的問題。圖為重慶的三峽博物館模擬生態展廳。（左頁圖）

少數具有經營理念的當代藝術畫廊，正舉辦一場當地策劃的當代藝術展。西南地區的藝術中介規模不足，是日後發展的障礙。（左圖）

盲點。我認為，若是缺乏本地自主性、分工明顯的銷售通路，藝術生產將成為自產自銷的模式，缺少專職中介機制為藝術生產建構銷售管道，藝術生產終將無法形成市場的公開行情與紀錄，對藝術生產本身是種傷害。

這兩座城市都缺少本地的藝術消費群體，2009年四川省（不含重慶市）文物藝術品拍賣成交4246.27萬元人民幣，佔全省拍賣行業（房地產、股權、農產品等）成交總額的0.21%，與2008年同期相比，減少了1572.58萬元人民幣，降幅高達27.03%；如此慘澹的拍賣業績，甚至不及北京、上海等地拍賣公司一件拍品的成交價，可見四川省的文物藝術品拍賣市場不是普通地低迷。對於2009年四川文物藝術品拍賣市場慘澹的成交額，四川省拍賣協會認為，「許多拍賣公司因底氣不足，缺席春秋兩季拍賣會，大多處於保守觀望，按兵不動是直接導致文物藝術品拍賣繼續萎縮的主要原因。」四川藝術品拍賣市場以四川嘉誠、成都夢虎、天府藝源、成都金沙等幾家公司為首，在2009年均沒有舉辦春秋兩季拍賣會，2009年在成都僅有5場拍賣會舉辦，與2008年相比，拍賣會減少了一大半。從拍賣結果來看，僅四川嘉禾的秋拍成交額達到了3079.48萬元人民幣，這也是2009年成都本土唯一一家成交額上千萬的拍賣公司，而其他幾場拍賣會，拍賣結果都不理想，最多的成交額也沒有超過500萬元。

兩地普遍缺乏藝術評價體系的獨立性應該是長期發展的最大隱憂。目前，美術學院的老師們擔任著藝術評論者，卻又並非由美術理論教學的老師群體擔當起與藝術創作能切割的評價工作，反而是藝術創作兼具評論者為多數佔據當地的發言舞台。大陸當代藝術圈子裡最為人詬病也在這個關鍵之處，四川成都附近的青城山建立了8座以目前當紅的個人創作者為名的當代美術館群，造成沸沸揚揚的話題，儼然是新、舊兩個「藍頂藝術區」的最高級版本一般，當前的超級明星進駐的五星級紀念館，是不是嫌早了一點呢？可待日後持續觀察。

2009年11月13日，位於北京直屬文化部的中國藝術研究院又成立了中國當代藝術研究院，由畫家葉永青擔任中國當代藝術院的「學術主持」，羅中立則擔任院長，首批受聘於中國當代藝術院的22名藝術家，包括羅中立、徐冰、許江、韋爾申、蔡國強、張曉剛、曾梵

西南地區的文物市場規模和藝術品市場，都無法具有相當規模構成藝術消費的基礎。圖為成都的文物市場。

志、方力鈞、岳敏君等人。從青城山當代美術館群和中國當代藝術研究院這兩個實例可以發現，在大陸當代藝術的生態圈裡，學術理論的學者多數處於「在野」的地位，或許是由於市場因素而名聲大噪，受官方重視的創作者則能夠學術與創作，將研究和實踐兩樓合一。若有首善之區的北京官方的加持，這樣的現象同時在成都出現，似乎也不顯得突兀，然而，對現實的西南地區的產業、市場有好處嗎？

西南地區既然已經建立頗具規模的藝術生產基地，本地的藝術評價系統也需要跟進，地方政府在建構藝術產業的配套方案裡，應該加強鼓勵中介機制的在地化，增加一級市場的畫廊、美術館等場域才能讓創作者在本地受到普遍的認識，也能培養本地藝術消費群體。在地庶民性格強烈的兩座城市，當代藝術產業的主事者也缺乏引入庶民生活視野的意識，依然認為「藝術的歸藝術」，將當代藝術放在高高在上的地位，似乎不是能加分的思維方式。就像是重慶與成都總讓人有迷霧鎖城的印象，撥開迷霧可以讓世人看得更清楚些。

第九章 區域藝術市場形成

在幅員廣袤的大陸，區域市場的趨勢將會是必然的一股潮流。大陸的區域藝術市場特徵是既有本地區的市場交易特性，又能在各區域之間形成一種連動的關係。從國際視野看待，大陸的藝術市場逐漸受到亞洲各個市場的布局牽動，成為歐美等其他畫商進入亞洲的重要交易平台；從沿海發達城市到內陸二級城市漸次展延互動的範圍；各區域市場不同程度地受到國際藝術商家的注意。於此同時，大陸自身也積極地參與國際藝術市場的各種活動。我們要觀察的重點，即在於區域市場在這種態勢中將會出現的動態。

第一節
兩岸共同市場的設想

一如美國次級房貸風暴掀起的震波，可以感到大陸當代藝術品市場也陷入緊張的氣氛之中，2008年3月開始許多人都在期待當年春天香港蘇富比拍賣會發生一次引人震驚的大事件，以確定中國當代藝術已經踩進全球化的門戶裡。然而，在同年4月香港拍賣並未如預期，成為美國次級房貸風暴必然影響中國當代藝術品市場的引爆點。讓諸多評論者失望之餘，中國當代藝術品在香港拍賣依然炙手可熱，埃斯特拉藏品（Estella Collection）拍賣的第一部分即已帶來17,865,641美金的成交量；遠超過最高估價1200萬美金的預期。蘇富比在紐約舉辦的埃斯特拉藏品拍賣的作品：張曉剛的〈血緣：大家庭（3號）〉拍出6,061,619美金，創下了拍賣會上藝術家作品的最高紀錄【10】。4月29日中國嘉德2008春季拍賣會中劉小東的〈溫床NO.1〉（五聯，長10公尺，寬2.6公尺）以5712萬元人民幣的成交額傲居全場榜首，幾天時間之內再度刷新了中國大陸油畫拍賣的最高紀錄。

國際拍賣的動向將大陸的當代藝術品市場打回自己的本土，一如大陸在推動打壓房價政策上的完全自主一般，並不受國際房價規則的左右，大陸目前依然以本土的動勢為準。

共同市場的基礎

如氣象預報失準一般，颱風轉向或者在眼前消失，使得我們對大陸當代藝術品市場的動向必須更加謹慎地觀察與判斷。2008年春季，我們知道上海的初級市場動向並沒有受到同季國際當代藝術品拍賣市場的影響，上海的畫商們的盤算主要放在奧運之後的利多移轉，儘

【10】2009年香港佳士得春季拍賣會，張曉剛〈血緣系列〉拍出4,100,000港幣的價格，僅高出預估價上限500,000元。
丁乙的〈十字〉則超出預估價上限將近六倍以4,100,000元港幣成交。

管這樣的期待在兩年後落空，卻已經在北京與上海兩場盛事的時機，將北京與上海的地理空間距離縮短。

奧運之前，上海畫廊界有一種共同的期望，希望奧運結束之後藝術品市場的焦點將轉向上海地區。事實上，申報世博會成功那一年，長江三角洲地區的幾個重點城市已經從各個方面進行聯合戰略的研擬。包括上海、南京、蘇州、杭州在內，延伸到常州、無錫，乃至於鄰近的安徽地區，在交通、經濟、產業鏈等方面，形成網狀的聯合開發計畫為世博會做最積極的準備，連接上海和寧波的杭州灣跨海大橋在2008年5月1日勞動節先行通車試行，率先達到「蘇浙滬三小時生活圈」的目標。從北京轉向上海的市場焦點這個構想的實現，首先是建立在交通的基礎上，從上海到北京的高速鐵路已經動工，5-6小時之內抵達的目標，將使得南北陸上交通多選擇促進商務升級；南京到北京已經通行10個小時抵達的直達特快火車。

若是將2008年台灣大選結果落定之後，兩岸關係趨向積極的發展態勢，也納入上海可望接收奧運之後好機會的加分因素，在上海經營畫廊的台商們對這方面的判斷，更有積極布戰的理由。2008年7月第一階段的週末包機開啟兩岸直航，桃園到上海在3個小時左右抵達，2010年松山與虹橋機場1.5小時的直飛班機開航，結合台北與上海的畫廊界資源，上海地利之便有望成為兩岸藝術共同市場的核心地區。進一步說，所謂的「兩岸資源」，是趁著直航的便利，更集中在將台灣收藏家帶進上海的藝術市場，擴大上海的藝術消費階層。

這個以直航建立共同市場的構想，是基於目前上海藝術消費結構性的問題，無法讓畫廊正常運作，從結構性進行調整將會一個可行的出路。在畫廊集聚的莫干山路50號的消費群以國外人士居多，無論是在中國工作的老外或是外國遊客，成為集聚在莫干山路的畫廊買藝術品的主力。換句話說，上海初級市場的消費群以外國人所佔比例最多，缺乏本地的收藏族群支撐長期的市場營運，業者憂心沒有相當的消費面積，只是競相囤積看似日漸增值的當代藝術品，將會面臨「搶貨源，無交易」的局面；境外市場大過於本地市場。

大陸藝術類專業媒體
隨著藝術市場的興盛
在數量上增加許多，
然而對於初級市場的
動態卻無法有效地即
時報導。（左頁圖）
上海的畫廊業者，是
否真的已經準備好迎
接2008年奧運題材的
發酵？圖為蘇州河畔
的莫干山路畫廊集聚
區。（右圖）
上海市莫干山路50
號的畫廊集聚區成為
外國遊客和居住者假
日休閒的重要場所，
也是畫廊的主要顧客
群。（下圖）

大陸各地藝術生態的縮影

　　回溯奧運舉辦的時間點分析，當時確實上海畫商想像下半年奧運商機轉向上海，帶動上海藝術市場的蓬勃，上海畫廊界或許在2007年展開對世博會的備戰策略，許多畫廊積極尋找當代藝術作品貨源，準備價格看好的時機大批出手。從世博會已經舉辦的現在而論，我們需要探討兩個問題，來檢討這樣的策略的有效性何在。首先，上海的當代藝術品消費面積究竟有多大？其次，世博會僅是一個短暫商機，世博會之後上海畫廊界又該如何制定下一個階段的策略呢？

　　上海的畫廊業者多數屬於「新手上路」的結構，本地、外資、台資的新興畫廊在2005年接連開幕營業，2007年之後則是一些經營看好的畫廊和北京有所交叉，同一家畫廊在南

北兩地均設有固定的展場，便於拓展業務範圍；北京進入上海的又多過於上海進駐北京。多數有經營規模、資歷和歷史較久的外資、台資畫廊以北京為首選，並且能將自己過去經營的畫家帶進北京市場，北京當地畫廊則更著力在本地創作者的經營，從美術院校的教授、學生的創作，到結合藝術評論者的媒體力量，充分體現藝術市場的生態關係。

　　2008年為配合奧運會，上海美術界首次與亞洲國際當代古董展合作，參與5月23日在香港的亞洲博覽館舉行的亞洲國際當代藝術展。上海將在亞洲

國外的創作者不斷在各種機會中進入大陸的當代藝術品市場，目前仍然無法判斷其成效如何。圖為2008年上海春季沙龍，法國藝術家貝阿‧諾曼的〈乳牛〉雕塑作品。

國際當代藝術展上舉辦兩個專題展覽，其一是「奧運暢想美術展」，展出約30件奧運題材的繪畫、雕塑作品；其二是「上海藝術邀請展」，展出上海中國畫院院長施大畏、上海中國畫院副院長車鵬飛、上海中國畫院畫師陳家泠、上海油畫雕塑院教授、副院長俞曉夫、上海美協副主席周長江、二級畫師兼上海美協創作展覽部主任何小薇、上海油畫雕塑院畫師盧治平等十位的作品，包括水墨、油畫、版畫、水彩畫，展覽標榜「後海派」的多元化美術創作現狀。

這份平均年齡超過50歲，在上海美術界官方色彩濃厚，輩分足的名單，和上海藝術品市場的生態有明顯的差距。除了呼應奧運的主旋律之外，「後海派」這個在當代藝術品市場上既陌生又學術的名稱，當然有他們自己的市場性，卻讓人不禁想到更久遠的吳昌碩領軍縱橫上海灘的那個年代。加進油畫、雕塑和版畫的種類，是為了符合上海「兩大院」的官場生態，有官位的、資深的各分杯羹，還是藉此機會宣示「後海派」的勢力範圍不及於當代藝術品市場呢？這樣的怪異戲碼不斷在大陸各城市裡上演，讓藝術市場不合理卻是必然的存在。

從這個遠離當代藝術品市場生態的參展名單分析其背後的意涵，可以看出這種現象是大陸各地藝術生態的一個小縮影，以「官本位」為重的在地勢力可以輕鬆獲得各種社會資源與利益，即使不屬於有官方身分創作者可以涉足的範圍，只要看得見「利益」所在（哪怕只有一丁點），他們都會爭取成為首選的對象。

魚與熊掌都想兼得

其次，上海仍舊保持成為一個各方來上海試探市場藝術品（或骨董）的銷售平台，甚至在缺乏「本地生產」的來源保障之下，僅成為國外買賣雙方進場交易的中介而已。這是和北京大不相同之處。上海對於消化藝術生產的能力很弱，經常只是短期中轉京津、四川、東北等地的藝術生產而已，這也間接說明上海本地沒有足夠的藝術生產來源，也不需要如北京的畫廊規模那樣大。北京畫廊規模提供醞釀藝術生產數量的保障，足夠消化本地的、外地的各種藝術形式進入市場機制，上海則如同這個城市本身的歷史性格，移民、中轉、竄升的內部規律。

上海的台商畫廊逐漸萌發「兩岸藝術共同市場」的構想，認為上海在日後正常三通的基礎上，可以建構為文化服務業的重鎮，有別於珠江三角洲和北京等地的定位。讓台灣收藏家的觀念和操作模式，影響目前欠缺合理的藝術消費結構。對於本地的畫廊而言，不一定具有相當的吸引力，因為，由台商引進的台灣收藏資源和品味會有明顯的區隔，簡單地說，本地畫廊業者未必能分到一杯台灣味道的肉羹。因此，即便上海可以成為兩岸藝術共同市場的核心，對於一些規模較小、經營資歷淺的畫廊並沒有太多的助益。共同市場的能量應該聚焦在上海和台北相互交換情報資訊、經營策略聯盟，並能對周邊二、三級城市的藝術消費提供更多樣的服務。以長遠的眼光建構共同市場，逐漸擴大為文化產業的服務項目，上海與台北的聯手有望能成為海西經濟區的文化服務智庫和增加消化力。

兩岸共同市場要先建立規格升級的經營機制，兩岸的中介者聯手取長補短，才能修正目前不在軌道上運行的怪現象，諸如：沒有畫廊願意在作品說明牌標示明確的價格，「面議」成為畫廊界的常規，使得上海沒有實質意義上的初級藝術市場卻還能運作，才讓人認為它的遠景堪憂。畫廊業者除了銷售自己經營的藝術品之外，他們更有企圖為公私企業增加策展、收藏規劃、投資顧問等業務，甚至運用藝術品在文化創意商品上開拓新的經銷管道，成為文化創意商品的開發商。

兩岸共同藝術品市場的輻射範圍究竟有多大，是值得觀察的重點。儘管在交通、旅遊和文化服務等方面上海和長三角地區的城市都已經做了最好的準備。但是就目前藝術市場生態而言，北京到上海之間缺乏中間扮演踏腳石的「跳島」，讓南北的連接更加順暢。畢竟北京和上海的藝術市場生態環境和氣候都差異頗大，京津放射到東北和川陝地區的有效性更高一些，上海要直接抵達北京並不是依靠京滬高速鐵路直達，經過蘇州、常州、南京、山東等地再北上的可行性較高。利用兩岸的藝術產業升級，上海藉助台商的經營力突破長三角的區域吸引或進入山東、浙江、安徽等地區，則前景頗佳。

北京和上海在選擇藝術生產來源多以八大美院為基礎，以拍賣會為參考，以成交價為風

向球，造成頗此重疊，畫商的營運策略也都將彼此當做是延伸據點，魚與熊掌都想兼得。解決北京和上海兩地藝術市場，在藝術生產和策略都有明顯重疊的現象，除了如台商畫廊構想，將台灣收藏家引入上海的消費結構（這是必行的趨勢），若是開拓與相關地區的連接，無論是消費或者中介的規模擴張，才能讓兩地的輻射圈有效重疊。

第二節
美術館時代的趨勢

2008年大陸「美術館時代來臨」的話題伴隨大陸當代藝術市場欣欣向榮而來，這其中有幾個重要的背景因素支持這個並非虛構的願景。2008年元旦大陸國家文物局宣布將擴大免費參觀博物館的幅度，或許就是一個配合奧運、世博會、亞運等國際活動製造的文化利多政策。若從市場面分析，則連動著初級市場以及房地產業的發展趨勢，許多人對美術館時代的實現蘄望更顯強烈。

畫廊業者的趨勢預測

大陸當代油畫市場的火熱勢不可擋，從老牌經營書畫市場為主的西泠印社和朵雲軒也相繼加入油畫拍賣項目可見一斑。如同台灣90年代的拍賣會一樣，五年之內和正在發展、實驗之中的當代畫家作品出現在拍賣會屢見不鮮，對消費者作出無節制反應的拍賣會和畫廊，都在爭取新的產品和作者因應市場的需求。近現代書畫拍賣市場幾乎是民國初期和1949年前後的老面孔、老招牌的作品，雖然也有看似不錯的成交紀錄，前輩畫家以下的當代書畫作者，完全無法對這塊受到實質擠壓的傳統書畫市場有所助益。

當媒體紛紛討論「80後」獨生子女引發的小皇帝、小公主成年適婚社會現象之時，藝術市場則將「70後」創作者做為最HITO的話題[11]，25歲上下的油畫創作者成為迅速

舊廠房改建為創作工作室和畫廊，在大陸已蔚為風氣。（劉達、范凡攝）（上、右頁圖）

【11】王敏東、陳錦怡《與日語相應的流行語》中認為：台灣慣常使用的流行語hito是hit的同意字，日本語發音。為方便大陸的讀者了解詳請參照：http://www.huayuqiao.org/articles/yuwenjianshetongxun/7105.htm

竄紅的市場新寵，多數具有學院專業訓練背景，也能拿出獲獎或者參加學生美展之類的成績單，甚至少數在學期間已經具有拍賣會的成交紀錄。這些也可說是大陸畫廊業者和拍賣會選擇新秀的考慮條件，四川美術學院油畫系、雕塑系的畢業生和年輕老師無疑又成為各方首選之列的優先名單。

畫廊業者努力開拓新生代的作品來源，自然是為了避開名家天價的負荷，也因為經營初級市場需要長期的合作來源，並能夠保障這些藝術產品的通路無礙，開拓銷售通路是畫廊經營者不停苦思的課題，固定的收藏家資源有限，也有飽和的時候，他們在趨勢中尋求更新、更出奇制勝的管道，才能永續經營。

2007 年開始，美術館時代的趨勢預測在大陸的藝術市場圈子口耳相傳，傳開這個話題的論者，作出一個頗具數學性的邏輯推論。他們認為現今大陸房地產商為了使自己開發的樓盤增加更好的附加價值，結合住宅與文化、藝術、商業街區的整體建設，這是由於新開發的建築基地多數都處於離市中心有段路程的郊區，欠缺完善成熟的生活機能，因此，幾乎是進行造鎮規模的規劃才能吸引買氣。街區整體規劃的重心是建設美術館、博物館，並在商業街區中規劃畫廊業、文創業進駐，以提升住宅區的格調。如此一來，硬體建設完成後，對美術品的需求量必然增加，目前已經完成的有北京月亮灣美術館、今日美術館、南京四方美術館等，即是根據這個理念成立的實際例證。

這個數學邏輯的結論是，在私人美術館帶動的藝術品需求市場，將會讓各類藝術品拓展更寬的需求數量和種類，而所謂的各類藝術品又以年輕創作者的相對低價格作品為首選，雕塑品與油畫則又縮小了受選擇的幅度。可以說與畫廊業者有直接關係的趨勢預測，預言各地方私人美術館將會隨著房地產開發興起，儘早佈置足以提供需求的作品來源，能夠讓初級市場的業務管道拓展數量，他們的期待是建立在已經發生的事實之上，並非海市蜃樓般的飄渺，對平衡拍賣會主導的次級市場過熱也有相當的良性作用。

上海莫干山路屬於國營工廠自營硬體出租的經營模式。
（劉達攝）
（左圖）
與政府的政策契合，老廠房改建以文化、藝術為重心的造街成為趨勢。
（右頁二圖）

政策與房地產投資的支撐

　　近兩年上海房地產開發呈現多元化與轉型的態勢，部分房地產業的盤算是將文化與藝術引入，除提升房產的附加價值經營，也將閒置建築轉型利用。上海某個紡織公司把自有的上世紀30年代的老建築改造為另一個北京798，上海莫干山路、田子坊的藝術街區也成為一個個正在進行的案例。也有房地產投資商和老字號卻經營不佳的國營、企業共同聯手改造15萬平方公尺生產彩色電視的老廠房，將引進創意工作室、商務辦公、電子研究院和休閒商業、酒店等行業。這類的開發案仍然不斷地增長當中。

　　打造「藝術創意園區」的口號不僅是上海房地產商的廣告宣傳，上海市政府一項名為「城市副中心」的計畫，幾乎在相同的時間也讓改造老廠房獲得政策上的支持。上海市規劃局2007年12月11日公布「上海市城市總體規畫（1999-2020）」城市副中心的具體規劃方案。至此，徐家匯、江灣-五角場、真如、花木四個城市副中心的總體規劃已基本成型。徐家匯城市副中心主要服務西南地區，規劃功能定位為城市文化、體育、商業中心，規劃用地約2.2平方公里，目前已經基本建成。江灣地區的五角場副中心主要服務上海市東北地區，規劃功能定位以知識創新為特色的城市公共活動中心，規劃用地約2.3平方公里，目前正在建設中。此外，正在啟動規劃位於普陀區真如城市副中心，屬於為長三角的開放性生產力服務中心，和服務上海西北地方的城市公共活動中心為定位。以及浦東地區花木城市副中心主要規劃功能定位為浦東新區行政文化中心和市民公共活動中心。

　　對於城市都會區建設整體的文化藝術街區，需要地方政府的文化政策支持，這項副中心的規劃，雖不是直接的文化政策，卻包含五成以上以文化及服務產業為導向的策略。以政策為導向的房地產開發動作，從造鎮到造街都將美術館作為重要的公共建築地標，以吸引住戶之外的人潮，成為休閒的場所。已經有嗅覺敏銳的畫廊業者在政策宣達之前，便在最佳地區聚集恰好進入城市副中心的功能區位。若是配合房地產商對住商合併的藝術創意園區開發，

畫廊的消費群不僅是單純的收藏家個人，他們更可以針對新的大客戶推薦館藏品，規劃美術館的設立。

以上海而言，若將政策面和已然成形的商機相互結合而論，對美術館時代來臨的說法，似乎更加有所依據，然而，這並非是區域性的發展態勢，換句話說，朝向爭取私人美術館規劃和典藏品推薦的業者，他們的目光投向各大城市的目標，他們也從各大城市蒐集作品，以壯大自己的作品資料庫。因此，這個觀點勢必從地方性擴大為區域性趨勢評估，例如：上海輻射長三角經濟圈；廣州、深圳輻射的珠三角；北京、天津所涵蓋的大都會區等，將會產生連動效應。

需要沉澱的樂觀態度

北京市文物局2007年夏天宣稱已經達到平均10萬人擁有一所博物館的「中等發達國家」水準，與大陸整體的平均60萬人擁有一所博物館相比，顯示區域性發展失衡現象明顯；即便官方在去年宣稱大陸地區將於八年內新增1500座博物館，依然無法縮小此中的差距。當然，這些都不包括對商業畫廊或私人美術館的統計，卻能反映大陸在公私立博物館、美術館相當程度上整體結構性體質不良的現狀。

大陸2100多所博物館大約只有1/10，是有規模的大城市公立博物館、美術館，可以扣除政府補貼自給自足之外尚有盈餘，9成以上的博物館處於經營困難的狀態，這是消費市場接受面積的問題，也影響收購館藏品的意願。即使如頗具規模與歷史的上海美術館，目前幾乎也以出借或租借場地為主要經營方式，館藏展覽僅是點綴的過渡性展覽。公立美術館和博物館自有它們收購當代藝術品的管道，藝術品推銷者的目標將以新興的私人美術館為主要對象。

號稱中國最大的博物館聚落，共有25座以抗戰時期為主題的文物館，在成都附近成立。

【12】經過五年多的調適，大陸許多握有資源有意投入藝術市場操作的掮客，以結合地方政府資源或集資合作的方式，直接跳過畫廊的模式以私立美術館形式經營帶有商業性質的展示和銷售；此現象以二、三級城市內居多。這類私立美術館與商業畫廊的同質性很高，並非實質意義上的非營利事業。

【13】在一般的溝通中，二、三級城市幾乎是以連用的方式表述，亦即，並未有明確的標準或官方的公告，表明大陸的三級城市包含哪些。就藝術市場而言，二級城市通常圍繞著一級城市附近，三級城市並非是藝術市場的主要觀察目標。

由房地產帶動的美術館或博物館，若要長期經營需要足夠數量的展覽支撐，卻不一定需要足夠的館藏品，許多新興社區附帶的美術館僅僅妝點了房地產的藝術門面，卻不一定發揮實質的美術館功能與作用。也可以這樣說，這類的美術館的經營方式並非能夠用正規的經營取向歸納，這些美術館將來的經營可能多是採取租借場地或者提供策展人展示空間的方式維持經常的開銷。

記得在21世紀伊始，台灣博物館界也高喊「博物館時代來臨」，如今，對於美術館時代來臨的預測似乎就在眼前發生，沒有多少人繼續追問整個過程需要多少時間？預計有多少容納藝術品空間的數量會完成？如果每個美術館都集中在年輕創作者的作品，那麼，又讓觀眾如何辨識他們的區隔和特色、定位？我們從宣稱樂觀預測的觀點和對時勢分析，大致可以歸納一點端倪，畫廊業者由於受某些私人美術館委託尋找展覽的作品，以致拓展本身的業務和功能是可以預期的，但是，讓展覽的作品或畫廊業者推薦的作品成為館藏品卻需要冷卻這樣樂觀的態度。

這個需要沉澱樂觀的理由是，推動私人美術館具備典藏功能，至少要投注相當於建設硬體建築一半的資金，而一個具有典藏功能的美術館與僅有展示功能的陳列展示館，則不能放在同一個基礎上談論。陳列展示館的需求是「借力使力」式地以外援支撐經營，並不需要館藏展現企業長期挹注資金的實力。更何況，許多附加在造街造鎮的展覽空間，可能和藝術僅沾上一點邊，文創類的商品展覽更能吸引觀眾的目光。

業者積極蒐羅新生代創作者的作品自然有未雨綢繆的企圖，新生代創作者成為美術館時代來臨的主角是值得期待的好事情，至少提供更多樣的作品，充實目前顯得重複和疲勞轟炸的名牌現象，也能促進當代藝術生態的新陳代謝。然而，未仔細分析現實，太過於樂觀地評估形勢，則容易造成另一種失衡及揠苗助長的副作用。

第三節
區域市場前景

　　大陸在近三年當代油畫與雕塑帶動的市場買氣之下，房地產業看好當代藝術的加值作用，興建私人美術館，營造文化藝術創意社區，創造地產的增值空間，帶動文化創意產業的熱絡，這一連串的連動效應，使得私人美術館可以成為一個城市的文化地標和商機的產出地，「當代藝術」這個名詞的背後，牽扯著複雜的產業鏈結和藝術交易的商業利益。

　　近年來大陸各地興建私人美術館，為商業畫廊經營者帶來樂觀的想像空間，當初預測在2008年奧運到2010年世界博覽會三年間，推動大陸初級市場的發展機會，對於大陸藝術市場整體結構的均衡會有所助益。但是在初級市場飽和和消費衰退的事實中，三年並未如預期地樂觀。不過，商業畫廊也在這期間培養自身發掘當代藝術創作者的資源，它們參與美術館規劃與推薦創作者典藏、展覽的工作，不僅推銷自己經紀或代理的創作者，也試圖建立具有地方性的特色與風格的私人美術館[12]。在這個基礎上，探討私人美術館興起是否能夠形成區域藝術市場發展的契機，分散目前過於集中的初級市場規模，擴大藝術生產的來源，或可減緩當代藝術品在近年來益形扭曲的上揚漲勢。

城市發展與藝術市場無法銜接

　　私人美術館若要如同東北的紅山文化、西安的兵馬俑、河南的先秦青銅器等各地不同文化性質的考古博物館一樣，具備足夠鮮明的地方或區域性的特色，以吸引外來觀眾的眼光，勢必成為永續經營的關鍵條件之一。因此，私人美術館需要所在地的創作者支撐獨特性和地方色彩，以區隔各地美術館的性質，不但能夠助長地方的藝術發展，也能分散目前過於集中在大城市顯得失衡與飽和的現象。

　　從擴大私人美術館應該發展自我特色為核心的思考方向，連帶探討大陸的藝術市場需要發展區域市場的議題，更能找出目前大陸藝術市場過於集中，造成結構性失衡的癥結所在。由於幅員廣大、各地方（省市）財稅政策不盡相同、各地區（城市）藝術消費結構有明顯差別等三個因素，使得大陸發展區域市場不致成為空想；這三個因素也構成大陸發展區域藝術市場的有利條件。從遠期發展為理想而論，區域藝術市場可以帶動當地區的藝術活絡，也可以形成具有地方特色的藝術生態，然以經歷十多年的藝術市場歷程觀察，僅有北京和上海兩地形成兩種略有差別的藝術市場重鎮。

　　大陸地區以經濟發程度、商業消費指數及行政規模等做為約定俗成的標準，分為一至三級的等級，用以區分城市的重要性及經濟規模，毫無疑問，上海、北京、杭州、廣州、深圳應屬一級城市，南京、重慶、天津、蘇州、廈門、西安、瀋陽等地方則屬於二級城市[13]。多數一、二級城市集中在東南沿海和經濟高度開發的長江下游、珠江三角洲。就藝術市場而言，初級市場無法對應城市等級的發展，少數一級城市裡有初具規模的初級市場，二級城市則完全不具有規模可言，如此一來，各地藝術創作者多會將目標放在大城市中，他們指望能

在大城市中推銷自己的作品。

　　我們可能要探究為何經濟及藝術消費力持續上升的二級城市為何無法發展商業畫廊、藝術博覽會等類型的初級市場規模，釐清這個問題有助於我們進一步分析城市經濟與藝術市場的聯繫，以便了解大陸區域性藝術市場無法開展的現象。以長三角地區的城市為對象，南京、杭州、蘇州這三處具有經濟發展指標性的城市，均無法跟著上海的步伐齊步發展初級市場，使得上海頗為突兀地在長三角鶴立雞群。南京有老字號南京藝術學院、東南大學藝術學系、江蘇省國畫院，杭州有中國美術學院，這些機構不乏投入藝術市場的創作者，但多數轉往藝術市場規模較大的北京或上海發展。2007 年 9 月 10 日位在杭州的中國美術學院雕塑系第 3 屆教師作品展在上海的上海城雕藝術中心開幕，2005 年開幕的城雕藝術中心，是上海多項老建築改造的案例之一，以城市雕塑為主題的展示場，營運目標當然是為了 2010 年的世博會暖身，吸引周邊城市的藝術品在上海亮相自是一種融洽的做法，若要仔細追究，則杭州的中國美院雕塑教師作品跨界在上海展覽，無非是一種搶佔市場和增加曝光率的手段，看似雙贏的策略，卻讓杭州受到上海磁力效應的反斥 [14]。

從事油畫創作的年輕創作者容易受到初級市場的接納。圖為李贊的作品〈未來之星之四〉。（左頁左圖）

大陸學院派畫家的寫實功夫向來為市場熟悉。圖為陳逸鳴畫作〈照花〉。（左頁右圖）

【14】杭州近兩年以中國美術學院為中心建設文化產業帶動藝術市場的方式，試圖完善本地的初級市場，由於缺乏周邊配套的措施，這項文化產業建設並未有明顯的成績。

【15】詳見中國美術家協會官網：http://www.caanet.org.cn/guanyumeixie.asp

大陸八大美術學院一覽表

校名	所在地	成立時間	備註
中央美術學院	北京	1950年4月	由國立北平藝術專科學校與華北大學三部美術系合併成立。
魯迅美術學院	瀋陽	1958年	前身是1938年建於延安的魯迅藝術學院
天津美術學院	天津	1980年定名	1906年6月由傅增湘創辦北洋女師範學堂
西安美術學院	西安	1960年定名	前身是1948年9月成立的西北軍政大學藝術學校
四川美術學院	重慶	1959年更名	原為1940年四川省藝術專科學校
湖北美術學院	武昌	1985年	前身是1920年設立私立武昌藝術專科學校
中國美術學院	杭州	1993年更名	1928年，國立藝術院。1929年，國立杭州藝術專科學校。1938年，國立藝術專科學校。1950年，中央美術學院華東分院。1958年，浙江美術學院。
廣州美術學院	廣州	1958年定名	創建於1953年原名中南美術專科學校

學院派領銜的市場主力

　　大陸具有歷史與傳統的八所美術院校（慣稱「八大美院」，見附表），在當代藝術品市場熱絡之後，也成為市場熱門的目標。八大美院標誌著大陸藝術生態的特色，其一，以學院師生傳承為基礎；其二，官方色彩濃厚。除廣州美院稍晚建校之外，七所專業美術院校在民國時期即已建立，至1950年代均整合為適應大陸中央政策的美術教育單位，從民國時期即有名聲的畫家到目前仍然活躍於畫壇的創作者，多數分屬於八大美院的系統，而八美術院校較有資歷的教師，往往又具有「中國美術家協會」成員的身分；中國美協是官方機構，由中共中央書記處領導，中共中央宣傳部代管，負責「組織、指導全國美術家進行美術創作和理論研究，承擔國家重大展覽的組織、實施、評選、評獎，舉辦大型的全國性美術展覽和各種學術展覽，出版學術刊物，開展學術研討……。」【15】

　　八大美院分設的科系，又以油畫系、國畫系、雕塑系為正統，在大陸還沒有藝術市場機制的時期，舉凡政府機構、公共空間需要運用藝術品發揮妝點、宣傳作用，也多由這三類作品擔綱，長此以往的慣性累積幾乎三十年的時間，藝術市場興起之後，依然沿襲既有的概念，造成目前大陸媒體、收藏群，甚至畫廊業者對當代藝術觀念混淆的原因之一。

大陸重點美術院校略表

校名	所在地	成立時間	備註
清華大學美術學院	北京	1999年併入清華大學	1956年原為中央工藝美術學院
山東藝術學院	濟南	1960年代	
南京藝術學院	南京	1959年定名	1952年上海美專併入華東藝術專科學校遷至南京。
上海大學美術學院	上海	1983年定名	1960年改為上海市美術專科學校，1965年上海美專停辦，保留中專部為上海美術學校。1983以上海美術學校為基礎建立美術學院併入上海大學。

在畫廊、拍賣會舉目可及的雕塑與油畫，幾乎成為大陸當代藝術的全部內容。（左圖）
羅中立是較早進入大陸藝術市場的畫家，在專業美術院校系統有相當影響力。圖為他的早期油畫，是上海華氏畫廊的典藏品。（右頁上圖）
美術學院的學生已具有拍賣會成交紀錄。圖為廖曼的作品〈華麗世界像公主一樣生活〉。（右頁下圖）

【16】「川美現象」是大陸當代藝術市場的流行語，其中也包含著一點諷刺的意味。川美現象除表示各方爭搶川美師生參與市場之外，也表明老師提攜學生進入市場的狀況。若以此而論，並非八大美院均有這種師生情誼，也能說明各學院自有其不同的生態和教學風格。

　　在大陸藝術市場的討論中，習慣以「當代藝術」表示以中間輩油畫家領軍的油畫與雕塑市場，僅有少數複合媒材、裝置、影像等表現形式點綴著當代藝術的範圍，絕大多數的商業畫廊仍是以油畫與雕塑為主調的現狀裡，嚴格地說是當代油畫與雕塑的分眾市場而不是實質意義上的當代藝術品市場，當代藝術的範圍包含所有可以觀察的、評價的、參與市場機制的藝術作品，攝影、錄影、複合媒材、水墨、版畫、數位藝術、科技藝術等等藝術形式對熟悉大陸油畫行情的消費群而言，仍然顯得陌生。

　　油畫市場和雕塑市場等同於當代藝術市場的模糊觀念，讓許多消費者誤以為油畫和雕塑就是當代藝術的全部內容（或絕大多數），但實際的情況是，複合媒材、裝置、影像等作品並非如油畫與雕塑一般受到藝術消費者的熟悉和歡迎，連「點綴」當代藝術市場的作用都顯得疲弱，因此學院派背景的油畫、雕塑創作者可以毫不受懷疑地接收當代藝術之名；從幾場當代藝術拍賣會的預展現場，有九成屬於油畫作品，即可印證這個說法。

　　以油畫和雕塑為主流的當代藝術品市場，八大美院領銜成為供應市場的主力，加上其他在地方或全國具有相當名聲的重點藝術院系，形成學院派的賣方市場。當代藝術品市場的佼佼者以位於重慶市的四川美術學院的師生莫屬，大陸的畫廊界廣為流傳的「川美現象」【16】讓四川美術學院像塊大磁鐵一般散發在當代油畫市場輝煌的引力，招引著各地畫廊業者去重慶獵人頭，從學院的院長、教授、講師一路到研究生、大學生都成為舉辦展覽的受邀對象或者儲備人才。與四川美院、中央美院、中國美院有淵源的美術教師、畢業生、評論者成為北京、上海、廣州等地各種公私藝術博覽會、商業畫廊聯展最搶手的策展人，幾乎到了無役不與的狀況，其中又以川美參與中介和生產兩個機制份量最多。究其實，以川美為基地的作者群，具有較長的市場歷史，羅中立等1980年代成名的畫家帶領子弟兵攻城掠地，自然要比晚二十年進入市場的創作者輕鬆許多。

朝向開發區域當代
藝術品市場的可能

  我們當然可以把大陸
區域藝術市場無法形成，
和突出的「川美現象」做
成彼此的聯繫關係。如果
，多數市場業者的視野緊
盯八大美院和重點院校的
美術科系創作者，不具備
學院背景，在地方上發展
而有意進入藝術市場的創
作者，將苦無成為藝術市
場專業創作者的機會，僅
能在業餘和自銷的職業畫
家之間游移。由各地方學
院培養的創作者無法留在
當地發展，缺乏藝術品的
生產供應，畫廊、拍賣會
等中介機制也沒有充足產
品能培養出在地的消費群
；中國美院捨杭州而就上
海舉辦教師雕塑展就是最
好的例證。

  以上討論可能過於理
想化，需要政府政策支持
和地方業者配合等諸多長
期耕耘的條件才能達成。
由於與現實狀況的出入顯
而易見，或許有論者會認
為這是過於理論性的「學
者觀點」，不是立即有效
地的提出市場過熱失衡的
解決之道。然而，就長期
的發展而言，應該是需要
朝此開拓一條思考的方

向。大陸的城市是否需要發展都具有國際性藝術市場的議題，在此可以暫時存而不論，僅以國內現狀為基調，建立幾個區域的藝術市場規模之後，方能了解哪幾個城市具有走向國際的潛質。我以為，不能僅以上海為目標，上海也不應該是唯一具有發展國際性藝術市場的候選城市。

長期的效益指出，將目標鎖定在熱門的美術院校師生的油畫和雕塑作品，僅為北京、上海這類已經具有藝術市場規模的一級城市錦上添花，卻未必能將他們捧上國際性藝術市場的台階，反而延緩了二級城市的發展機會。大陸在2008年有分布於各個地區的53所藝術院校面向全國招生，意味著至少有53處的基地在各地方培養創作者，如果我們已經看到私人美術館興起能為地方帶來具有自我特色的趨勢，這53所院系將應該是最佳的當代藝術品生產基地，不假外求地留住創作者，開發一個地區性的藝術市場規模，無論大小，也不再只有油畫、雕塑作品，都有助於目前膨脹、失衡、過熱現象的緩解。

大陸當代藝術的創作受市場消費傾向影響，逐漸窄化藝術表現形式。（上圖）
與美術學院有淵源的創作者，受到一級城市畫廊的歡迎，跨越省際參展。他們或許應該留在地方發展當地的藝術特色。圖為彭建忠的作品〈白日夢〉。（下圖）

第十章 區域市場開發的可能

區域市場的開發既是一個正在進行的議題，也是對大陸的藝術市場未來趨勢觀察的重點。就
當代藝術而言，它的區域市場正在政府相關政策、藝術產業鏈結合和市場機制的調整等各
種條件配合之下，逐漸顯現凝聚的跡象。即使，兩岸的藝術媒體和輿論並未將此議題當做焦點深
入分析，但從客觀大環境的詮釋，對其持續發展可能性的探討或能讓業者與生產者有所準備和預
期。

第一節
2007秋季開始的連鎖效應

2007年11月上海進入深秋的氣溫，藝術圈子的溫度反而升高許多，幾乎像是盛夏一般
的火熱景象，來自各地藝術界的人，在上海市區裡幾處重要展覽空間趕場參加開幕酒會和典
禮。熱絡的開幕場面多集中在商業性質高的展會，官方幾場展會和展覽也有意無意地在秋季
應合熱鬧氣氛；11月的上海非常地國際，也非常地藝術。

多數原因應該是由於9月到年底各場秋季拍賣會陸續登場，以上海為中心的輻射範圍可
以延伸至香港、杭州、南京等地區秋季拍賣會，換句話說，到上海看完幾場具有指標性的展
覽之後，往南去香港參加拍賣或者順道去杭州走走看外圍展覽，都可以達到最經濟實惠的一
趟藝術商務旅行。經歷一段時間，每年的夏末到秋季幾乎成了藝術界的固定的模態，參與市
場興趣高昂的消費者和業者也都掌握這種規律，希望各取所需。

從擠壓到受關注的過程

2007年「首屆上海國際藝術精品展覽會」集結自英、美、法、德、義、日、韓、瑞
士、荷蘭、摩洛哥、比利時、加拿大、俄羅斯、西班牙及中國大陸當地的骨董商、畫廊、珠
寶商、地產商與藝術出版社等，60家參展，知名的克羅埃斯畫廊（Gisèle Croës）、克里奇爾斯
畫廊（Georgia Chrischilles）、歌劇畫廊、密特朗畫廊等歐美畫廊及骨董商都在參展之列。整個展覽
會歷時十天，超過兩萬人次參觀，且據保守估算，總體成交金額逾5000萬人民幣（金額並不高）。

按照大陸訂立標題的習慣，標示「首屆」的用意除表明這項活動將會以定期或不定期的形式持續進行之外，同時也對外表明主辦的組織「僅此一家，別無分號」且具有龍頭地位，也表示其勢力範圍和權威性。在語意上，確立山頭的意味濃厚，既不同於博覽會，也不以單純的當代藝術品為範圍，吸納藝術品與文物市場商家，可說是蒐羅初級市場最全面的一種展會形式。這應該是目前對文物市場的一次試探性的嘗試，由於當代藝術品市場不斷膨脹，文物市場幾乎只能在固定的拍賣場或者古玩城的店舖裡活動，招徠散落的愛好者；文物市場首重文物的真偽與斷代，「精品展覽會」的這種操作方式則是為文物市場的參展單位，作出「精品」的定位和背書。即使首屆採取高身段的開幕，第2屆的展覽直到2010年5月才再度舉辦，除了由幾家國外畫廊和骨董商繼續撐場面，規模大幅縮減之外，宣傳也從首屆的純商業轉向不再公布成交金額，並加強宣導具有公益性質的展會。第2屆舉辦的時機恰好說明古文物市場和當代藝術市場兩者之間近年在大陸的互動過程。

　　文物市場和水墨市場在當代藝術膨脹迅速的情形之下，總會受到擠壓和排擠效應，例如，西泠印社2007年春季拍賣清代如「四王」之輩的大名家水墨作品預估價僅5萬人民幣，古書畫拍出最好價錢的是仇英的作品，雖躋身千萬美金之列，也只能約略和當紅的方力鈞、劉小東作品在紐約的拍賣表現抗衡，當代水墨畫則更沒有可以和當代油畫比較的基礎了。文

緊鄰「睜開的雙眼」
的電子藝術展，以運
用數位及電子技術做
為表現媒材，但容易
讓觀眾誤解是龐畢度
巡迴展的一部分。
（左頁圖）
法國龐畢度中心在上
海美術館舉行的「睜
開的雙眼」巡迴展，
以地球的環保和人文
關懷為主軸。（右
圖）

物市場雖然和繪畫向來涇渭分明，但就2003到2007年的市場買氣和買家接手意願而言，遠遠不如當代藝術的主動追高態勢。因此，若要細究兩屆的上海國際藝術精品展覽會保守估計的成交總額的細節，應該也可以判斷文物和當代藝術品的成交比例和變化了。當代藝術市場在無法理性分析交易的時機擠壓古文物和水墨市場，然而2007年後及至2010年，當代藝術品交易達到無可預期的獲利疑慮時，呈現成交紀錄下滑或裹足不前的飽和狀態，以致對過去許多交易價格不真實的產生懷疑，當代藝術品交易則進入保守的觀察層位，古文物和水墨作品也順勢從過去的冷淡對待轉而為受到關注的視野中。　　　　　　.

官方展帶起連動效應

　　2007年上海公立博物館舉辦的大展有，上海博物館的「從提香到戈雅—普拉多美術館藏精品展」、「倫勃朗與黃金時代—阿姆斯特丹國立博物館珍藏展」，上海美術館的龐畢度巡迴展「睜開的雙眼」、電子藝術展、日本浮世繪展，還有官方的年度大型展會「上海藝術博覽會」（簡稱藝博會）。在西洋美術史上具有代表性的西洋古典油畫受到上海觀眾的歡迎，得力於幾家官方媒體的宣傳，從電子到平面不少篇幅的報導，加上市中心人民廣場商圈對假日消費人群的吸引力，這種吸引力包括「長三角」涵蓋城市裡大專院校美術科系的老師帶著學生做為校外教學的重要教材；難得到上海人民廣場，當然南京路或新天地，會是參觀之後逛逛的好去處。這裡的觀眾多數不會繼續參觀藝博會或者商業畫廊的展覽，他們為新奇、為藝術、為休閒消磨時光，卻對這個城市裡藝術市場的氣息沒有敏感度，同樣是藝術社會中屬於消費者的階層，買人民幣20元門票進博物館已經是他們表明社會身分最大的極限了，對於買昂貴門票去湊藝博會這類「看不懂」的熱鬧，多數還是會喜歡古典油畫的親和力。2010年上海博物館舉辦「義大利烏菲齊博物館珍藏展：15-20世紀」再度印證這類國際的傳統油

畫展覽受到普遍的大眾歡迎程度頗高。官方的展覽帶動城市裡的藝術活力，幾乎選在4-7月初的暑假之前，或者9-12月這段期間，而秋季的活動力又比春季要旺盛許多。

　　秋季的上海藝博會和上海當代藝術展會讓一般觀眾產生混淆的印象，分不清楚兩項大型展會的性質和區隔何在，然若從每場展會的入口處外面打轉兜售黃牛票有三倍的價差，約略能比較出兩場展會的「檔次」確實有差別。從幾年來參加藝博會的單位的屬性比較，減少個人工作室，以單位或組織參展的比例增加，個人名義自製自銷的型態轉為以畫廊品牌出現，不同城市的畫院、畫會在會場設攤，表明大陸仍然擺脫不去官方身分創作者能夠成為市場保證的固定概念。加上隔年舉辦的雙年展也選在秋季舉行，官展多方加持促使藝術圈子的連動效應增加，姑且不論品質能否維持，至少有活力才能繼續有去蕪存菁的效用。

　　2005-2007年的藝博會欠缺「媒合」的作用是較為關鍵的不足，藝博會若是做為提供藝術消費者與藝術生產者互動平台的角色，顯然，主辦單位沒有全盤考慮將幾種屬性不同的參展人規劃為具有轉型能力的互動機制。畫廊以消費者為對象，與個人或畫院組織在博覽會場所要遇合的對象大不相同。個人工作室和各地方聚集藝博會的目的，應該是尋找一個適切的經紀人、代理人，從自製自銷的模式轉型透過中介者有計畫地向藝術消費者推介。從趨勢看，2010年之後的藝術博覽會規模將不再標榜規模的龐大，經濟效益不彰的藝博會如果一直以自欺欺人的方式營運下去，畫商們另起爐灶轉換為主題式的「酒店展覽會」更能突顯當代藝術的議事、論述和敘事性質，規模小而較精緻的集體展會紛紛在秋季到新一年的元旦之前舉辦，將區隔屬性模糊的大型博覽會。

　　商業畫廊也趕著在每年的秋季到初冬舉辦各種展覽，上海楊浦區的「五角場800」集聚的10餘家畫廊連續兩年在年底舉行的聯合開幕算是最有規模的一場商業畫廊集體對外宣示的活動。「五角場800」的運作方式採取共同經營整體意象，各自發展經營特色的策略，類似忠孝東路阿波羅大廈的群聚模式，五角場800更加有組織地進行對外宣傳和營造一個藝術mall的印象。來自台灣的10多家畫廊原先多在五角場落戶，做為進軍內地的基地，經過幾

上海藝博會法國雕塑家的作品，在會場受到內地觀眾大力歡迎，他們會靠著作品拍照留影。（左頁圖）
排隊等待進入上海博物館看「倫勃朗與黃金時代」展場的觀眾，多數是市民、國內外遊客和年輕學生。（右圖）

年的經營也各有盤算轉換上海市區繼續開拓。透過台灣畫商的引介，年輕面孔的台灣創作者也開始以交流展或聯展方式進軍上海，也有在台灣藝術市場頗有知名度的台灣畫家常駐上海等地創作，將上海當做是投入大陸藝術市場的跳板。

欣賞與市場的區隔效應

　　2007年秋季繼年輕的「郅敏雕塑作品展」之後，2007年11月18日「方力鈞」個展也在上海美術館舉行，這是官方宣稱自2000年上海雙年展出現方力鈞作品以後，上海美術館首次舉辦的方力鈞展覽。加諸2008年上海雙年展中佔據最有份量位置的岳敏君的作品，及「陳逸飛藝術展──上海美術館2010年紀念展」等市場派的創作者在上海美術館都成為要角。顯然，上海美術館對市場派作者的排榜和標榜提供年輕創作者展出機會的展覽，在規格與定位上大不相同。方力鈞個展選擇在上海的官方非營利機構舉行，具有一種宣示性的意義，褪去商業畫廊、拍賣會這些直接與商業動機掛勾的聯想，在非營利展示場域中，它向收藏家、市場及在國際拍賣天價行情宣示：方力鈞將持續創作，並有新的表現形式出現在不同階段的創作之中。這個用意當然具有為在市場流通的作品進行「保值」的作用，一位創作者能夠不斷地從事藝術生產，才是對自己作品能持續受到收藏者信賴的保證。

　　這位中國當代藝術熱門的創作者，依然延續著大陸許多評論者稱之為的「玩世寫實主義」以「光頭潑皮」等代表性繪畫語言貫穿整個展覽。在新聞通稿中說明：「本次展覽將展出藝術家近期創作的油畫與雕塑近30組件，其中絕大部分作品是第一次公開展出。其中的大型雕塑作品〈生命〉，懸空而掛，在長37.2米的刻度尺上。……」從經濟學的觀點而言，生產特殊規格的產品往往在於挑戰自己從構思到執行的能力，更重要的是，這種產品瞄準某一個特定的市場，意即，高成本的作品在商品化的過程中，必然僅鎖定特殊的消費群體，例如：有規模的美術館、博物館或者具有躋身百大排行實力的資深收藏。因此，配合年末的國

透過台灣畫廊業者的引介，台
灣雕塑家作品在藝博會上亮
相。雕塑作品在畫廊經營策略
上仍然居於油畫作品的配屬地
位。（右圖）

【17】〈金融危機如何改變中國？〉——英國《金融
時報》駐北京首席記者傑夫‧代爾(Geoff
Dyer) 2008-11-05

內外各種秋季拍賣，這場展覽在具
有指標作用的上海美術館舉行，既
合時宜又能緩解當前自己天價行情
的壓力。方力鈞的展覽是一個當代
藝術市場的重要案例，在上海或北
京幾處重要的官方展覽場所，將會
持續地上演同樣型態的個人秀展覽，也是一種重要動勢。

　　站在鳥瞰的地位觀察每年重要時節的上海，官、私各顯神通，各有捧場觀眾的有趣現象
，是否能說明上海的藝術愛好的區隔頗為明顯呢？我們也可以很直接地說，無論觀眾站在哪
一邊，這些還有幾場秋季拍賣會的連鎖效應，官方展覽要的是人氣，商業展覽則要買氣，拍
賣會更是買氣的風向球。我們也的確看到上海博物館、美術館週末午後的門前大排長龍的景
象，年輕學生和上海市民鍾情於媒體大幅報導的官方展覽，井然有序地在不同展館排隊入場
，保全人員喝令禁止拍照的聲音，上博在攪動觀眾帶動的熱鬧氣氛之下，多少讓人感動西方
古典藝術也能這樣吸引人。北京、上海、香港、台灣的藝術名流則喜歡穿梭在精品展、或如
同方力鈞個展那樣耀眼的開幕儀式亮相。上海仍然是有歷史上移民與遊歷城市的淵源，藝博
會上遠自新疆、青海來的畫廊和創作者，來自二、三級城市的作者帶著飲料在會場小酌，台
灣畫廊業者展現高度親和態度都讓人印象深刻。

第二節
統整長三角區域市場的好時機

　　能源利用變得更為低效，污染日益加重——正造成政治上的不穩定——同時與服務業相比，

大陸重要藝術市場位置圖（城市）

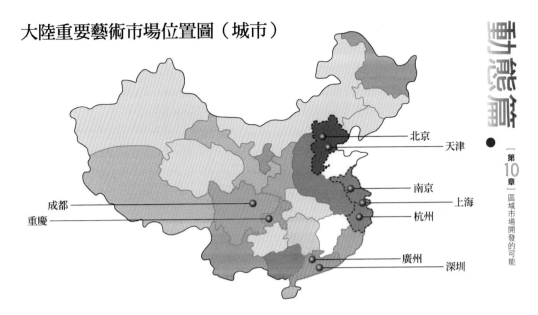

這些重工業創造的就業機會較少。全球金融危機的影響正是由此而入。過去五年來，中國政府已認識到有必要轉換經濟平衡方式。官員們承認，中國應減少對投資和廉價出口的關注度，更多地關注消費、服務和創新。目前，這種轉變已不能再拖延。【17】

在大陸，國際金融風暴、美國次貸危機這些國際性的經濟影響的話題，從耳語到媒體普遍發布政府的預期性喊話，學者及業界也普遍認為大陸的經濟與金融總逃不開現階段國際情勢波及，使得產業及大眾生活隨之產生變化。早在金融危機之前的一年，已經有擴大內需的聲浪，藉此減緩大陸增長過快的經濟情勢。而長三角區域正積極進行的「3小時經濟區」、「1小時生活區」，促使浙江、上海、江蘇三地聯合支撐長三角的金融與經濟，正是以內需為目標的建設行動。

就藝術市場而言，在這波外在衝擊因素的影響之下，國內外的投資客、收藏家趨於保守的態度，連帶使原本火熱的市場的氛圍趨於和緩。這或許是個從市場基本面進行整理的好時機，以業界為主要參與的對象，政府基於整體文化策略的考慮，利用這段外界驚濤駭浪的時間點，統整長三角地區的藝術市場機制，將可以為未來的走勢奠定基礎。

同城效應

劃破各城市之間教育法規的限制，目前許多長三角地區的孩子在上海的各級教育機構就讀。復旦大學、上海交通大學、浙江大學、南京大學等四所長三角地區的頂級大學，正在籌劃類似美國「常春藤聯盟」的「長三角盟校」，以進一步優化教育資源；這是「同城效應」的一個局部現象。「同城效應」的擴散，從根本上改變了長三角區域內居民的時空觀念和生活方式。一齣世界頂級音樂劇的演出，一場藝術品拍賣會，一次〈淳化閣帖〉的展出，都有大批上海周邊城市的藝術愛好者，早出晚歸便可實現親臨現場的期待。而愛在上海襄陽路市場撿便宜的上海人，也已將目光延伸到300公里以外的浙江省義烏，因為那裡的小商品更加

大陸區域藝術市場發展示意圖

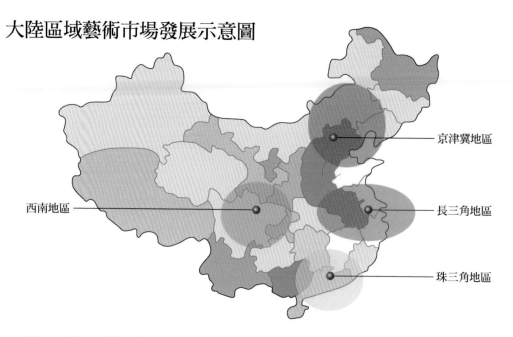

京津冀地區

長三角地區

西南地區

珠三角地區

便宜。面對日益增多的上海客人，義烏方面已決定在加開往返上海的旅游專門列車，使得長三角區域推動的「同城效應」正在發酵。

　　大陸社會學家于波認為，在「同城效應」之下，長三角地區各社會階層的交流日趨緊密而頻繁，地區內經濟、社會、文化因素逐漸趨同，這將為長三角一體化提供堅實的基礎。伴隨而來的「同城渴望」則催發快速城際交通的完善。若以時間距離衡量，1小時是生活區的觀念，3小時則為經濟區觀念。長三角大力推動城際交通，使同城效應初現成效，目前正按經濟學提供的時空觀念和市場半徑目標，打造更加便捷的城際交通網。

　　公路方面，投資57億人民幣的滬杭甬高速公路八車道拓寬工程已經動工。近期區內重點工程還有寧杭高速公路、蘇嘉杭高速公路、申蘇浙皖高速公路以及直接接軌上海浦東的滬杭高速公路復線（杭浦高速）工程等。根據規劃，滬蘇高速公路連接通道將由目前的2條增至7條，滬浙連接通道將由目前的一條增至四條，最終目標是從上海到南京、杭州、寧波等長三角城市的公路行程，不超過3小時。

　　配合這一目標，杭州灣跨海大橋、杭州灣紹興跨江大橋、潤揚大橋、蘇通大橋、崇海大橋已相繼籌備規劃，杭州灣大橋、蘇通大橋則已經建成。雖然在技術面仍存有爭議，但滬寧、滬杭高速鐵路都已確定了最後的時間表，建成後將把彼此的時空距離縮短到1小時以內。這項「路橋運動」的背後是長三角範圍內的地方政府對於「同城效應」的寄望。紹興市政府官員認為建設杭州灣紹興跨江大橋主要是希望能將紹興劃入上海3小時經濟圈之內。以上海為中心，在2小時車程範圍內的城市，是接受上海輻射力最強的第一層，大橋未建成之前，紹興到上海至少需要3小時，只能屬於第二層的外圍。大橋建成後，紹滬之間車程將縮短至一個半小時，依靠路橋運動達成進入「上海強輻射」可及的範圍，幾乎是周邊城市的共同策略。

城市與遷移，為大陸近年普遍探討的社會性議題，長三角區域的同城效應將加速遷移的速度與頻率。圖為2008上海雙年展「快城快客」的參展作品。

謀略與現實的差距

2008年4月21日，由上海市、江蘇省、浙江省人民政府和中國人民銀行聯合舉辦，主題為「推動長江三角洲地區金融交流、合作與發展、促進長江三角洲地區經濟一體化」的第一屆長江三角洲地區金融論壇在南京舉行。上海市副市長屠光紹強調，上海國際金融中心建設是一項國家戰略，金融市場體系建設是上海國際金融中心建設的核心內容。上海集中了股票市場、銀行間同業拆解市場和債券市場、外匯市場、票據市場、期貨市場、金融期貨市場、黃金市場等各類要素市場，金融要素市場、金融機構和人才的集聚效應初步顯現。下一步，還將從市場結構、市場功能、市場機制、市場開放、市場效率和市場服務等幾個方面加快推進金融市場體系建設。

上海似乎有意奪回1949年前作為亞洲最有影響力的金融中心的地位，不過金融觀察家普遍認為，這可能需要一代人的努力才能實現。此外，分析人士之間也存在爭論，不知道是否這座城市的迅速發展會成為香港的噩夢，抑或兩個中心在未來十年會形成強大的聯合體。英國《金融時報》森迪普·塔克（Sundeep Tucker）報導，在萬事達卡國際組織2008年6月公佈的全球50大商業中心排行榜上，亞洲在前10名中佔有4位。東京和首爾等城市在金融流動水準方面得分很高，而在物流、運輸和專業服務公司聚集帶來的有益影響方面，香港是全球首屈一指的商業中心。然而，由於在知識創造、資訊流動和經商容易程度等方面的得分很低，亞洲主要金融中心的總體得分被拉了下來。

按照香港交易所主席夏佳理（Ronald Arculli）的看法，金融中心要想成功，不僅要在公司領域具有競爭力和創新性，還要擁有繁榮的文化。《金融時報》報導夏佳理的說法：「倫敦有西區，紐約有百老匯。商業人士要招待別人，也希望得到別人的款待。」而香港正計畫通過發展綠地提升其社會和藝術形象，而新加坡明年將首次舉辦F1國際汽車大獎賽，還批准了兩家大型賭場開業。

與成為國際金融中心同樣的
企圖，上海市政府舉辦華人
收藏家大會，意在取得大
陸藝術市場的龍頭地位。
（左圖）
蘇南商幫以蘇州為根據地進
行企業改造與擴張，也是台
商聚集密度較高的地區。圖
為台商經營的蘇州園林，兼
具休閒茶館與畫廊功能。
（右頁圖）

　　這是以上海為中心輻射長三角區域必須考慮的關鍵問題，當政策性議題主導程式的發展，國際間的評比與競爭更加速政策的調整及配套細節的實現。上海透過交通、金融體系建置獲得周邊城市支撐，首先要擺脫北京、香港的糾纏，才能代表中國角逐世界級的地位。上海若要增強加分型的配套措施，則對於文化產業的扶持應該是首先需要考慮具體化和建立完整規模，北京的藝術市場無論在規模、面積、數量、質量均較上海完整，因此，上海推動長三角總體戰略時，在以知識創意為核心價值的文化產業與藝術市場方面是需要發揮更大的力量。

大陸五大商幫與區域市場示意圖

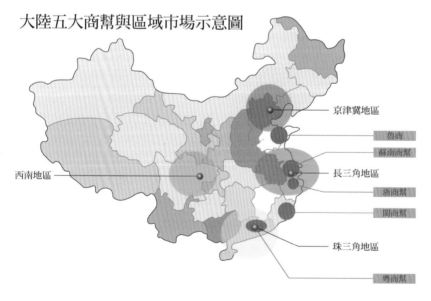

區域藝術市場
的條件

　　近年來，大陸魯商、蘇南商、浙商、閩商、粵商，5大商幫的崛起已經成為一種定勢，主導5個區域的商業運作並各其文化背景與內涵。與長三角區域有關的當屬蘇南商幫及浙江商幫，蘇南商幫以江南的吳文化為基

礎，強調均衡、集體、等級，初始階段的特點是集體所有制模式。相對於「魯商近官」，蘇南商幫由於多為國營企業為班底的「又紅又專」階層為主要骨幹，歷程企業主體的改革和隨著江蘇經濟發展的變化，蘇南商幫逐漸轉型為資本經營、個體私營經濟、園區經濟。蘇南商幫的地域分布主要在蘇州、無錫、常州，這些地方也是台商相當密集的區域，陸資和台企彼此並未有明顯的競爭態勢，而共同組建蘇南地區經濟實力，傲視整個江蘇省。

受到大陸最多關注眼光的浙江商幫在藝術投資上堪稱精準，單就過去幾年以團體集資型態成功運作文物投資，即有獲利高達35倍之多的典型例證，他們在全國範圍內尋找可供投資標的，將藝術品或文物以大資本短線操作獲利。以溫州來說，在改革開放的初期，透過小商戶形式密集完成資本累積後，逐漸從分散的家庭作坊過渡到現代私營企業。浙商的特性是滲透力強，全大陸只要能做生意的地方幾乎都能找到浙商；同時，浙商相當團結。

蘇南的吳文化加上浙江的永嘉文化，這兩大商幫同時也架構長三角地區的本地文化內涵，寧波、上海與蘇州的方言雖有差異卻可以互相溝通，增加文化的交融的利基。對於藝術消費而言，蘇南毗鄰上海近在咫尺，外商公司集中的地區，具有明顯可以開發的潛力，以1小時生活區、3小時經濟區的同城效應為前導，將成為上海初級市場重要的目標。上海浦東改革與發展研究院研究員姚錫棠分析說，當獲得的收益高於所消耗的金錢、時間等成本時，人們才會選擇遷移；長三角地區間城市的差異、元素、價格的不同，已經給了人們遷移的理由，而快速交通體系的發展極大地削減了出行的時間成本，未來區域內居民的往來必將像生活在一座城市般的頻繁。

區域藝術市場期待能夠吸引外地消費，在同城效應之下，以上海為中心向周邊擴大300-500公里的範圍，成為本地消費的基礎，而京滬高速鐵路將現行10小時車程縮短為5小時之內，有利於聯繫北京與上海初級市場的互動關係之外，也成為吸引外地消費的有利條件。事實上，許多畫廊業者已經採取兩地各有展場或辦事處的經營方式，希望能不錯失南北的商機。藝術消費的規模擴大，自然需要更多的藝術品供應者，上海的初級市場規模不足以

上海這顆「東方明珠」以國際金融中心為發光發亮的定位，卻面臨北京、香港的挑戰。（左圖）
文創產業配合藝術市場的複合式園區，是大陸近年來普遍開發模式。圖為深圳OCT-LOFT園區。（右圖）

支撐整個長三角的連動，若是帶動上海週邊江蘇、浙江兩地城市亦能開發初級市場，一來突破只有一級城市有條件建設藝術市場的迷思，二來由於畫廊規模擴大，可以增添更多的藝術生產來源。

　　培養「本地生產」本應該是在地畫廊業者必須奮鬥的重心，但是，上海的畫廊業者對這個關鍵因素卻毫不在意。本地畫廊業者汲汲營營尋找八大美院出身的生產者，外國、台灣畫廊跟著追搶之外，也企圖引進新的生產來源，卻阻礙重重。如果從同城效應的觀點來看，至少南京、杭州、蘇州等地的藝術創作者有更寬廣的發展空間，同時具備培養「本地生產」的長期發展條件。

　　五大商幫各有擅場的經營恰與京津、長江三角、珠江三角、福建沿海等商業發達區域形成幾乎一致的共構關係。蘇州的園區經濟促成昆山、蘇州新區的高科技園區的經濟基礎，科技新貴最具備成為當代藝術品收藏族群的條件，而浙江商幫已有成功藝術投資的累積，更容易理解與切入長三角區域的新情勢。從珠江三角洲的藝術市場生態觀察，過去五年的時間，許多廣東地區的收藏與投資者對進入上海總是有興致卻不持久；無論是收藏、投資、餽贈的理由，他們展現試探的意圖，卻沒有系統性的規劃引導。

　　其次，上海、台北在簽訂直航協議的有利條件之下「一日生活圈」成為商務上實質的實惠，而不再是政治口號。台商畫廊業者、拍賣公司也將因應這個情勢調整佈局。引進初級市場的「台灣經驗」將會為長三角區域提供一個參照的架構，而台灣的收藏家和投資者面對更好的客觀基礎，減少收藏與投資的附加成本，增加選擇的目標，為這波金融風暴之下提供可以保守為之的多元選項。關注新生代創作者，古代文物市場、傳統書畫收藏，在兩岸一日生活圈進入內地後，銜接3小時經濟圈，藝術消費的基盤的延展不言而喻。

　　上海在爭奪成為亞洲乃至於國際金融中心的同時，最需要關注的是如何建置配套措施，

增強自身的綜合競爭力。「知識創意」對上海而言，不僅是上海地區的開拓，更應該是長三角地區的均衡擴展文化產業的平台。一如北京將隔壁的天津拉進建置金融中心的考量一樣，用兩個直轄市的力量取得更寬廣的基盤，以便於抗衡長三角快速鏈接的態勢。據上述金融專家保守的評析，上海需要一代人的時間建構國際金融中心的夢想，而國際金融危機的暴風圈，總會在一段時間之內掃到大陸，上海自然脫離不了風暴的範圍。不如趁這個不適宜拓展金融貿易的時機，健全自身的文化藝術體質。

第三節
藝術市場需要冷靜的氣氛

2009年初，上海郊區的小餐館老闆對著上門吃飯顧客訴苦：「金融風暴加上經濟不景氣，餐館不好經營，或許年後就要關門歇業，回家不開餐廳囉！」郊區這條不算短的馬路上，連續幾家餐廳裡顧客多寡不一，一家東北菜館生意冷清歇業，接著隔鄰一家河南麵館開張，晚餐時間幾張桌子都坐滿了人。經濟不景氣真的已經掃到上海郊區的百姓人家了嗎？

餐廳老闆很敏感，顧客變少了，每天準備的食材賣不完，他們感受最快，然而對顧客而言，只要不難吃、價格公道，開店只有為以外食為習慣的人帶來方便，不會影響一碗麵5元人民幣的消費意願。在原料漲價的壓力之下，產品的價格卻無法隨意調整，餐館裡每道菜的份量明顯地減少，一個吃過的人說：「下次再也不來了。」我們怎麼將這些看起來因因相循的現象，歸究為金融風暴使得整個中國都受到了影響呢；連只有5、6個桌子的小餐館的經營也受到直接波及嗎？

非常態的現象

有過連續三年的榮景，2009年藝術市場的預期受到頗為有份量的負面心理干擾，對於大陸和兩岸之間的藝術市場將在2009年處於何種狀態，以及如何看待普遍擔憂的前景。從回溯的軌跡進行分析，或許可以找到一點頭緒。

下滑疲軟現象是否為真？

大陸的溫家寶總理12月在北京航空大學圖書館與學生座談時，公開表示，美國次貸風暴造成全球性的金融影響，連帶使得應屆畢業生面臨工作難找的困境云云，這段代表官方的發言，證實大陸也陷入這次全球性的經濟風暴之中。

近來總有媒體宣稱無論是拍賣會或者畫廊的現場銷售，大陸當代藝術創作者以相當大的折扣標示作品的價格，「6折」、「7折」這樣的商品消費市場字眼出現在藝術品市場的報導中，無意中成為學術探討上的一個重要的議題。按照藝術市場運作的學理與規則而言，一件藝術品如果在成交中出現下滑的紀錄，往往意味這位藝術生產者將不再受到收藏家的歡迎與青睞，他在藝術市場的資歷也將遭受嚴重打擊，甚至從市場消失。作品價格的下滑違反藝術品交易首重「保值」的基本規則，下滑、降價的數量與時間越持續，則無法保障過去已經

擁有作品的收藏者的利益，對收藏者的風險越高。如果，2008年底媒體報導北京798畫廊集聚區內出現打折求售的內容，是否說明那些打折的畫廊或創作者不懂行規，甘冒出局的風險，降價求現、降格以求呢？

在我看來並非如此，我們將追究打折以什麼價格為基準，才是評斷這個現象的關鍵，也才可以評論現階段「折扣現象」是畫廊業者挑戰行規，企圖改變市場運作的原則，還是另有原因值得探討。

以2007年的市場狀態評估往後的下滑行情，是由於選擇不正確的評量基準造成的假像，2007年的漲勢是「非常態」之下的產物，當代藝術領軍造成當代藝術市場的熱捧熱追，兩級市場無不歡欣鼓舞地從國際拍賣會成交紀錄，傳來中國創作者不斷創紀錄的好消息，也受到旁觀者更多的質疑。2003-2007年的當代藝術品行情衝高到一個連評論界、業界自身都質疑的狀態，其中國際資金（尤以美國、東南亞為甚）的運作不可謂不是一股可觀的力量，問題出在海外私募基金的流竄，很難受到一般性的觀察管道所掌握；小道和內幕消息往往不能成為確切證據，以證明市場現象。我們最後看到的拍賣行情和成交紀錄只是許多複雜交易運作過程的結果，卻讓多數人都只能依照飆高到天價程度的數據去評斷市場確實處於繁榮景氣。

我們要注意的是「非常態」這個關鍵詞，換句話說，若以2007年的創作者作品的定價做為折扣的標準，是在已經虛高的位階上進行降價，卻反映更接近真實的基礎價格；這狀況有些類似消費性商品在降價促銷時，先行提高商品單價再進行折扣，促銷價與原訂價並未有真實下降的區別。因此，2008年底出現的打折求售現象，不過是逐步還原真實價格的舉措而已，而非真的進行折扣戰。折扣舉措真實的意義，在於反射過去三年以來，當代藝術品的交易確實呈現超乎正常漲幅的疊架虛高，但對曾經在那段時間進行收藏的投資者而言，也或多或少造成短期實質上的損害。

從絢爛歸於平靜

在打折求售的現象出現之後，市場界議論紛紛，如同街頭小餐館的境遇一般，憂心顧客

不再光臨，材料、房租的漲幅無法反映在售價上，市場界最傷腦筋的莫過於畫廊與拍賣會的業者，他們在這波看似前景黯淡中首當其衝。業界唯一不同於餐館老闆的憂心忡忡，是畫廊業者較沒有生產來源原物料漲價的問題，反

創作者面對開始冷靜的市場，應該思考市場訂價與創作的基準問題。
（左頁圖）
政府部門應增加對藝術產業的支持，持續促進藝術消費。圖為深圳市政府大廳一角。
（左圖）

動態篇 ●

［第10章］ 區域市場開發的可能

而能從藝術生產者那裏拿到打折之後較合理的價格，然而，儘管生產來源折扣更大、價格更低，卻不一定能吸引顧客（收藏者）的購買意願。金融風暴對大陸房地產的影響，使得大陸廣州、深圳房價下滑最明顯，投資者套牢之餘，與貸款銀行之間出現極大衝突，直接受影響的是投資者，房地產開發商卻已經脫離風暴中心。

藝術品的生產者和中介者都無法像房地產開發商那樣幸運，尤其是畫廊業者，他們在藝術市場繁榮的時節，如果訂價策略是投機性地加大每年調漲的幅距，在這次的折扣中，將以更多折扣還原不合理的漲幅，以彌補之前的投機策略的失誤。藝術生產者在榮景時期未按照初級市場的展覽效果與成交量比例關係為參考基準，制定自己作品的價格，而是根據拍賣會成交紀錄，隨著普遍水漲船高的走勢，不但每季調高價格，甚至同時參與畫廊與拍賣會的兩級市場操作，使價格更加模糊與紊亂。現在，藝術生產者嚐到近利的苦頭，也不得不為了需要配合業者進行折扣降價。相對而言，收藏者的景況似乎稍好些，他們承擔積壓資金壓力，只要收藏品在手上，延長收藏周期，也未必有即時的損失。

北京798畫廊群聚區對大陸媒體宣稱，若2008年11月開始持續三個月沒有銷售業績，有2/3的畫廊恐將歇業關門，到2010年初為止，確實有許多畫廊無法繼續營業成為事實。這個令人即刻想到受金融風暴影響的訊息深入分析之後，不難發現目前大陸的藝術市場無法完全歸咎於國際環境的影響。798畫廊業的數量已經達到飽和狀態，在消費者沒有等量增加的狀態之下，供需關係失調屬於商業運轉的新陳代謝作用，並非是受國際金融風暴影響。798從單純的創作者工作室轉型為畫廊，再逐漸加入精品業集合的奢侈品消費，消費者的結構也跟隨轉變，原先占據多數的藝術品消費的份額受到奢侈品的瓜分，來自於自身的內部規律制約高於外在大環境因素。

上海的畫廊業者在相同的處境中籌備各種可能的策略聯盟計畫，分租展覽場地、整合幾家畫廊的力量共同開闢第二展示空間等，具體的措施都在持續進行。然而，問題依然存在，消費結構無法得到有效的開發和調整將是這些計畫的阻礙。莫干山路M50畫廊聚集區一直

以國外觀光客為主要客層，五角場800號則以畫廊老闆的熟客為基調，似乎還沒有見到更具遠見的消費層開發計畫的實施，而僅在為度小月作盤算。國外觀光客或許受到金融風暴、減薪、日常生活開銷增加等因素或使觀光人數銳減，大陸本土的收藏家在折扣活動的造成資金擠壓之下，也將會趨於未來收藏採取保守態度；他們更要思考如何能出脫手中超高價的收藏品。

整體思維的關鍵

從旁觀的立場而言，畫廊業者預判未來幾年的市場仍然處於冷清態勢，他們開始進行內部整合的因應計畫是積極的，然而，他們僅止於實際經營面的考慮，沒有將生產與消費的互動結構合併在因應計畫中。如果有一群具有潛力的消費者在現階段具有投入藝術品市場的條件，這群消費者在哪裡？畫廊業需要用什麼樣的藝術產品吸引他們投入市場呢？

對生產者而言，他們要度過一段尚無法預測多久時間的寒冬階段，可以採取韜光養晦的策略，大陸許多當代藝術創作者開始在學校找兼職的工作，或者與應屆畢業的博士、碩士爭取全職的教學，有些人幾乎是從雲端跌入凡塵，他們在前幾年依靠賣畫就能取得豐厚收入，放棄了維繫基本經濟來源的教職，現在要重新回到學校，又是一段曲折的人事競爭。在台灣，有一份任何形式的工作可以維持創作的經濟來源，是過去許多辛苦在藝術市場耕耘的創作者一貫樂於清貧的生活模式，他們還沒有充分時間享受市場榮景帶給他們的歡樂，現在頂多是回到不久之前的狀態，也較為容易適應。

兩岸的生產者由於市場運作模式的差異，在這波的預期中也處於不同的境遇，當代藝術所強調的學術和理論的論述，讓台灣的當代藝術的展覽出現在官方展覽場所較不受市場景氣影響，至少，官方展覽已經規劃兩年以上的檔期，而參與這些展覽的創作者也都已經接到了訂單，有展出機會不一定與銷售作品有必然關係。大陸的當代藝術展覽與市場的密切程度是顯而易見的，展覽的檔期安排不如台灣穩定和長期的規劃，許多展覽停辦、延期或者改弦易轍更動內容，讓韜光養晦的範圍侷限於在家等待機會，而無法以參加展覽為主要訴求，不再與市場銷售有直接關聯。

上海郊區的小餐館老闆沒有想清楚自己在經營上縮減菜餚份量、不注重衛生、不合理漲價的差錯，而怪罪在金融風暴對他這個生態鏈最尾端的一小點想像大於事實的影響。藝術市場的預期的慘澹應該以「冷靜的」、「和緩的」等詞彙，較為貼切地表示未來一段時間的動態，只能怪過去三年的市場增速過快，狗吠火車式書生文章毫無對抗利之所趨的作用。如果，台灣的消費券策略在於刺激社會大眾的消費意願，那麼，官方展覽單位應該在未來的時間裡，增加各種藝術展覽的經費，投入非營利藝術事業的經費，將會持續培養藝術消費者，不至於阻斷了擴大藝術消費層的機會。政府該管的是持續藝術活動的頻率不能減少，給予商業畫廊業者更好的優惠稅率、扣抵營業稅、綜合所得稅以鼓勵藝術消費，以減輕商業畫廊舉辦展覽的成本負擔。政府應當了解的是，國際金融風暴影響政府的整體經濟發展、百姓的民生消費等更加明顯與迫切的議題，對藝術市場而言，影響面積好像僅止乎於經營業者連動的關係上，若政策面未採取及時干預的態度，將會從商業蔓延至整體藝術產業，使得發展前景

畫廊業者採取策略聯盟，思考如何面對經營的問題。圖為上海畫廊業者年終聯展開幕時的「火舞」表演。

雪上加霜了。

　　小餐館布滿油漬的菜單上沒有更動過任何菜色，僅在價錢的位置貼上新的價錢，悄悄地在帳單上寫上原本免費的米飯錢，畫廊業者如果也以這樣態度因應眼前的局勢，當然會讓798成為藝術集群的歷史名詞，而以「798名牌精品大街」為號召的新商圈，在不久將來取而代之。這是市場規律使然，許多人對藝術品敵不過奢侈品的不勝唏噓，其實是藝術品經營者需要自負責任的結果。冷靜的市場可以逐步回歸到基本面進行盤整，殘酷現實的淘汰在所難免，一波不算小的寒流考驗畫廊、拍賣公司業者的自身體質，對生產者的警告則應是重新回到創作的內容，以及重新檢驗和研究制定符合市場規律的價格策略。冷靜的藝術消費者是否會收手靜觀其變呢？如果，業者的思考首先進入對消費層面的焦慮，市場將會從原應有的「冷靜」轉向「冷清」的岔路上。

藝術收藏的前景。

終章以「收藏的前景」為主題做為結論式的內容，從藝術品收藏的角度提出，對當代藝術品收藏的幾個重要觀念，從即時性來看，新生代的創作再度在最後受到強調，是因為他們具有更明顯的未來。最後，台灣藝術市場現階段究竟處在何種狀態？從分析中提出一項具有前瞻意義的量表，以期完成區域市場建構的論述。

第一節
收藏的參考座標：如何了解藝術收藏與投資

2009年香港、北京三場春季拍賣會又創造幾個新紀錄，常玉油畫作品〈貓與雀〉在香港佳士得以4210萬港幣超越2006年的成交紀錄；斷定為宋人之作〈瑞應圖〉在北京嘉德以5824萬元人民幣成交，另一件明代吳彬〈臨李公麟畫羅漢〉卷歷經35次競標。最終以4480萬元人民幣成交；北京保利以6171.2萬元人民幣拍出宋徽宗〈寫生珍禽圖〉卷，比2002年2300萬元的紀錄上漲二倍有餘。幾場拍賣會的總成交率均超過2008年的紀錄（見附表），根據這些的紀錄，諸多關心藝術市場的媒體開始「藝術市場回暖」的議論。回暖的話題自然是代表正在恢復收藏與投資的信心和熱度，而「收藏」和「投資」這兩個在藝術市場上一體兩面的觀念，也面臨須要檢驗的過程，以便能夠從目前的情勢中做出較為合理的判斷。

類別	總拍賣量（件）	總成交量（件）	成交率
瓷雜	79,464	44,579	56.12%
書畫	97,548	56,181	57.59%
油畫/當代藝術	13,875	9,342	67.32%
總計	190,887	110,120	57.68%

2008年中國藝術品拍賣市場各類別拍品成交資料表

看熱鬧與看門道

古代書畫、陶瓷、青銅器、玉器精品等市場的價格形成規律牽涉幾個重要的條件，其

一，在流傳有序的紀錄與證明中，首要在於明確斷代與風格精粗鑑定的關鍵因素；其二，作品出現在市場的時機成為決定最終成交價的決定因素；其三，整體大環境因素是藝術品與古文物競購的風向球，爭相競標叫價的背後，涉及大額度投資的戰略因素。

在藝術市場上舉凡涉及高難度鑑定問題的文物與作品幾乎都是資深收藏家的重要標的物，包括斷代、作者及風格、器型等關鍵內容，許多文物、藝術品的鑑定往往在學術圈裡形成各有己見的學術觀點爭議，學術研究的成果或結論是否能在市場行情中看到有效的影響，表明競購對象接近真實程度的高低。對藝術投資者而言，購藏的「時機」是決定是否出手的重要因素，精品在市場出現的時間點若是符合投資者對資金調度運用的要求，精品的價格揚升頻率將會加速。儘管金融風暴的尾巴還在活動，對投資者來說，他們依然要讓資金靈活移動周轉，唯一讓他們決定出手的理由，就是出現值得投資的精品，對每年度投資標的物的選擇上，春季出手自然有些抓住時機的意味。

投資者未必是「懂行」的資深收藏家或專家一類，他們對金錢交易操作的敏感程度高過對文物藝術品的內容認識，如果是操盤手所代表的集體資金，單純的獲利觀點將主導市場行情的走向；反觀，資深收藏家對於精品的鑑定課題會成為主導的力量。投資者對大環境的評估比對鑑定更加有興趣，也更加敏銳他們能夠在拍場上競標的現象中，準確判斷需要針對哪件拍品出手的時機，競標物是否有真偽的爭議未必是列入考慮的重要因素，更重要的是，這件拍品過去的紀錄和當場的氣氛，是否顯示有利可圖的軌跡。

任何一個行家都看得出來，2009年春季幾個看似亮麗的成交紀錄，並不能充分說明整體藝術市場在經歷2008年的衰退之後，半年之間便有回暖、回春的景象，僅憑藉拍賣會的成交紀錄和創紀錄的價格判斷藏家出手的動機和目的是對藝術市場恢復信心之後的舉措，則未免過於樂觀。幾件高價的成交品依然可以篩釋出其中容易產生誤解的問題。依稀記得2002年7月北京故宮博物院以2200萬元人民幣高價從北京嘉德春季拍賣會購得原訂名為〈西晉索靖書出師頌〉引起的爭議。拍賣前故宮博物院專門請徐邦達、啟功、朱家溍、傅熹年、楊新、單國強六位專家對〈出師頌〉進行鑑定，專家們一致認為，該作品確為見於歷代著錄的〈隋人書出師頌卷〉，因而引用「中華人民共和國文物保護法」第56條第2款和第58條，向嘉德公司發出「關於指定故宮博物院優先購買〈出師頌〉帖的通知」，指定故宮博物院為〈出師頌〉的優先購買單位。事後各路「鑑定專家」均公開聲稱這件應為宋代摹本，指責北京故宮不察，花大錢買贗品云云，北京故宮為此還專門舉辦一場〈出師頌〉的展覽，以學術理由為購藏辯護。

誰才真的懂？

此類案例尤其以大陸的《財富時報》繼2003年4月刊出針對〈寫生珍禽圖〉拍賣過程質疑的〈拍賣「莊家」自曝黑幕〉一文後，又針對〈出師頌〉的一系列問題展開祕密調查，最為喧騰一時。為此，嘉德公司與媒體各執一詞，最終嘉德將《財富時報》告上法庭，為名譽

古代書畫的藝術、歷史及市場價值是否在投資的運作中受到侵蝕？圖為陳丹青〈沈周與八大山人〉油畫局部，上海美術館藏。（上圖）
市場大名家作品總是受到收藏與投資者的追逐。圖為林風眠油畫作品局部，上海美術館藏。（右頁圖）

索賠100萬人民幣，官司至今也未有明確定論可堪追蹤。七年後無論輿論如何喧鬧，〈寫生珍禽圖〉依舊拍出讓人帶著疑惑的價格，讓人疑惑之處是，其一，宋徽宗究竟是否具有如同北宋院畫家一般的繪畫水準的爭論尚在學術界角力，何以這件由拍賣公司標榜的宋徽宗長卷，便能引起40多分鐘過程激烈的競標？其二，與2007年中國嘉德秋拍明代仇英〈赤壁圖〉7952萬元人民幣成交價比較，根據拍賣公司的宣傳，在作者、年代、數量等方面均更顯珍貴的〈寫生珍禽圖〉在價格上未能超越明代仇英之作，也讓人有頗多耐人尋味之處。

在2009年5月25日結束的香港佳士得春拍中國近現代書畫專場中，常玉油畫作品〈貓與雀〉以4210萬港幣創下紀錄的同時，一幅署名吳冠中題為〈松樹〉的紙本設色鏡心作品以158萬港幣成交，然而，在拍賣前與拍賣後，印尼收藏家郭瑞騰在2003年成立的新加坡「好藏之美術館」以設有「吳冠中藝廊」（Wu Guanzhong Gallery）著稱，曾透過網路撰文表示此畫為偽作；研判吳冠中之子吳可雨目前定居新加坡，是吳冠中作品海外市場的最大經紀人，應也參與這件作品的鑑定聲明工作。2009年6月3日吳冠中接受《新京報》記者採訪時明確表示，〈松樹〉是根據他1988年所作〈雙松〉仿作，確實是假畫，同日香港佳士得向《新京報》傳送聲明文件：「近期有媒體報道質疑佳士得香港2009春拍中某件拍品，我們對此表示遺憾。佳士得的專家們傾注了大量的資源來調查我們所有上拍作品的傳承記錄，以嚴謹的方式來徵集每一件作品。我們對該拍品的傳承紀錄感到滿意。」

稍早之前的4月6日，香港蘇富比春拍「20世紀中國當代藝術」專場中，林風眠作品〈漁獲〉以1634萬港元位居首位。而同時參拍的另外4件林風眠「京劇人物」系列作品，也均拍出高價。這幾件林風眠作品在拍賣結束後一個月受到大陸業內相關人士質疑，據媒體報導：「當時在一個小型聚會中，幾位知名藝術品經紀人根據作品風格以及創作年代，發現與林風眠真跡不符。」特別針對〈漁獲〉提出他們在鑑定上的疑問，蘇富比隨後發表聲明，宣稱這次拍賣的「京劇人物」4幅作品是挪威的海勒夫婦與林風眠相識後陸續買的。珍藏近半個世紀後，2008年8月左右，海勒夫婦和兒子與蘇富比倫敦骨董部接洽，其後轉到香港面對亞洲地區收藏家。蘇富比具體表明〈漁獲〉的藏家是前丹麥駐中國大使畢德森，彼德森在

北京結識林風眠，上世紀60年代回丹麥時帶走了一幅油畫及一幅水墨畫，這幅油畫是由彼德森的女兒交給蘇富比拍賣。這個書面聲明和大陸的藝術品經紀人們根據拍賣前的情報，判斷是出自台灣收藏家之手，顯然差距很大。

收藏知識與投資技術

當我們看到指證歷歷的輿論力量並未對拍賣會和成交行情造成明顯影響，也未引起法律上的作用時，不禁要追問，市場的運作和學術是兩條平行線嗎？其中是否有可能重疊或交集呢？我們可以從兩個層面繼續探討箇中線索。

如果說，對於收藏講究的是以「知識」為核心、對價值的認知是多元的、知識體現在對藏品的保值作用等三個方面。投資和收藏所不同的是，商業性動機為主導之下，以對外圍環境及投資目標的掌握、對資金的調度等三方面為目標。投資者以增值為目的，且是唯一的價值標準。收藏家在處理購藏程序時，研究和搜索相關的知識內容是很重要的第一步，經驗的累積也納入他們自我建構知識的領域之中，他們很熟悉學術界的研究動態，同時能做出自己的判斷，並不全然相信學術界的研究結論，他們很小心地與學術保持相當的距離，儼然自己就是一個飽滿的專業學者。收藏家相信藝術、風格、文化與歷史等價值是確保藏品價格的條件，比之學者，收藏家更加有知識的信仰，他們在專精的文物或藝術品領域中具備良好的單兵作戰能力，而且對收藏目標充滿自信。

投資者迴避了藝術品或文物所需要長期累積的知識，投資者之所以能夠在藝術市場成為速成或海撈的贏家，主要依靠他們原先就具有的商業手段和思維，他們對投資與回報之間關係的嗅覺敏銳，只要資金能靈活調度，投資者的膽識更勝過收藏家一族。投資者是「買家」，在心態上他們將藝術品、文物、黃金、股票、房地產、期貨等同對待，都屬於投資的標的物範疇，只是管道不同、市場不同，往往運用的投資道理和操作觀念都一樣。換句話

比利時尤倫斯夫婦藏重要中國繪畫展
Selection of Important Chinese Artworks
from the Collection of Guy and Myriam Ullens
de Schooten of Belgium

收藏家舉辦個人的收藏展覽，顯示其在收藏的決心與成果。圖為尤倫斯夫婦收藏展。

說，投資者在市場操作的技術層面著墨更多，對於他們「知識」的表現，往往是獲利的公式計算。有時候，似乎又無法截然對兩者做出壁壘分明的識別，畢竟收藏也具有保值和增值的作用，收藏家並非全然是理想主義者，投資的動機也會隱含在收藏的外衣之下，對收藏品新陳代謝的替換方式不僅獲得增值利益，也增加收藏的質量和厚度。

我們大致可以歸納，藝術收藏與投資在觀念上和實際操作上都有些許的差別，綜合評比的結果，收藏無論在的心態和最終的結果，既印證了自己的知識體系，也兼具投資的優點。而純粹的藝術投資往往失去了收藏在以知識為核心價值的意義；這或可解釋私募性質的藝術基金的性質和內涵。我們看到拍賣市場上天價與高價的背後，有其自身純粹以商業營利為目地的運作痕跡，如果，法律的、道德的制約和學術探討都無法有效地解釋拍賣最後的結果，以及後續的效應依然在商業軌道運行自如，我們將會知道，既是「市場」，便無法排除以獲利為首要的目標。

回溫還要努力

最後，我們將話題回到最初從幾場拍賣高價和成交率中是否反映市場回溫的焦點。北京798藝術區在兩年前已經有一半畫廊歇業或者搬遷，大陸地區畫廊業者到目前為止依然沉默地應對業績直落的市場，上海的畫廊業有氣無力地傳送展覽的廣告，較有規模的畫廊業者尋求參加海外展覽的機會，盤算開拓海外市場和推薦畫家的舉措，他們逐漸認識到初級市場的經營需要把藝術消費的餅繼續做大，才有永續經營的可能。

媒體無視於初級市場的蕭瑟景象，依然受到幾條爆起的拍賣指數的引導，卻忘記藝術市場的整體是由兩級市場所共構而成的。在當下的時機裡，古文物、書畫等類精品受到追高的動機和原因，存在著相當程度是藝術投資者（群）在資金操作上必要的過程。幾件高價成交紀錄並未有拉動整體的藝術市場抬昇的力量，屬於金字塔頂端的高價收藏與投資，我們只能觀察「熱錢」流動

藝術收藏與消費結構示意圖

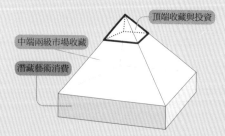

頂端收藏與投資

中端兩級市場收藏

潛藏藝術消費

的現象；除非有確切的情報，否則一般人不容易知道熱錢來源。與頂端的投資相互割斷的金字塔中端即是以兩級市場共構的藝術收藏常態範圍，眼前看來，尚顯冷清的市場氛圍還需要業者更加把勁。金字塔的底部應該是藝術消費的潛藏區域，尚待開發的一個區塊中究竟有多大的面積，端賴市場機制良性運作才能測量了。

第二節
當代藝術品市場的導向：藝術收藏的關鍵報告

　　兩年前有機緣參加台北一家電視台製作的介紹房地產投資的節目，自己對房地產投資自然是超乎自己專業領域太多，而格外地陌生，這集的討論主題卻是談眼前熱絡非凡的藝術品投資；豪宅之內少不得藝術品妝點更高的價值感與主人的品味。因此，收藏與投資在語意上似乎可以等同起來。這個節目談話內容集中在兩岸當代藝術品投資的問題，反映了當代藝術投資延燒兩岸的情勢銳不可當。主持人提出如何做藝術投資入門功課等幾個的問題，等攝影棚熄燈落幕之後，工作人員陪伴走向停車場時，閒話中大家依然認為，「這是一場有錢人的遊戲」。

　　電視節目討論的議題透露出與坊間流傳一致的熱門話題：「大陸藝術市場帶動了台灣藝術投資熱潮」。從現實面看，2007年秋季大陸的當代藝術品市場成交紀錄熱絡，台灣同季度同步的迅速上揚，是否也是這個效應使然呢？姑且先不急著下個結論，我以為需要關心的議題，應該是收藏與投資的觀念是否能等同的看待？兩岸之間的差異在哪裡？分析這些問題，再回頭檢驗那個傳言，會比較真切一些。

　　以下列出三個關鍵條件，說明兩岸在收藏的觀念和生態的差異，以及大陸藝術市場的蓬勃是否真的能帶動台灣投資的回春。

關鍵之一：「資深」收藏

　　2008年春節剛過，還圍繞著大陸南方冬季雪災的後續發展之際，上海市文化界迫不及待地發布上海市文化基金會10月8日主辦「首屆世界華人收藏家大會」在上海國際會議中心舉行，「世界華人收藏家大會」預定每兩年舉辦一次，首屆大會主題預定為「收藏：感知文明‧怡養情致」（Collection: Civilization and Self-Cultivation），並且準備在大會召開同時，舉辦「世界華人收藏家特邀展覽」、「世界華人油畫家特邀展覽」和「世界華人水墨畫家特邀展覽」等大型展覽，也將會編輯出版相關論文集[1]。如果依照收藏資歷作為標準評判，夠資格稱為「資深」的收藏家至少需要具備三十年以上的資歷，有足夠受到評價機制肯定的藏品，也才會出現物以類聚的效應組成收藏家團體。在資深收藏的範圍內，世界各地收藏精英交換情報和心得，幾乎是「億萬俱樂部」的收藏界金字塔尖端，大陸在此時籌組國際性收藏

【1】實際上，第1屆華人收藏家大會僅舉辦了論壇、小型的上海民間收藏
　　展與出版論文集，並未如宣傳的三場大型展覽。

大陸年輕創作者缺乏初級市場資歷，作品卻在拍賣會創造佳績，這種現象值得深思。（上圖）
熊宇　無題　100×100cm。1975年出生的作者在2007年西泠印社秋季拍賣會預估價10至12萬人民幣。（右頁圖）

家團體，如果成員不具備上述條件，那趁勢拉抬內地顯得資淺的收藏者身分的意圖就昭然若揭。

　　我們倒不是要追究大陸收藏家或上海文化基金會是否有資格舉辦這樣頗感聳動的活動，而是按照收藏的規律持平而論，目前大陸的收藏家還需要更多時間沉澱自己的收藏心態。民國時期資深收藏家從戰亂的上海漸次消失之後，沒有第二代的延續，許多私人藏品早在六十年前即已流失海外，近十年急起直追的大陸收藏家無論耗費多少心力與金錢，都還無法躋身資深之列。台灣藝術品市場和文物市場，從二十年前的熱絡算起，具備企業背景的收藏者已經有第二代接手，第二代不一定採取守成態度，有些甚至轉向新的藝術品收藏目標，有些已屆花甲之年的資深收藏家也依舊縱橫市場，參與重要的蒐購戰役。

　　這樣分析大致可以說明收藏家與買家的分別在於，其一，收藏的時間累積；其二，收藏的系統性。我們有理由相信，收藏的時間和對於收藏目標的研究成正比關係，深入研究（或主觀的喜愛）收藏目標，自然形成一個藏品的系統。在收藏界往往以材質作為系統的歸類標準，如：青銅器、玉器、瓷器、書畫、油畫、雕塑等，偶爾也有以主題為收藏系統，例如，某種動物的文物，或某一個主題（例如：玫瑰花）的藝術品。無論如何，收藏家本身具備判斷和評價能力，買家的敏銳度則專注在價格和投資報酬率等經濟因素之上，買家若是太過於集中在以短期獲利為焦點，人為加工的影響行情的現象必不可免。

關鍵之二：藝術生產的市場資歷

藝術品市場歷來盛傳「炒作」之風，對資深收藏家而言是種資訊的干擾，對買家而言則是參與了干擾的因素，然若是有所謂的「炒家」，他們直接是指向炒作源頭的線索。多數收藏家根據自己的評價系統選擇目標，買家選擇投資標的物的原則，則是根據生產者的名氣以及短期獲利指數為判斷標準，藝術生產在當代藝術品交易過程中成為主要源頭。藝術品的市場機制向來都是從藝術生產過渡為商品化的過程，歐洲中世紀的藝術生產有工會組織和個人生產者接受訂單的歷史淵源，海峽兩岸的藝術生態在現代化過程中，分別形成各自的生產機制。台灣較早接觸歐美藝術市場運作，藝術商品化在1950年代先有初級市場的雛型，1990年兩級市場基本規模完善，藝術生產可以受到有效的評價與觀察。

2007年台灣秋季羅芙奧、中誠、金仕發等三場拍賣會中，莊喆、楊識宏、龐均、李明則、黃銘哲、蘇旺伸、邱亞才、陳聖頌等人的作品在二十年前即有穩定的收藏市場，他們的成交紀錄及創作的資歷都算是資深且持續發展，可以成為收藏的績優標的物。前衛藝術創作者侯俊明、雕塑作家陳義郎、彭光均、初陳勇、翁國珍算是拍賣會的少壯派新手，但從他們過去的展覽及創作的歷程觀察，都具有穩定的初級市場支撐，作品走入次級市場應該有不錯的增值空間。

綜合觀察，台灣本土中青輩以下創作者的作品多屬於作者各自創作歷程中上一個階段（或時期）的風格，已經達到可以進入次級市場的一般市場規則，而大陸創作者的作品顯然不具備這種條件，他們參加拍賣的作品還處於正在進行的創作狀態，對於在拍賣會上競標的買家而言，算是一種值得猶豫的舉牌因素。2007年上海秋季拍賣會的當代藝術品類別中，以八大美院為主的基調確立，1975年出生的年輕油畫創作者的單位預估價格（1號）將近台幣1萬元，顯然高出台灣同輩的創作者許多，具有拍賣市場資歷的中堅輩畫家則要高出四倍多的價格。

這樣的現象顯示，大陸越年輕的創作者越無法找出他們在拍賣市場的價格

基礎，即便在資訊發達的當下，網路、媒體提供的訊息似乎都讓人難以得到讓人安心的內容。

關鍵之三：有效的資訊內容

資訊發達同時也表示資訊氾濫程度增高，網路間真實與虛假並存，未經檢驗與證實的藝術品交易紀錄，在沒有專業網路認證機制控制之下轉載、擷取，使得許多瀏覽獵取即時資訊的人，容易受到假象的矇蔽。曾經實地參觀拍賣會或者商業畫廊的資深收藏家，往往會告誡心想一夜致富的藝術品投資者，應該要實際參與幾場有規模的拍賣會，觀察現場的舉牌過程，再斷定是否與新聞稿發布有所落差。

台灣在二十多年前即有如《藝術家》這樣專業的藝術雜誌發布台灣各個畫廊每個月的成交紀錄，每一年可以針對不同創作者分析他們的成交數量與增值比例，至今依然延續這些重要參考資訊。雖然，業者提供的資料並非全然客觀，間或有策略性灌水的成分，然而，就長期的交易歷程而言，還是可以篩檢畫廊業者的誠信度和創作者較接近真實的行情；如果，不同畫廊都有相同作者的成交紀錄時，更加可以從長時間（一年期）的交易紀錄進行有效的分析。大陸藝術品市場在這裡很容易顯現它自身的困境，近五年跳躍式的進展，卻省略初級市場的資訊累積，僅有拍賣會公佈的成交紀錄，陷入「查無實據」的疑慮。

要驗證創作者行情的真確度和可信度，商業畫廊的成交行情的重要性，顯然要強過於拍賣會的成交紀錄；拍賣會成交結果表明在一次明爭暗鬥中，哪些神話被創造出來，畫廊業者按時提供的成交紀錄，是斷定畫廊信譽和生產者實力的兩面刀刃。畫廊業者有勇氣提供具有相當透明度的交易紀錄，以表示對自身經營的信心，他們同時也有責任要接受藝術消費者與中介者的檢驗。初級市場的交易紀錄是拍賣會預估價格的基礎，媒體所需要提供的這些訊息內容，就成為是否為專業、權威媒體的評判標準。

神話的創造

媒體並非擔任藝術市場上創造各種神話的傳布角色，理性的觀察者或收藏家希望從結果中找出可資回溯的線索與脈絡。在本篇對兩岸藝術市場相關的分析中，我都使用2007年秋季拍賣會的資訊，以說明種種的現象及其背後的問題。並不是我太懶（或外行）不進行更嚴謹的歷年交易資料判讀再做出結論，2007年大陸秋季拍賣會排行前10名的成交結果必然會是三年來的新高（台灣幾乎也如此），我們幾乎不需要去判讀去年春季和前年兩季的拍賣成交紀錄了，漲幅與價格已經無法說明任何問題，我們只消在2007年台灣秋季拍賣會上觀察兩岸重疊得有多厲害，也可以立即了解，大陸最夯的收藏重點目標有哪些了。

台灣的藝術市場的確在沉寂十多年之後，開始在2007年末的秋季拍賣會上有些動靜，但拍賣會的成交量是否代表台灣藝術市場總體將邁入復甦，還需要從初級市場的動靜中作同步觀察，台灣畫廊業者與拍賣會以跨越兩岸，兩者兼顧的的營運策略，對於台灣本土市場的

助益有多少，是值得探究的。在去年台灣秋季拍賣會有佳績的中青輩創作者，多數在過去頗為艱困的初級市場持續經營多年，總是有理路可循的，大陸年輕一輩創作者缺乏初級市場資歷，能否為資深收藏家所青睞呢？或者我們要問，創造出大陸年輕創作者漂亮成績的人，究竟是誰？

序號	作者	作品	成交價（TWD）	備註
1	王懷慶	金石為開（三聯幅）	87,960,000	
2	趙無極	19.7.63	48,760,000	
3	嚴培明	中國的朱砂NO.3	45,400,000	
4	趙無極	20.11.89	44,280,000	
5	趙無極	5.11.62	34,200,000	
6	朱德群	冬之自然	31,960,000	
7	朱銘	對打	29,000,000	約
8	趙無極	23.3.68油畫	28,000,000	約
9	廖繼春	威尼斯	21,880,000	
10	吳冠中	山竹	17,400,000	

2007年台灣秋季拍賣前十名成交紀錄略表

第三節
當代藝術收藏的未來：對新生代的期望

2005年大陸當代藝術正值一片熱炒之聲，從美國、歐洲拍賣會屢創紀錄的行情，火熱的大陸當代藝術代表「F4」加上劉小東、王廣義、王懷慶、蔡國強這批由各路媒體創造的巨星，幾乎達到家喻戶曉的程度。隨之使得大陸55歲前後到45歲的學院創作者成為市場的主力，加諸新的畫廊增長數量迅速，初級市場一時間出現市場主力貨源奇缺現象。畫廊轉向推薦新生代創作者的作品，蔚為一股因應市場時勢的風潮；這也是初級市場業者營運的基本規律。

其後的兩年間，大陸慣稱的「80後，果凍世代」的創作者成為大陸初級市場新希望的動力，一批不同地區的新生代創作者加入市場行列，也製造許多的市場話題，20歲出頭的年紀在拍賣會上與老師輩的創作者一較高下的場面屢見不鮮。2009年新生代創作者在市場上的局面有些冷卻下來（至少拍賣場上較少看到新面孔），有四到五年市場資歷的新生代，也歷經商品化的洗禮，擺脫鮮嫩的氣息站穩市場腳步，或遭到冷遇。對於大陸當代藝術的未來發展而言，「新生代」這個極富有活力的集體名詞，在大陸當代藝術市場是否值得期待與投資，新生代

新生代的創作從自己生活周邊尋找視覺體驗來源，轉化為繪畫符號，有時私密的符號象徵並不容易讓一般觀眾理解。

在市場上的出現哪些問題值得深入探究，會是一個頗有重量的課題。

網絡時代的創作樣態

普遍在現下的市場瀏覽當代藝術作品的消費者，已經不如過去理解中間輩畫家作品那樣輕鬆，原因是當面對新生代的作品時，需要改變某些習慣性的欣賞態度和審美的看法，以便能符合新世代的對圖像與符號的流行見解。新生代創作者幾乎是從小學階段就與電腦、網際網路發生密切的關聯，他們習慣在網路上查找學習資料、建立部落格、玩線上遊戲和網路聊天，加上電視、電影的各種流行影像刺激，漫畫、卡通的形象和同儕話題，這些都成為影響他們創作的因素。面對新生代創作者的作品，須要有年輕的心態去欣賞。從解讀的角度而言，台灣的草莓族、大陸的果凍世代的創作中總少不了網路的元素，有些作者從某些繪圖軟體提供現成範例中找到靈感，甚至是將電腦軟體圖像、符號移植到油畫布上，也有將電腦遊戲、卡通、漫畫的內容搬上畫布，他們的興趣並不是很嚴肅地圍繞「原創」的問題思索，而是從自己的生活周遭擷取可資利用的視覺元素。可能是自己房間、床上陳設的填充玩具、布偶，公仔娃娃給的啟發，對日本風格漫畫和嘻哈、rap音樂的反應，凡此種種，造就了新生代在藝術表現上的「新鮮人語彙」。換句話說，較老一輩的評論者，如果對時下流行的線上遊戲、電腦軟體、卡通、漫畫不熟悉，很可能在解讀時誤判當代年輕人創作的內容。

對於收藏者而言，這樣的創作態度和結果，也是個隔閡或障礙，多數資深收藏者對於新世代的玩意兒並不能正確理解，甚至陌生到無法理解，他們要親近這些作品，需要良好的藝術評論的專業引導。然而，問題的癥結在於大陸討論當代藝術的評論學者的關心焦點不在這批青嫩的年輕人身上，幾種相互對抗的評論勢力，集中在大陸當代藝術的本質爭辯，何謂「中國當代藝術」的哲學命題，更勝於對藝術市場的現實問題發掘。當然，這些重要的命題

也有因為拍賣會上當代藝術作品的「天價」所引爆的，但是，對市場整體機制的檢討，和幾個世代處作者在市場的位階與層次等議題，都讓對占據舞台正中央的幾個巨星的話題給拋到大陸當代藝術的邊緣。新生代的作品沒有得到學術界的輔助，任憑他們隨波逐流而已。

單純從創作表現觀察，新生代的創作貼近流行文化是頗為正常的，然而，就市場的觀點，不斷複製流行文化的語彙是新生代創作上出現的問題。商品化的終點走向收藏消費的階層，這些藝術消費者會可能從投資效益的角度蒐購新生代那些「看不明白」的作品，然而他們會保存這些作品多長的時間，卻是受到創作風格的考驗，亦即，如果是投資短線操作的策略，這些作品將會短時在市場間流轉，獲利轉售減少作品的收藏穩定度，

大陸新生代作者在作品中反映當下流行文化的內容。

也就無法在市場累積收藏數量，若被投資者（收藏者）排除在長期持有的收藏清單中，則成為短線套利的工具。

2008年10月四川美術學院的21位青年畫家聚集浙江杭州西岸國際藝術區，舉辦「四川美術學院新生代聯盟展」，2009年9月5日在北京以中國美術學院為班底的「杭州新生代」展、繪畫、攝影、影像及裝置作品呈現較多元的樣貌，這類規模大小不等的展覽、新聞報導讓社會大眾幾乎無法一次記得大批創作者的名字，只能對某個美術學院的活動有所記憶。顯然，新生代間歇性地出現在展覽會場，是業者依然寄望著新生代擔負成為藝術市場中最活躍的投資指標，業者的評估這又一批初露鋒芒的新生代，能夠前仆後繼地完成他們奔赴沙場的使命。

新生代的處境

在夾縫中生存是多數初入市場的創作者都面臨的問題，新生代創作者尤其在基礎不穩固的狀態之下，這個問題更加突顯他們在市場生存上的癥結。新生代在市場是要出頭，會面臨幾個不同勢力的夾擊，首當其衝是老師輩的迎面而來，雖然，基於市場區隔和市場行情的原理，新生代作品的價格可以有效區隔不同知名度、輩分、市場資歷的差異，有助於他們在市場逐漸站穩腳步，但是，陌生面孔和作品風格又是推銷收藏的障礙。帶著懷疑的眼光評判初出茅廬的年輕人作品是否具有升值潛力，是多數消費者的普遍心態，為了要消除疑慮的心態，畫廊業者往往會尋找市場上學長、老師們的風格作為參照，以選擇優先讓哪些類型的創作者進入市場，對新生代形成一股干擾創作的壓力。

在大陸，學院系統的師生關係對創作風格的影響，不僅是在學期間的學習因素，也牽連到年輕學生進入市場時以什麼創作面貌示人。2003-2007年初幾乎只有油畫與雕塑兩種創作型態的新生代最容易步入商業畫廊的首展或聯展，裝置藝術、攝影、影像、多媒體等作品在2007年之後才逐漸受到博覽會機構推薦進入市場。同輩人的相互比較，是新生代另一層的壓力圈，無論是風格、內容、題材等同質性過高的創作，將會直接考驗年輕的作品是否能受到市場的接納。參照卡通、漫畫等視覺風格，以學院式的寫實技巧表現自己對生活的反應或者對理想意象的呈現，成為一個新生代入場的缺口，業者以銷售業績說明這些風格儼然具備主流的姿態，發揮最大的「同儕效應」。

從目前有關大陸新生代當代藝術的展覽歸納，眾多作者的聯展多於個展型態，以集團軍的形式包裹一整批創作者，多樣的風格類型進入市場與試探消費者，看似是妥當的操作策略，但不妥的地方則在於，消費者僅有整體記憶卻容易忽略個人的特性。類似畢業展這樣的展出內容，讓新生代在市場上不容易取得定位，像是實習生一樣身分，試探意味太強使得市場希望達到的專業程度下降。從每位參展者提出二、三件作品中是不容易看不出一個創作的特質，也無法準確判斷其創作上的可能性和潛力何在。【2】

當前大陸新生代在當待藝術市場的處境，還出現了「揠苗助長」的現象，最明顯的情況是將新生代作品推向拍賣會的競標。在初級市場只有三、五年資歷的作品進入次級市場，其中的隱患重點並不是得隴望蜀那般的急躁貪利，而是對新生代創作者本身的傷害是弊大於利的，競標會出現有成敗的結果；高於初級市場行情的成交價和流標，不但影響創作的穩定性，更增加消費者對資歷淺的創作者作品價格的疑慮。而這些將新人推向風頭浪尖，置險境於不顧的隱患，往往是目前的普遍操作手法。

新生代的未來

無論如何，從市場運作的規律而言，新生代的作品是值得期待的，未來發展的可能性也高，其中涉及的耕耘與收穫的關係，應該可以作如下的理解。

在2003-2007年連續五屆的上海春季藝術沙龍介紹冊中，可以歸納70年代左右出生的

【2】大陸近一年興起「藝術品超市」以量販或系統家具業者的團購型態，以賣場形式大批量地推銷低價藝術品。這些低價作品多數是以年輕創作者為主，其中所隱含的弊端令人擔憂。

新銳創作者，如閻博、尹朝陽、楊帆、楊永生、韋嘉、朱海、王煜宏、董重、夏炎、葉強、沈娜等在歷年之列。那時這批新人或剛剛走出校園，或是在學的碩士生、博士生。幾年下來，當初尚稱新鮮的面孔現已成為中國當代藝術圈中頗有份量的少壯派，在拍賣市場上也有不錯的成績。從幾位作者的資歷分析，他們早期參與競賽性質的展覽，2000年之後加入商業畫廊的展覽，公私收藏資歷也堪稱完整。

2008年的上海春季沙龍，各大畫廊和藝術機構更是把自己定位在主推青年創作者，也有利用資深創作者夾帶新人的策略進入市場領域。在「08‧80先鋒──80一代藝術家提名展」、「99

大陸當代藝術流行的題材、主題逐漸形成一種「集體意識」，在年輕創作者之間相互流傳，在校的學生尚未走進藝術市場也在作品中反映這種現象。圖為山東工藝美術學院畢業展油畫作品。

藝術網青年藝術家特別推介展」兩大專題展還特別推出一批全新的創作面孔。上海、重慶、北京等地區的畫廊推出一群青年藝術家紛紛往上海攻城掠地。日本的畫廊也帶著青年藝術家作品進入上海的視野，其中以漫畫為創作主題的年輕藝術家繼承了村上隆、奈良美智的衣缽，使得日本動漫風氣成為「國際風格」。從2000年開始，時間越靠近眼前，畫廊推介新人的攻勢並未停止，我們對新生代個人和作品的印象越加模糊，這是耕耘未深，則遑論收獲的例證。

在一篇名為〈當代藝術三十年：穿越禁忌之路〉的報導文章中提出：「不僅生於1950、1960年代的藝術家屢屢賣出高價，1970和1980年代的藝術家也穩步地進入了被畫廊代理、被拍賣提高身價的流程。一張〈中國式卡通新銳〉的油畫在2005年的市場價值是4-5萬（人民幣），2年後便漲至30-60萬（人民幣），一個美院的畢業生作品從千元到10幾萬元只需一年多的時間。」（《北京日報》2008年11月24日）這段回顧性的敘述表明，2007年之前，新生代快速完成市場佔有，以及市場成交行情的迅速提升，然而，這樣的交易紀錄顯示了不尋常的增值態勢，反而是提供給市場觀察者的一個警訊。

有經驗的觀察者會得出以下的結論：即使經過三到五年的市場歷練，新人、青年藝術家、新銳藝術家種種稱呼，依然歸類在「新生代」的領域中，收藏家所關心的焦點，「新生代」一詞最重要的一層意涵，是處於不穩定有待長期觀察的候選名單。以此前提，新生代作品價格在不尋常的增值情勢之下，有可能出現回落或停滯的情況，甚至於出現「失敗的新風格」這樣的風險。什麼時候能夠從新生代轉進少壯派、青壯輩的行列，大約是要持續經過一番廝殺和市場適應的過程；由市場機制決定他們能否安然轉進，將是主要決定的條件之一；另一個關鍵條件是年輕人能否堅持創作的道路，成為專業的創作者。

大致上，有幾條途徑提供創作者邁向成功之路，在年輕的歲月中，這幾種途徑將可以導正偏差的觀念：建構鮮明的風格歷程、美術館收藏、公開的展覽紀錄、詳細的交易紀錄等途徑並非以求售最重要，而是從創作為本質出發，逐步完成每項使命。

藝術生產機制是無法符合「長江後浪推前浪」的人事更替規則，明顯地，前浪那些前輩藝術家若是在美術史、公私收藏等領域中獲得明確的定位，處於後浪位置的新生代無論如何強大都推不倒、淹不過前浪已然確定的價值與意義。新生代在藝術市場尋求發揮空間，並不需要、也不能參照前輩成功的實例，更沒有捷徑可以在短時間完成價值的定位，年輕的本錢是重要的成功條件，唯有持續地創作與藝術社會進行正常的交往，才能讓藝術消費者安心地長期關注發展歷程和支持。

第四節
台灣藝術市場的「後繁榮」效應

當所有眼光都放在大陸的藝術市場發展動向之時，台灣藝術市場似乎也隨著大陸的大動作逐漸失焦，景深也變得更為短淺，失去深遠焦距的台灣藝術市場，原先是支撐大陸躍起的重要推動力量之一，當大陸翅膀硬了之後，這個在幕前幕後都扮演重要角色的市場機制將怎麼走一條自己的路？

在城市生態學的觀點中，一個以區域城市為核心的生態環境進入飽和狀態時，可能會由於加入生產力變量、交通運輸、通訊等因素時，成為生態環境升級和進化的動力。藝術市場機制在藝術社會中如同一種生態的互動關係運作，台灣的藝術市場經歷三十餘年的演進，也看到類似的升級與進化關係。當台灣藝術市場進入1990年代的繁榮階段之後的二十年，看起來代表繁榮指數的曲線在十年之間逐漸走下坡，然而，並非單純地是經濟衰退與市場萎縮能說明走勢下滑；台商畫廊、收藏家、拍賣會轉向大陸內地市場發展，同時是下坡走勢的背景因素之一。因此，2000年後兩岸文物、藝術品交易頻繁，促成市場板塊的推移，台灣藝術市場可謂為「後繁榮」的開端，後繁榮階段的台灣藝術市場與大陸有著更明顯的依存的關係，即便如此，台灣若要升級和進化，還是要走一條自己的路。

各種國外的漫畫、卡通、網際網路等訊息與大陸新生代的創作有密切關係。

衰退之路

　　若探究這段發展繁榮期的原因，則要追溯在 1970 末期到 80 年代兩岸開放探親交流之際，大批的畫商進入大陸蒐集大陸創作者的作品，從已逝的第一代油畫家到當時尚屬年輕的畫家作品，幾乎一網打盡，古代／近代／現代水墨、家具、玉器、瓷器等各類的畫商、骨董商都有他們自己的目標。這段期間由畫商所蒐購的作品提供台灣的拍賣會和私人所需，因此，形成以國際為範圍的「華人畫家」和以大陸內地為主的「大陸畫家」，以及台灣的「本土畫家」的收藏市場。幾乎只有短短幾年時間，大陸畫家的作品在台灣的畫廊和拍賣會裡出現頻繁，一個大陸年輕畫家受到台灣畫商的注意發掘，大約只要三、五個月的時間就會在香港的蘇富比和佳士得拍賣會上出現成交紀錄，初級市場與次級市場的幾乎同時行進，達到最熱絡的景象。蘇富比 1981 年在台北設立分公司，佳士得於 1993 年在台北的首個中國古代書畫專拍，國際兩大拍賣公司在台灣相繼開展業務，舉辦香港與紐約拍賣的預展及在台北拍賣會，台灣本土拍賣公司也相繼成立有五家之多，標竿、景薰樓、傳家、古道、慶宜為當時建構了次級市場的規模。

　　1999 年之後，台灣藝術品拍賣市場不如以往熱絡，主要原因是台灣的各型企業與資金大量移往中國大陸，房市、股市等投資項目均出現滑落，使得藝術品收藏家與投資者也採取保守的態度面對藝術投資。2000 年初與 2001 年底，蘇富比與佳士得兩大拍賣公司陸續撤出台灣的藝術品拍賣市場，其中關鍵原因是由於台灣對賣方拍賣所得徵收 30％ 的所得稅，

公立美術館對藝術市場的作用從隱性轉向顯性。圖為上海美術館舉辦個展的招牌。

比例明顯高於鄰近的香港地區，使得擁有藏品的賣方轉往香港或新加坡，也有部分輾轉進入大陸拍賣市場，為大陸的次級市場增加貨源管道。2003年大陸的藝術市場蓬勃發展，國際兩大拍賣公司以香港為亞洲市場的調度中心，更加靈活地運用較低稅率和較寬鬆的進出口的限制，兩手伸向兩岸三地的拍賣市場，真可謂漁翁得利。由於稅制和資金轉移等因素使台灣藝術市場的整體量能減少，收藏家委託拍賣公司將其收藏品帶往台灣以外的地區進行拍賣，投資者轉向大陸、香港、新加坡、日本等地的藝術品交易市場尋找目標，收藏家和畫廊對於稅負減輕和避險的考慮，拍賣公司也需要針對自身競爭力、發展機會與經營策略等問題進行評估，均成為促成轉往香港、新加坡等亞洲鄰近地區新闢戰場的背景因素。目前，台灣本土拍賣公司也為將觸角延伸至香港地區積極布局。

　　根據1992年對台灣的畫廊經營統計為119家，2010年台灣的畫廊協會共有70家會員，確實顯示台灣的初級市場的中介業縮小，次級市場的拍賣公司也從90年代的7家減少為4家，兩級市場中介業同時減少；1990年代的拍賣公司包括蘇富比與佳士得，總共有7家；2010年均為本土拍賣公司。兩級市場按照比例減少能較準確地反映台灣本土整體藝術市場的現況，同時，也由於許多台灣畫廊業者在大陸內地開設畫廊，而沒有在台灣設立實體公司，因此，若以兩岸台資經營畫廊的數量相加，可能依然維持1992年的統計數字。

繁榮後的置換之路

　　2000年之後台灣藝術市場的交易減量並不意味台灣藝術收藏的市場價值也隨之減少，

反而是在國際兩大拍賣公司及許多台灣的資深畫廊轉往大陸及香港繼續發展的同時，台灣過去累積的成果以另一種面貌呈現在兩岸的藝術市場。回溯此現象的根源，則為民國初年的戰亂促使許多大收藏家移居海外，將大量文物運往海外，書畫、古文物藏品在海外流通。1949年國民政府遷至台灣，延續清末民初儒商傳統，許多在台創辦私人企業的經營者和本土的家族企業同樣熱中於藝術品的收藏及買賣，包括，台塑集團王永慶家族、中國信託辜振甫家族、元大證券馬志玲家族、富邦銀行集團、國泰集團、鴻禧集團、高雄本地的山建設集團、奇美集團、台南縣的豐年集團等企業均從事長期的藝術品及文物收藏。第一代企業家的藏品來源，多為從國際的拍賣會競購而來，也直接間接地收藏了民國初年到文革等時期運出大陸的藏品；1950年代之後的二十年大陸的動盪也造就了許多收藏家。1990年代台灣的企業收藏成為受到藝術媒體和市場極為重視的一個版塊，成為具有實質效益的系統。

大約1990年代正值第二代企業家接手企業管理，年輕的第二代多有海外留學與工作經歷，他們對藝術品的喜愛也從父輩的傳統藝術與古代文物收藏，拓展到能接受國際藝術潮流和台灣本土的現代藝術的範圍，年輕世代收藏也讓台灣的拍賣會和畫廊對藝術品的種類有更多元的選擇。第二代企業家不同於父輩的收藏之道，促使父輩的收藏品可以進入較靈活的「新陳代謝」渠道；將舊藏在市場上拋售，以換取符合年輕品味的藏品。另一方面，畫商長期在兩岸蒐購藝術品也有後續的效應，當大陸藝術市場興起之後，提供內地拍賣品的源頭，往往就是從台灣或香港收藏者手中拋出的藏品；資深的畫商與骨董商也晉身為收藏家的身分，他們會在拋售與惜售之間做出最有利自己利益的取捨，在公開的國際拍賣場和私下的互換情報與藏品皆能左右逢源；他們也是促成台灣本土市場轉換為兩岸型和進化為外移型的重要推手。

收藏的世代交替和引起中介業者隨著收藏與消費喜愛的轉型經營，即是在累積二手市場資源，這些前一時期累積的成果在台灣藝術市場衰退潛沉的時期或許還看不出來明顯的效果，而它恰好處在衰退之後到逐漸爬升兩個階段之間的紐帶，也隨著市場的調整開始運轉起來。當然，市場的轉換和好轉並不是二手市場的作用與功勞，但是，當市場受到外在環境影響出現變化時，前述的累積成果就成為內在的推動助力，開始發揮它對市場運作升級與進化的觸媒作用。

升級要件：藝術市場競爭力圖解

對從事創作的生產者而言，收藏者對藏品的交替和累積，即是生產者在經歷市場機制製造成交紀錄和行情的過程，一批在市場經歷一、二十年的創作者的作品既成為二手市場可供操作的籌碼，又能夠在當前市場繼續以新的創作供應收藏與消費需求，這批在市場上輩份漸次升級的創作者，遭遇到不同以往的藝術生態環境，也不能墨守成規地依照二十年前的方式與市場接觸；或多或少，他們都要去大陸走一走、看一看或者辦一場展覽。對新生代而言，他們在接觸市場的兩到五年之間，看到一個在老師輩傳述中截然不同的市場樣貌；在學生階段急著參加各類有機會在國際嶄露頭角的競賽，申請政府補助以追求創作之夢，甚至進入畫廊、博覽會兜售作品，到大陸參加兩岸交流展覽，順便也試探市場。

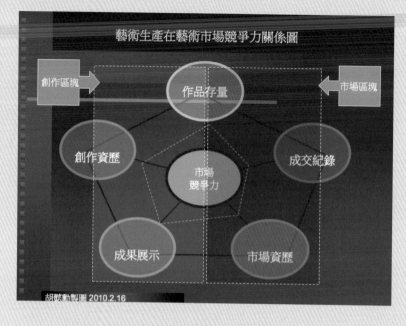

藝術生產在藝術市場競爭力關係圖

創作區塊

作品存量

市場區塊

創作資歷

成交紀錄

市場
競爭力

成果展示

市場資歷

胡懿勳製圖 2010.2.16

無論如何,台灣的藝術品市場已經沒有二十年前能夠自行吸納的本土收藏規模,專門經營本土創作者和市場的畫商數量也很少(多數都有兩岸關係),老中青三代的創作者要與大陸和國際上的創作者遭遇並爭取自己的板塊是避免不了的趨勢。要如何看待創作者在市場的競爭力呢?左方用一個關係圖示說明:

　　在圖左半邊標示「創作區塊」的虛線區域裡包含作品存量、創作資歷、成果展示三個部分,這區塊可以顯示一個創作者在創作領域中的狀態;圖右邊的「市場區塊」則以作品存量、成交紀錄、市場資歷三者表示創作者的市場狀態;從這兩個區塊也能看出兩組的對應關係,即如,創作資歷與市場資歷為一組對應、成交紀錄與成果展示為一組對應,兩組對應皆與作品存量為直接關係。創作與市場兩組區塊的最外圍形成一個均勻的五邊形,顯示若一個創作者在市場與創作兩組關係均衡時,其測量的形狀應是最「勻稱漂亮的五邊形」。反之,若偏重任一邊的區塊時,則會出現如同圖示內層那個不規則的虛線五邊形。圖中虛線五邊形是一個假設的例子,在表示某個創作者的「創作」強過「市場」時的狀態,由此說明他有較完整的創作資歷,卻缺少市場區塊的內容;從競爭力角度判斷,他會是一個具有市場潛力的創作者。依此繼續推論,若是圖示內虛線五邊形向市場區塊傾斜,則表示某位創作者的市場性強過創作性;從競爭力角度判斷,這位作者過度的參與市場造成創作力空虛,對後續在市場的發展不利。

　　這個市場競爭力的關係圖示以作品的數量為重要的參考依據,轉換為市場競爭時則由「存量」更能顯現出市場的實質意義,換句話說,在創作時,創作者能將歷年的作品完整保存下來,可以看到風格的變化和累積而成的創作樣貌,此針對作者自己對作品掌握的數量而言。當進入市場時,作品在市場流通的數量也是影響其價格變化和收藏之間的關鍵因素,而若要分析市場競爭力後續潛力,其「存量」表示作者、中介商、收藏者三方面的總和,也能檢驗市場走勢的有效程度;「去蕪存菁」一直是收藏界的箴言,也彰顯作品存量的重要性。創作者最「理想」的競爭力的假設,是將他的創作與市場兩部分比對分析後,能形成一個均衡漂亮的五邊形,換言之,根據傾向任何一邊的不規則五邊形,也都能診斷出創作者即將遭

遇的問題何在。

市場競爭力諭示由創作者為核心的一個藝術社會的群體關係，也是未來台灣藝術市場升級和進化的要件。無庸贅言，台灣的創作者若僅以大陸內地的市場為目標，自然存在頗大的風險，台灣的前衛藝術、實驗藝術、行為藝術等型態的創作者自有其市場之外的一個脈絡，受市場因素干擾少，爭取國際能見度的企圖心強，對社會、環保、政治等議題有高度興趣是他們共同的特性。自外於市場的創作者同樣遭遇到現實的製作經費來源問題，他們採取尋求贊助、補助的方式持續地創作構成藝術社會生態中的「環保群體」。

並非所有藝術型態都能進入商品化過程，但各有其生存的管道。（上圖）
台灣逐漸形成良好的藝術環境，足以提供升級的動力。圖為台北假日文化創意市集。（下圖）

環保群體屬於競爭力圖示中向左傾斜的五邊形，創作區塊明顯向外擴張而市場區塊則向中心內縮，他們的著眼點放在思考性、探索性議題的發揮，能掌握本土文化要點，在未來的國際市場中具有相當的發展潛力。除此之外，只要有意願專職創作的生產者，幾乎沒有人能脫離藝術商品化的範疇，參與市場運作成為他們是否躋身專業創作者最關鍵的識別標誌，競爭力也成為考量他們進入市場之後的重要評測要項。

後繁榮時期的升級

　　能夠具備在藝術商品化過程中的競爭力，當然需要藝術社會化的支撐，也就是說，創作歷程和展示都要能完整地呈現在有效的檔案中。過去市場機制尚不成熟之時，在公立美術館舉辦展覽、參加競賽式的官展是最好的社會化途徑。而今，官方美展和申請官方經費補助受到學術界、創作界認為黑幕重重失去權威性，反而成為市場運作中重要的行銷策略，官方展覽機構的各種活動對市場的影響和作用也從過去的隱性轉向具有明顯的參考價值。藉由官方的力量參與國際性的藝術活動以打開知名度和價值認同，更是此類管道的升級。

　　當我強調藝術環境的進化與升級在於將市場機制做為核心之時，我們仍然會在媒體或輿論中看到許多關於不應以商業利益或市場趨向為重點的言論，無論他們為多麼前衛的藝術型態說話，多數都是恐怕過多地關注藝術品的「價格」會模糊甚至傷害「價值」；這些言論自古在文人畫論裡即有之，未必是新鮮的看法，卻一再強調藝術本質性的重要。然而，從目前的現實觀察，藝術生態與環境的各種架構已經將商業和經濟效益內化為生長的重要器官——幾乎沒有剔除的可能。說這些警世話語的評論者，真正想宣示的主題是：「有些藝術型態是無法商品化的」、「按照市場輩分區分收藏效益，對市場資歷淺的創作者不盡公平」。就現階段而言，或許確實如此，然而，我們還是看到這些些無法商品化的創作者很努力地尋求各種經費來源以支撐創作，這些過程也是一種接近市場操作的樣貌；只是社會化意圖更加明顯而已。

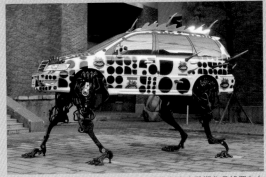

　　「後繁榮」並非是一種時間性的過渡概念，它不應該以一個時間段落限定了正在醞釀和已經進行的有利走向，期待以台灣藝術市場為核心的全面升級和進化。其著眼點在於進入國際領域，台灣本土的藝術環境升級，都有利於從亞洲到歐洲、北美的各種溝通軌道的鋪設，從過去自歐美藝術潮流的「引進」，到進化後的台灣本土藝術的「輸出」應是一個可以實現的理想境界。

藝術品為生活環境創造更多的價值。圖為彭光均雕塑作品設置在台北一品苑。（左頁圖）
年輕世代的創作者呈現多元的樣貌，對藝術環境的提升有正面作用。（上圖）

參考資料

〔著作〕　水嶋英治，蔡世蓉譯，《走進博物館》，台北：大雁文化事業股份有限公司，2010.4。
　　　　　《2010文物拍賣大典》，台北：典藏藝術公司，2010.3。
　　　　　《2010中國書畫拍賣大典》，台北：典藏藝術公司，2010.3。
　　　　　《2010亞洲現代與當代藝術拍賣大典》，台北：典藏藝術公司，2010.3。
　　　　　Victoria D. Alexander著，張正霖、陳巨擘譯，《藝術社會學—精緻與通俗形式之探索》台北：巨流圖書股份有限公司，2008.11。
　　　　　張曉明等，《2008年中國文化產業發展報告》，北京：社會科學文獻出版社，2008.3。
　　　　　Elizabeth Currid，《安迪沃荷經濟學》，台北：大雁文化事業股份有限公司，2008.11。
　　　　　[美]簡˙杰弗里、余丁，《中美視覺管理》，北京：知識產權出版社，2008.3。
　　　　　[美]諾曼.K.鄧津主編，風笑天等譯，《定性研究》，第一卷，重慶大學出版社，2007.1。
　　　　　[美]諾曼.K.鄧津主編，風笑天等譯，《定性研究》，第二卷，重慶大學出版社，2007.1。
　　　　　[美]諾曼.K.鄧津主編，風笑天等譯，《定性研究》，第三卷，重慶大學出版社，2007.1。
　　　　　[美]諾曼.K.鄧津主編，風笑天等譯，《定性研究》，第四卷，重慶大學出版社，2007.1。
　　　　　[美]詹姆斯.海爾布倫，詹正茂譯，《藝術文化經濟學》，中國人民大學出版社，2007.10第二版。
　　　　　[美]《科學決策方法：從政策分析到政策制定》，重慶大學出版社，2006.7。
　　　　　[德] Werner Heinrichs，Armin Klein著，吳佳真，于禮本譯，《文化管理A-Z：600個大學與職業專用名詞》，台北：五觀出版社，2004.11。
　　　　　胡惠林，《文化政策學》，山西：書海出版社，人民出版社；2006.7。
　　　　　胡惠林，《文化產業學—現代文化產業理論與政策》，上海文藝出版社，2006.4。
　　　　　胡惠林、李康化，《文化經濟學》山西：書海出版社，人民出版社，2005.5。
　　　　　David Sorosby，張維倫等譯，《文化經濟學》，台北：典藏藝術公司，2003.10。
　　　　　Bruno S. Frcy，《當藝術遇上經濟—個案分析與文化政策》，台北：典藏藝術公司，2003.10。
　　　　　阿諾德・豪澤爾，居延安編譯，《藝術社會學》，台北：雅典出版社，1988.9。
　　　　　幼獅編譯部主編，《西洋藝術史 4 現代藝術》，台北：幼獅，1989.5第七版。

〔期刊論文〕劉梅英、唐凌，〈開放途徑、經營管理制度的差異性〉，《歷史》月刊，第213期，2009.1。
　　　　　胡懿勳，〈休養生息—統整長三角區域市場的好時機〉，《藝術收藏+設計》，第15期，台北：藝術家雜誌社，2008.12。
　　　　　胡懿勳，〈美國金融危機是否影響大陸藝術市場〉，《藝術收藏+設計》，第14期，台北：藝術家雜誌社，2008.11。
　　　　　胡懿勳，〈兩岸當代藝術生產差異〉，《藝術收藏+設計》，第13期，台北：藝術家雜誌社，2008.10。
　　　　　胡懿勳，〈當代藝術初級市場的重要性—兼論兩岸當代藝術市場隱憂〉，台中：國立台灣美術館，2007.6.15。
　　　　　胡懿勳，〈光復後台灣美術生態觀察〉，《台灣文化百年論文集》，台北：國立歷史博物館，1999.12。

〔網路資料〕楊東平，〈教育產業化和教育市場化：兩種不同的改革〉，2006.4.5。來源：《學習時報》http://www.studytimes.com.cn，轉引自：人民網http://theory.people.com.cn/BIG5/49157/49166/4270842.html
　　　　　維基百科http://zh.wikipedia.org/zh/
　　　　　ART news Summer2006（Volume 105/Number 7）
　　　　　中國藝術新聞網http://www.artnews.cn/criticism/rdpl/2008/0611/21684.html
　　　　　雅昌藝術網http://news.artron.net/show_news.php?newid=39207
　　　　　ARTFACTS NET http://www.artfacts.net/
　　　　　《金融時報》http://www.ftchinese.com
　　　　　中國經濟網http://finance.ce.cn
　　　　　畫廊協會電子報http://www.artsdealer.net/AGA/e_paper/menu.htm
　　　　　國家統計局年度統計數據網路版http://www.stats.gov.cn/tjsj/ndsj/

國家圖書館出版品預行編目資料

兩岸視野—大陸當代藝術市場態勢 / 胡懿勳 著--
初版. -- 臺北市：藝術家，2011.02〔民100〕
224面；17×24公分.--

ISBN　978-986-282-011-7（平裝）

1.藝術市場　2.產業發展　3.產業分析　4.中國

489.7　　　　　　　　　　　　　　100001287

兩岸視野———
大陸當代藝術市場態勢

胡懿勳 著

發行人／何政廣
主編／王庭玫
編輯／鄭林佳、謝汝萱
美編／曾小芬、張紓嘉

出版者／藝術家出版社
台北市重慶南路一段147號6樓
TEL：（02）2371-9692～3
FAX：（02）2331-7096
郵政劃撥：01044798 藝術家雜誌社帳戶

總經銷／時報文化出版企業股份有限公司
新北市中和區連城路134巷16號
TEL：（02）2306-6842
南部區域代理／台南市西門路一段223巷10弄26號
TEL：（06）261-7268
FAX：（06）263-7698
製版印刷／欣佑彩色製版印刷股份有限公司
初　版／2011年2月
定　價／新臺幣380元

ISBN　978-986-282-011-7（平裝）